普通高等教育"十三五"规划教材

高等院校计算机系列教材

数据结构与应用算法教程

主　编　黄　薇　吴　奕　彭玉华

副主编　曾　辉　吴　亮　张　硕

吴　亮　高翠芬　徐文莉

华中科技大学出版社

中国·武汉

内 容 简 介

数据结构是计算机及相关专业的核心基础课程。本书注重实用性与可读性，对概念和基本原理的阐述准确、精练、由浅入深。按照数据结构课程知识的授课顺序，本书主要介绍了线性表、栈和队列、串、数组、广义表、树、二叉树、图、查找的分析与应用、排序等内容。为了帮助读者更直观、准确地理解各种数据结构和相关算法的要旨，本书采用C语言作为算法的描述语言，并且对相关数据结构的关键算法都安排了完整的C语言程序供学生上机实习。每章最后都配备习题来加深读者对相关知识的理解。

本书内容丰富，算法和案例典型，可作为本、专科院校的计算机及相关专业的教材，也可作为计算机软件开发人员的参考书，还可供参加全国计算机技术与软件专业技术资格(水平)考试的人员参考。

图书在版编目(CIP)数据

数据结构与应用算法教程/黄薇，吴奕，彭玉华主编. —武汉：华中科技大学出版社，2020.1(2024.1重印)
ISBN 978-7-5680-5950-3

Ⅰ.①数… Ⅱ.①黄… ②吴… ③彭… Ⅲ.①数据结构-高等学校-教材 ②电子计算机-算法设计-高等学校-教材 ③C语言-程序设计-高等学校-教材 Ⅳ.①TP311.12 ②TP301.6 ③TP312.8

中国版本图书馆CIP数据核字(2020)第011540号

数据结构与应用算法教程
Shuju Jiegou yu Yingyong Suanfa Jiaocheng

黄薇 吴奕 彭玉华 主编

策划编辑：范 莹
责任编辑：陈元玉
封面设计：原色设计
责任监印：徐 露
出版发行：华中科技大学出版社(中国·武汉) 电话：(027)81321913
武汉市东湖新技术开发区华工科技园 邮编：430223
录 排：武汉市洪山区佳年华文印部
印 刷：广东虎彩云印刷有限公司
开 本：787mm×1092mm 1/16
印 张：19
字 数：459千字
版 次：2024年1月第1版第2次印刷
定 价：49.80元

前　　言

数据结构是计算机及相关专业的核心基础课程，与计算机硬件（编码理论、存储装置和存取方法）和软件均有着密切的关系，因此可以认为数据结构是介于数学、计算机硬件和计算机软件之间的交叉学科。在计算机科学中，数据结构不仅是程序设计的重要理论基础，而且是设计和实现操作系统、数据库系统和大型应用系统的重要基础。因此，数据结构课程的学习效果将直接影响计算机软件系列课程和信息类课程的学习效果。

如果你打算今后从事软件开发工作，或者从事计算机科研、教学等工作，就必须学好数据结构这门课程，有以下几点理由：①数据结构作为计算机专业的基础课，是计算机专业考研的必考科目之一，因此，如果打算报考计算机专业的研究生，就必须学好它；②数据结构是全国计算机技术与软件专业技术资格（水平）考试、全国计算机等级考试等相关考试的必考内容之一，若要顺利通过这些考试，也必须学好它；③数据结构还是你毕业后进入各软件公司入职考试的必考内容之一，想要找到好工作，也必须学好它。

即使没有以上考虑，作为一名计算机专业人员，数据结构是其他后续计算机专业课程的基础，许多课程都会用到数据结构知识。正因为有如此多的理由，所以必须掌握好数据结构这门课程。

数据结构课程通过课堂讲授和上机操作，让学生学会分析研究计算机加工的数据结构的特性，以便为应用所涉及的数据选择适当的逻辑结构、存储结构及相应的算法，并初步掌握算法的时间分析和空间分析技术。在计算机相关专业中，学习数据结构课程的过程也是进行复杂程序设计的训练过程，要求学生编写的程序结构清楚和正确易读，符合软件工程的规范。在电信相关专业中，学习数据结构主要是为日后进行数值分析及图像处理时用到的编程方式进行基于数据抽象和算法的训练。其主旨是为今后运用算法进行工程设计打下基础。

本书是编者根据自己的教学经验为计算机类本科学生编写的教材。编者在教学过程中发现，大多数学生在初学数据结构时，容易误解算法与程序之间的关系，经常把书中的算法当成程序直接在编译器上进行测试。为了解决这个问题，本书采用 C 语言作为数据结构的描述语言，并且对关键的算法都安排了完整的 C 语言程序供学生上机实习。书中给出的每一个算法都是完整的，均已在 Visual Studio Code 下编译通过。

全书共分 9 章，第 1 章介绍了数据结构的基本概念和算法分析的初步知识，回顾了 C 语言程序设计的基础知识；第 2 章到第 5 章介绍了线性表、栈和队列、串、数组和广义表等线性结构的基本概念及常用算法的实现；第 6 章和第 7 章介绍了非线性结构的树、二叉树、图等在不同存储结构上的一些操作实现；第 8 章介绍了各种查找表及查找方法；第 9 章介绍了各种排序算法。本书计划教学学时为 64 个学时，其中上机操作为 32 个学时。

本书第 2、4、6、9 章由武昌理工学院的黄薇编写，第 1 章由武昌理工学院的吴亮编写，第 3 章由武昌首义学院的张硕编写，第 5 章由武昌理工学院的彭玉华编写，第 7、8 章由武昌首义学院的吴奕及华中科技大学的吴亮编写，书中部分章节代码的编写调试由曾辉完成，书中部分综合性算法代码由黄薇负责编写调试。其中，第二副主编吴亮来自武昌理工学院，第四副主编吴亮来自华中科技大学。本书编写过程中，得到武昌理工学院、华中科技大学、武昌首义学院的领导和老师的大力支持，提供了大量来自教学一线的程序范例，在此一并表示感谢。还要特别感谢武昌理工学院人工智能学院“204”大学生创新实验室的技术支持。

由于编者水平有限，书中难免存在不足与疏漏之处，敬请广大读者批评指正，以便进一步完善提高。

编　者

2019 年 10 月

目　　录

第1章　绪论及C语言介绍

1.1　引言

作为计算机及相关专业的学生，前期已经接触过程序设计的知识，因此具备了使用某种编程语言去解决实际问题的能力。判断某个具体问题送入计算机后能否解决，不在于你选用的是何种语言，而在于你选用的是何种方法。换句话说，程序的效率成为我们要认真研究的新课题，它不应随着计算机速度的加快、容量的加大而被忽视。因此，在本阶段的专业课程设置中，从程序设计方向的深度上引入了数据结构这门课程。

数据结构是一门研究使用计算机进行信息表示和处理的科学。数据结构主要是教会学生针对不同的程序设计要求去怎样合理选取的一种表达(选取合适的算法)，即从解决同一个问题的不同设计方案(算法)中选取一种性能最高、效率最高的，并参照统一的指标分析提出一系列的分析方法。通过以后的学习，学生会发现数据结构这门课程所涉及的语法知识都是用C语言来表达的。该课程对编程过程中的各种问题不仅从表象上加以展示，而且从本质上进行更深入的探究，即通过程序设计方法量的积累，达到编程能力质的飞跃。因此，计算机及相关专业都会选择该课程作为学生认识信息世界的一种必要手段。

数据结构是一门十分重要的专业基础课，是为操作系统、编译原理、数据库原理、软件工程等后续课程打下坚实基础的课程。例如，操作系统用到队列、树，编译原理用到栈、哈希表，数据库原理用到线性表、索引等基本数据结构及相关的算法。

如今的信息社会，处处可见计算机程序的痕迹，计算机已经成了现实生活中不可分割的组成部分。通过计算机来解决生活中的问题也成了重要的方法手段。在某些专业领域中，更是离不开程序和算法的处理，例如在数字图像中，可以利用相关的算法实现图像去噪和图像加密；在通信编码的压缩中，用到了 Huffman 编码理论等一系列应用。

数据结构课程要求学生能从问题入手，分析研究计算机加工的数据结构的特征，以便为应用所涉及的数据选择适当的逻辑结构、存储结构以及相应的算法，并初步掌握时间和空间分析的技术。数据结构课程也是进行复杂程序设计的训练过程，要求我们会书写符合软件工程规范的文件，编写的程序应该结构清晰、正确易读，能上机调试并排除错误。数据结构课程比高级程序设计语言课程有着更高的要求，它注重培养我们的数据抽象能力。任何具有创新成分的软件成果都离不开数据的抽象和在数据抽象基础上的算法描述。数据抽象能力是一种创造性的思维活动，是任何软件开发工具都无法取代的。

利用程序解决问题，是一个大课题，它涉及推断、决策、规划、常识推理、过程实现等。但从实现的角度来看，它可以从最初的C语言过渡到数据结构算法再过渡到后来的人工智能等领域，最终归因到智能科学。从超前的眼光来看，以前所认为的不太可能实现的技术，现在正在逐步实现。例如，对自然语言的理解和处理，像苹果的 siri、智能家居等，都是很有价值的软件应用系统，在这些系统后台必然会有一定的程序处理机制，进而做出实况判断并执行这些程序。

自从人类进入计算机时代，很多工作和问题都可以交给计算机处理，计算机求解问题的一般步骤可以归纳如下。

第 1 步：问题分析。

第 2 步：数学模型建立。

第 3 步：算法设计与选择。

第 4 步：算法表示。

第 5 步：算法分析。

第 6 步：算法实现。

第 7 步：程序调试。

第 8 步：生成程序文档。

从计算机的角度来看，凡是能被其存储、加工、处理的对象均称为数据。这些数据原料(字符、数值、图像)在被送入机器中进行处理时，通常会以某种方式编制出来的程序作为载体，从而形成计算机可识别的机内编码，进而得出处理结果。

对于一个课题，在计算机领域，一般遵循如图 1-1 所示的解决原则。

图 1-1　解决原则

例如，求一组数中的第 n 个最大值。

方法一：将这一组数读入一个数组中，再通过“冒泡法”进行排序，以递减顺序排列，然后返回第 n 个位置上的元素。

方法二：先将前 n 个元素读入数组并且只排列这 n 个元素，再将剩余的元素一个一个地取出并依次与数组中的最后一个元素进行对比，若小于，则忽略，若大于，则挤掉目前最后一个元素，算法终止时，数组最后一个位置上的元素即为所求。

此时我们会问：哪种算法更好？有没有比之更好的方法？这样的设计工作正如写英语作文一样，每个人都知道语法和基本句型，但同样的题目，每个人写出来的作文风格各异。同样，设计程序时，同样的题目，不同的人处理的方式不同，编写出的代码也会各不相同。当有条件选择的时候，我们通常会选择占用存储单元较少、相对简洁高效的实现方法。

1.2　数据结构的基本概念

1.2.1　数据结构的基本术语

1. 数据

数据是信息的载体，是描述客观事物的数、字符以及所有输入计算机中能被计算机程序识别和处理的符号的集合。计算机中处理的数据可分为数值数据和非数值数据，如整数、浮点数是数值数据，文字、图像、声音等是非数值数据。数据结构主要解决非数值运算的程序设计问题。

2．数据对象

数据对象是性质相同的数据元素的集合，是数据的一个子集。例如正整数的数据对象是集合 N={1,2,3,4,……}，大写字母字符的数据对象是集合 C={A,B,…,Z}，表1-1所示的学生成绩表也是一个数据对象。

表1-1　学生成绩表

学号	姓名	性别	成绩
20153233015	张卓	男	60
20153233016	范思曼	女	85
20153233017	阎金森	男	95

3．数据元素

数据元素是数据的基本单位，是数据对象的数据成员，如在数据对象 D={1,2,3,4,5}中，整数1至5均为数据元素。数据元素不一定是单个的数字或字符，也可能是若干个数据项的组合，如表1-1所示的学生成绩表数据对象中，每个学生的成绩记录为一个数据元素。数据元素也称元素、节点、记录。

4．数据项

数据项是数据的不可分割的具有独立含义的最小标志单位，一个数据元素可以由一个数据项组成，也可以由多个数据项组成。如在表1-1所示的学生成绩表数据对象中，每个学生元素（记录）的学号、姓名、性别、成绩是不同的数据项。如果一个数据项由若干块项组成，则称为组合项，否则称为原子项。如图1-2所示，学生成绩信息为数据元素，由学号、姓名、性别、出生日期、家庭地址、入学成绩6个数据项组成，其中入学成绩是原子项，不可再分；出生日期是组合项，由年份、月份、日期3个子数据项组成。

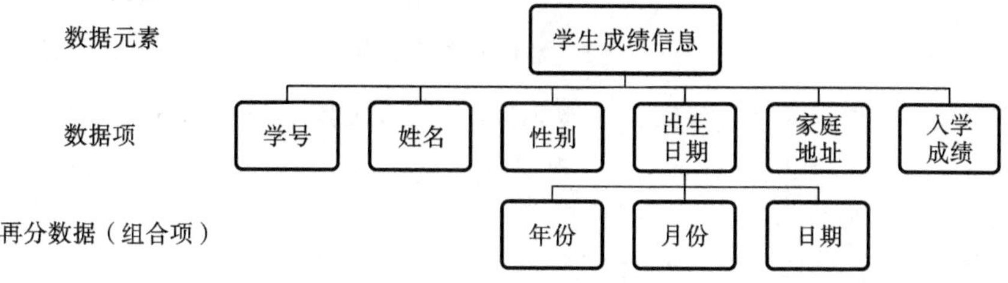

图1-2　学生成绩信息的结构

5．数据结构

数据元素都不是孤立存在的，而是在它们之间存在着某种关系，这种数据元素之间的相互关系称为结构。数据结构就是相互之间存在一种或多种特定关系的数据元素的集合，即可把数据结构看成是带“结构”的数据元素的集合。

数据结构的研究内容包括3个方面，即数据的逻辑结构、数据的存储结构及数据的操作。

（1）数据的逻辑结构：反映数据元素之间的逻辑关系，包括集合、线性、树形、图状等 4 种基本结构。

（2）数据的存储结构：数据元素在计算机内部的组织（存储）方式，包括顺序存储结构和链式存储结构等。

（3）数据的操作：数据的操作即是对数据进行的处理，包括检索、排序、插入、删除、修改等。

1.2.2 数据的逻辑结构

数据结构是相互之间存在一种或多种特定关系的数据元素的集合，所以在不产生混淆的情况下，我们说的数据结构常常是指数据的逻辑结构。如图 1-3 所示，根据数据元素之间的关系的不同特性，通常有下列 4 类基本结构。

（1）集合结构：结构中的数据元素之间除了"同属于一个集合"的关系外，再无其他关系。

（2）线性结构：结构中的数据元素之间存在一对一的关系，其特点是开始节点和终端节点都是唯一的，除了开始节点和终端节点外，其余节点都有且仅有一个前驱节点和一个后继节点。例如第 2 章介绍的线性表就是典型的线性结构。

（3）树形结构：结构中的数据元素之间存在一对多的关系，其特点是开始节点唯一，终端节点不唯一。除终端节点外，每个节点有一个或多个后继节点；除开始节点外，每个节点有且仅有一个前驱节点。例如第 6 章介绍的各种树就是典型的树形结构。

（4）图状结构或网状结构：结构中的数据元素之间存在多对多的关系，其特点是没有开始节点和终端节点，所有节点都可能有多个前驱节点和多个后继节点。例如第 7 章介绍的各种图就是典型的图状结构。

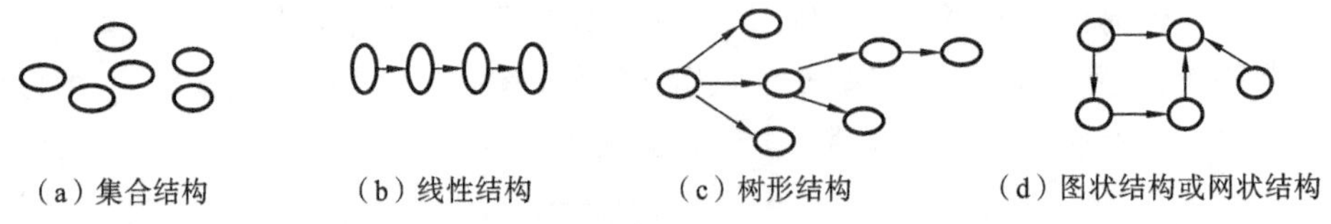

(a) 集合结构　(b) 线性结构　(c) 树形结构　(d) 图状结构或网状结构

图 1-3　数据的逻辑结构

为了更确切地描述一种数据结构的逻辑结构，通常采用二元组表示法：

$$B=(D,R)$$

其中：$D=\{d_i \mid 1\leqslant i\leqslant n, n\geqslant 0\}$；$R=\{r_j \mid 1\leqslant j\leqslant m, m\geqslant 0\}$。

二元组表示法中的 B 表示一种数据结构，它由数据元素的集合 D 和 D 上的关系集合 R 组成。二元组表示法是一种通用的逻辑结构表示方法，还可以利用图形形象地表示逻辑结构。

【例 1-1】 26 个小写英文字母表的数据结构是一个线性表。

解 26 个小写英文字母表的数据结构可表示为：

$$B=\{D,R\}$$
$$D=\{a,b,c,\cdots,x,y,z\}$$
$$R=\{(a,b),(b,c),\cdots,(y,z)\}$$

对应的线性结构图如图1-4所示。

图1-4　例1-1的线性结构图

例1-1的数据结构是一个简单的线性表，其数据元素是简单项。表1-1所示的学生成绩表是一个复杂的线性表，其数据元素由若干个数据项组成，如每个学生的情况为一条记录。由多条记录组成的线性表称为文件。

【例1-2】 计算机中的分组问题的数据结构是树形结构，假设每个组有7个人，记作D={A,B,C,D,E,F,G}，其中A是组长，其余6个人再分成2个小组，每个小组有一个负责人；B、C、D同属一个小组，由B负责；E、F、G同属另一个小组，由E负责。

解　其树形结构可表示为：

B={D,R}

D={A,B,C,D,E,F,G}

R={(A,B),(A,E),(B,C),(B,D),(E,F),(E,G)}

对应的树形结构图如图1-5所示。

【例1-3】 交通、道路问题的数据结构是网状结构，假设有A、B、C三个站点，A到B、A到C是单行线，B到C是双行线。

解　其网状结构可表示为：

B={D,R}

D={A,B,C}

R={(A,B),(A,C),(B,C),(C,B)}

对应的网状结构图如图1-6所示。

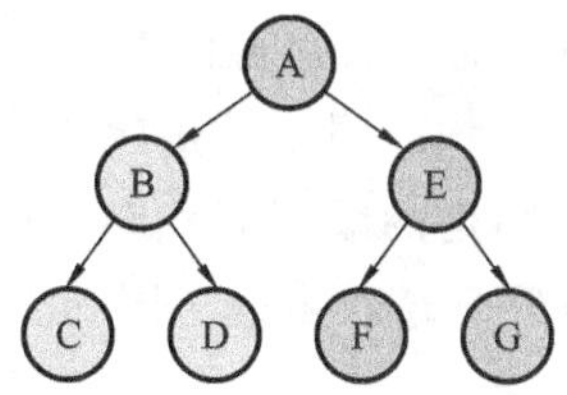

图1-5　例1-2的树形结构图

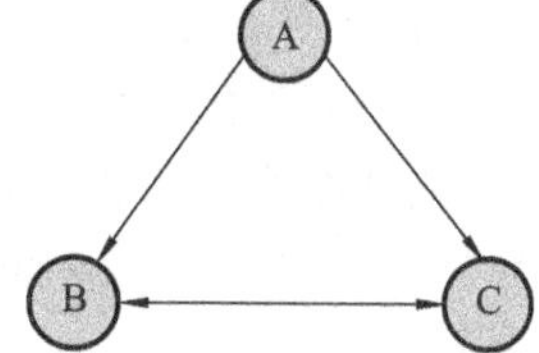

图1-6　例1-3的网状结构图

1.2.3　数据的存储结构

数据的存储结构是数据在计算机存储器中的存储方式，是逻辑结构在存储器中的映像，有数据元素映像和存储关系映像。数据元素之间的关系在计算机中有两种不同的映像，即顺序映像和非顺序映像，并由此得到两种不同的存储结构，即顺序存储结构和链式存储结构。

(1) 顺序存储结构。顺序存储结构是借助元素在存储器中的相对位置来表示数据元素之间的逻辑关系。顺序存储时，相邻数据元素的存放地址是相邻的，要求内存中可用存储单元的地址必须是连续的,因此顺序存储结构通常借助计算机程序设计语言的数组来描述。顺序存储结构有存储密度大、存储空间利用率高等优点,也有插入或删除元素时不方便等缺点。

(2) 链式存储结构。链式存储结构是借助指示元素存储地址的指针表示数据元素之间的逻辑关系。链式存储时,相邻数据元素可随意存放,但所占存储空间分为两部分,一部分用于存放节点值,另一部分用于存放表示节点间关系的指针,因此链式存储结构通常借助计算机程序设计语言的指针来描述。链式存储结构有插入或删除元素时方便、使用灵活等优点,也有存储密度小、存储空间利用率低等缺点。

【例 1-4】 描述线性结构列表①→②→③→④→⑤的顺序存储结构和链式存储结构。

解 (1)顺序存储结构:假设每个节点占用 2 个字节存储单元,数据从 100 号单元开始从低地址向高地址存放,顺序存储结构如图 1-7 所示。

(2) 链式存储结构:假设每个节点占用两个单元,一个存放节点的数值,另一个存放后继节点的地址,链式存储结构如图 1-8 所示。

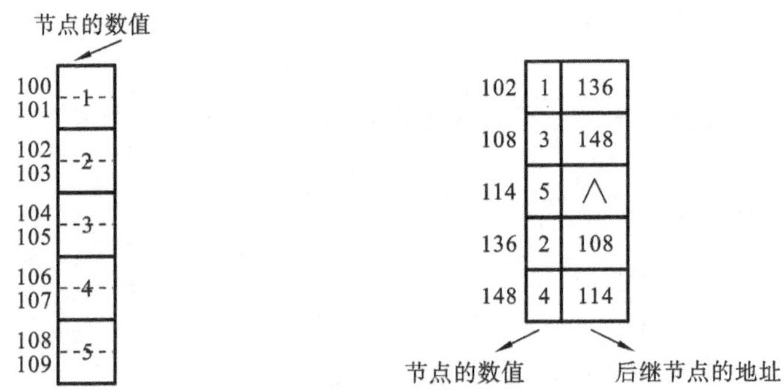

图 1-7 顺序存储结构 **图 1-8 链式存储结构**

数据的逻辑结构和存储结构是密切相关的两个方面,后面大家可以看到,算法的设计取决于选定的逻辑结构,而算法的实现依赖于采用的存储结构。同一种逻辑结构可以采用多种存储结构,例如线性结构的线性表可以采用顺序存储结构的顺序表和链式存储结构的链表来实现。另外,同样的运算,在不同的存储结构中,其实现过程也是不同的。

1.2.4 数据类型与抽象数据类型

1. 数据类型

在 C 语言中,根据数据分配存储单元的安排,包括存储单元的长度(占多少个字节)以及数据的存储形式,可将数据分成不同的类型,即数据类型。我们必须对程序中出现的每个变量、常量或表达式,明确说明它们所属的数据类型。不同类型的变量,其取值范围不同,执行的操作也不同。数据类型也是一个值的集合和定义在此集合上的一组操作的总称。

例如 C 语言中的 int 是整型数据类型,它包括所有整数的集合和相关的整数运算(如+、-、*、/等)。在 C 语言中,有如图 1-9 所示的各种数据类型。

- 整型类型
  - 基本整型(int):16位操作系统中占2个字节或32位及以上操作系统中占4个字节
  - 短整型(short int):32位及以上操作系统中占2个字节
  - 长整型(long int):32位及以上操作系统中占4个字节
  - 双长整型(long long int):在32位及以上操作系统中占8个字节
  - 字符型(char):32位及以上操作系统中占1个字节
- 布尔型
- 枚举类型
- 空类型
- 派生类型(指针类型、数组类型、结构体类型、共用体类型、函数类型)

图1-9　C语言中的各种数据类型

2. 抽象数据类型

抽象数据类型(abstract data type,ADT)是指用户进行软件系统设计时从问题的数学模型中抽象出来的逻辑数据结构和定义在逻辑数据结构上的一组操作,而不考虑计算机的具体存储结构和操作的具体实现算法。

抽象数据类型＝逻辑数据结构＋定义在此数据结构上的一组操作

与数据结构的形式定义相对应,抽象数据类型可采用以下三元组表示法:

(D,S,P)

其中:D是数据对象;S是D上的数据关系集;P是对D的基本操作集。

抽象数据类型定义的格式如下:

ADT 抽象数据类型名{

数据对象:〈数据对象的定义〉

数据关系:〈数据关系的定义〉

基本操作:〈基本操作的定义〉

} ADT 抽象数据类型名

【例1-5】 描述抽象数据类型复数的定义,复数形式为e_1+e_2i或(e1,e2)。

解　抽象数据类型定义的格式如下:

ADT Complex

{

数据对象:

D＝{e1,e2|e1,e2均为实数}

数据关系:

R＝{〈e1,e2〉|e1是复数的实数部分,e2是复数的虚数部分}

基本操作:

AssignComplex(&z,v1,v2):构造复数z。

DestroyComplex(&z):复数z被销毁。

GetReal(z,&real):返回复数z的实部值。

GetImag(z,&Imag):返回复数z的虚部值。

Add(z1,z2,&sum):返回两个复数z1、z2的和。

} ADT Complex

抽象数据类型有两个重要特征:数据抽象和数据封装。用抽象数据类型描述程序的实体时,强调的是其本质的特征、其所能完成的功能及其与外部用户的接口,即数据抽象。将实体的外部特性及其内部实现细节分离,并且对外部用户隐藏其内部实现细节,即数据封装。抽象数据类型可以理解为数据类型的进一步抽象,即把数据类型和数据类型上的运算操作捆绑在一起进行封装。

1.3 算法描述与分析

1.3.1 算法与算法描述

1. 算法

著名计算机科学家尼基克劳斯·沃思(Nikiklaus Wirth)提出一个公式:算法+数据结构=程序,算法是程序的灵魂,数据结构是程序的加工对象。实际上,一个程序除了算法和数据结构这两个主要因素外,还应当采用结构化程序设计方法进行程序设计,并且采用某种计算机语言表示。因此,算法、数据结构、程序设计方法和语言工具是一个程序设计人员应具备的知识。

算法是解决问题的方法和具体步骤,如以前学的求解 sum=1+2+3+…+(n−1)+n 的算法如下。

第 1 步:先求 1+2,得到 1+2 的结果为 3。

第 2 步:将第 1 步的结果加 3,得到 1+2+3 的结果为 6。

第 3 步:将第 2 步的结果加 4,得到 1+2+3+4 的结果为 10。

第 4 步:将第 3 步的结果加 5,得到 1+2+3+4+5 的结果为 15。

⋮

⋮

第(n−1)步:将第(n−2)步的结果加 n,得到 1+2+3+…+(n−1)+n 的结果 sum。

我们知道,数据元素之间的关系有逻辑关系(逻辑结构)和物理关系(存储结构),对应的操作有逻辑结构上的操作功能和具体存储结构上的操作实现。算法实际上是具体存储结构上的操作实现步骤或过程。

一个算法应该具有确定性、有穷性、零个或多个输入、一个或多个输出、可行性共 5 个重要特征。一个问题的解决方案可以有多种表达方式,但只有满足以上这 5 个特性的解决方案才能称为算法。

2. 算法描述

前面数据结构中介绍到的基本操作都是通过算法来描述的,因此讨论算法是数据结构课程的重要内容之一。算法的常用表示方法有使用自然语言描述算法、使用流程图描述算法、使用伪代码描述算法、使用程序设计语言描述算法等。

(1) 使用自然语言描述算法的步骤如下。

第 1 步：给定一个大于 0 的正整数 n 的值。
第 2 步：定义一个整型变量 i，设其初始值为 1。
第 3 步：再定义一个整型变量 sum，设其初始值为 0。
第 4 步：如果 i 小于等于 n，则转第 5 步，否则执行第 8 步。
第 5 步：将 sum 的值加上 i 的值后，重新赋值给 sum。
第 6 步：将 i 的值加 1，重新赋值给 i。
第 7 步：执行第 4 步。
第 8 步：输出 sum 的值。
第 9 步：算法结束。

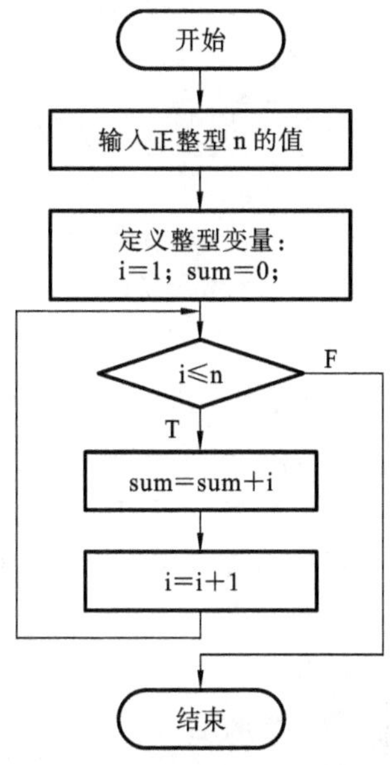

图 1-10　求和的算法流程图

(2) 使用流程图描述算法，如图 1-10 所示。
(3) 使用伪代码描述算法的步骤如下。
算法开始：
第 1 步：输入 n 的值。
第 2 步：置 i 的初值为 1。
第 3 步：置 sum 的初值为 0。
第 4 步：当 i≤n 时，执行下面的操作。
第 4.1 步：使 sum=sum+i；
第 4.2 步：使 i=i+1。
（循环体到此结束）
第 5 步：输出 sum 的值。
第 6 步：算法结束。
(4) 使用 C 语言程序设计描述算法，如下：

```
# include <stdio.h>
int main ( )
{ int n, i=1,sum=0;
      scanf("n=%d",&n);
      while(i<=n)
      {sum=sum+i;
      i=i+1;}
      printf("sum=%d\n",sum);
      return 0;
}
```

```
n=100
sum=5050
```

图 1-11　求和程序的运行结果

求和程序的运行结果如图 1-11 所示。

3. 类 C 语言作为描述工具

我们通常采用介于伪码和 C 语言之间的类 C 语言作为描述工具，简要说明如下。

(1)预定义常量和类型，代码如下：

```
//函数结果状态代码
```

```
# define TRUE            1
# define FALSE           0
# define OK              1
# define ERROR           0
# define INFEASIBLE      -1
# define OVERFLOW        -2
//Status是函数的类型,其值是函数结果状态代码
typedef int Status;
```

(2) 数据结构的表示(存储结构)采用类型定义(typedef)描述。数据元素类型约定为Elem Type,由用户在使用该数据类型时自行定义。

(3) 基本操作的算法采用以下形式的函数描述:

函数类型函数名(函数参数表){

//算法说明

语句序列

} //函数名

(4) 赋值语句的描述如下:

简单赋值:变量名=表达式;

串联赋值:变量名 1=变量名 2=…=变量名 k=表达式;

成组赋值:(变量名 1,…,变量名 k)=(表达式 1,…,表达式 k);

结构名=结构名;

结构名=(值 1,…,值 k);

变量名[ ]=表达式;

变量名[起始下标..终止下标]=变量名[起始下标..终止下标]

交换赋值:变量名↔变量名;

条件赋值:变量名=条件表达式?表达式 T :表达式 F

(5) 选择语句的描述如下:

条件语句 1:if(表达式)语句;

条件语句 2:if(表达式)语句;else 语句;

开关语句 1:switch(表达式){case 值 1:语句序列 1;break;

⋮

⋮

case 值 n:语句序列 n;break:

default:语句序列 n+1;}

开关语句 2:switch(表达式){ case 条件 1:语句序列 1;break;

⋮

⋮

case 条件 n:语句序列 n;break:

default:语句序列 n+1;}

(6) 循环语句的描述如下:

for 语句：for(赋初值表达式序列；条件；修改表达式序列)语句；

while 语句：while(条件)语句；

do-while 语句 do { 语句序列；

}while(条件)；

(7) 结束语句的描述如下：

函数结束语句：return 表达式

return；

case 结束语句：break；

异常结束语句：exit(异常代码)；

(8) 输入语句和输出语句的描述如下：

输入语句：scanf ([格式串],变量 1,…,变量 n)；

cin≫变量 1≫…≫变量 n；

输出语句：printf([格式串],表达式 1,…,表达式 n)；

cout≪表达式 1≪…≪表达式 n；

(9) 注释：

单行注释　　//文字序列

(10) 基本函数的描述如下：

求最大值：max(表达式 1,…,表达式 n)

求最小值：min(表达式 1,…,表达式 n)

求绝对值：abs(表达式)

求不足整数值：floor(表达式)

求进位整数值：ceil(表达式)

判定文结束：eof(文件变量)或 eof

判定行结束：eoln(文件变量)或 eoln

1.3.2　算法分析

1. 算法分析的目的

同一问题可采用不同的算法解决，而一个算法的好坏将影响到算法乃至程序的效率。算法分析的目的在于选择合适的算法并改进算法。通常分析并设计一个“好”的算法应考虑达到以下要求。

(1) 正确性：要求算法能够正确地执行达到预先规定的功能和性能要求，这是最重要也是最基本的标准。

(2) 可读性：要求算法应该易于理解，具有可读性。为了达到这个要求，算法的逻辑必须是清晰的、简单的和结构化的。

(3) 可使用性：要求算法具有用户友好性，即用户使用很方便。

(4) 健壮性：要求算法具有很好的容错性，即能够对不合理的数据进行检查，提供异常处理，不常出现异常中断或死机现象。

(5) 效率与存储量需求：效率指的是算法的执行时间；存储量需求指的是算法执行过程

中所需要的最大存储空间。对于同一个问题，如果有多种算法可以求解，则执行时间短的算法效率高，所需的存储量越小越好。高效率和低存储量这两者都与问题的规模有关。

2. 算法的复杂性

算法的复杂性是算法效率的度量，是评价算法好坏的重要依据。算法复杂性的高低体现了运行该算法所需要的计算机资源的多少，所需的资源越多，说明该算法的复杂性越高；反之，所需的资源越少，则该算法的复杂性越低。最重要的计算机资源有时间资源和空间（即存储器）资源，因此算法的复杂性有时间复杂性和空间复杂性之分。

对于任意给定的问题，设计出复杂性尽可能低的算法是我们在设计算法时追求的一个重要目标；当给定的问题有多种算法时，选择其中复杂性最低的，是我们在选择算法时的一个重要准则。算法的复杂性分析对算法的设计或选用有着重要的指导意义和实用价值，因此在算法学习过程中，我们必须先学会对算法进行分析，以确定或判断算法的好坏。

1.3.3 算法的时间复杂度与空间复杂度

1. 算法的时间复杂度

算法的效率是指算法的执行时间，算法的执行时间需依据该算法编写的程序在计算机上运行时所消耗的时间来度量。要对一个算法做出全面的分析和度量，通常有事前分析估算法和事后统计法两种方法。事前分析估算法是使用数学方法直接对算法的效率进行分析。事后统计法是收集算法的执行时间和实际占用空间的统计资料。事后统计法存在必须先执行程序和各种其他因素掩盖算法本质等缺陷。所以，我们通常使用事前分析估算法。

一个使用高级语言编写的程序在计算机上运行时所消耗的时间通常取决于以下几个因素。

(1) 依据的算法选用何种策略。

(2) 问题的规模，是求 100 以内还是求 10000 以内的素数。

(3) 书写程序的语言，对于同一个算法，实现语言的级别越高，执行效率就越低。

(4) 编译程序所产生的机器代码的质量。

(5) 机器执行指令的速度。

第(1)个因素当然是判断算法好坏的根本，第(3)、(4)、(5)个因素都与具体的计算机软件和硬件有关。我们研究算法的好坏显然应该撇开与这些机器相关的因素，仅考虑算法本身的因素。也就是说，抛开这些与计算机硬件、软件有关的因素，一个程序的运行时间依赖于算法的好坏和问题的输入规模。因此，事前分析估算法主要研究算法的时间效率与算法所处理的问题规模 n 的函数。算法是由一个控制结构和若干原操作构成的，则算法时间取决于两者的综合效果。控制结构是指顺序、分支和循环 3 种；原操作是指高级程序设计语言中允许的数据类型的操作，如 i=i+1；等。假设给定的是一台通用计算机，则执行一条原操作需花一个单位时间。算法执行的时间大致为原操作所需的时间与原操作次数（也称频度）的乘积。因为机器的不同，原操作所需的时间也不同，因此频度才是算法研究的重点。

从算法中选取一种对于所研究的问题来说是基本操作的原操作，也称基本运算，以该基本运算在算法中重复执行的次数作为算法运行时间的衡量准则。一般情况下，算法中基本运算重复执行的次数是问题规模 n 的某个函数，算法的时间量度记作 $T(n)=O(f(n))$，称为算法的渐近时间复杂度。记号“O”表示随着问题规模 n 的增大，算法执行时间的增长率和 f(n)的增长率相同。

算法的执行时间随着问题规模 n 的增大而呈增长的趋势。在高级程序设计语言中，应该选择算法内重复执行次数最多的基本语句作为算法执行时间的量度。一般情况下是最深层循环内的基本语句。

一个没有循环的算法的基本运算次数与问题规模 n 无关，记作 O(1)，也称常数阶。

一个只有一重循环算法的基本运算次数与问题规模 n 呈线性增长关系，记作 O(n)，也称线性阶。其余常用的还有平方阶 $O(n^2)$、立方阶 $O(n^3)$、对数阶 $O(\log_2 n)$、指数阶 $O(2^n)$等。以上不同级别的时间复杂度具有不同的可比性，如 $O(\log_2 n)<O(n)<O(n^2)<O(n^3)<O(2^n)$。

数据结构所研究的问题规模 n 为无穷大，常量 a、b、c 相对于无穷大 n 完全可以忽略，n 相对于 n^2 也可以忽略，即 $T(n)=an^2+bn+c\approx O(n^2)$。求出 T(n)的最高阶，忽略其低阶项和常数项，这样既可简化 T(n)的计算，又能比较客观地反映出当 n 为无穷大时算法的时间性能。实际上这是一种最高数量级的比较，如 $T(n)=5n^2-3n+99=O(n^2)$，$T(n)=n(n+1)(n+2)/6=O(n^3)$，$T(n)=n+3\log_2 n=O(n)$，$T(n)=2^{n+1}+5n=O(n^2)$等。

【例 1-6】 计算下面各程序段算法的时间复杂度。

(1)
```
{++x; //语句①
 s=0; //语句② }
```

(2)
```
i=1; //语句①
s=0; //语句②
while(i<n){s=s+i; i++;} //语句③
```

解 (1) 该算法包括 2 条语句：将语句①++x;看成是基本运算，则语句频度为 1；将语句②s=0;也看成是基本运算，则语句频度为 2。一个没有循环的算法的基本运算次数（频度）与问题规模 n 无关，即其时间复杂度仍记作 T(n)=O(1)。

(2) 该算法包括 3 条语句：将语句 i=1;、s=0;2 条语句看成是基本运算，则语句①②频度为 2；将③循环语句中的控制变量 i 从 1 增加到 n，即 i=n 时循环才会停止，故语句③的频度为 n，循环体中 s=s+i;执行 n−1 次，循环体中 i++;执行 n−1 次。因此，该算法中的所有语句频度之和为：$T(n)=1+1+(n-1)+(n-1)=2n=O(n)$。

另外，在高级程序设计语言中，应该选择算法内重复执行次数最多的基本语句，即最深层循环内的基本语句作为算法执行时间量度。本例里的基本语句为 while 中的{s=s+i; i++;}，循环体执行 $2\times(n-1)$次，记作 T(n)=O(n)。

2. 算法的空间复杂度

算法分析主要是考查算法的时间和空间效率，以求改进算法或对不同的算法进行比较。一般情况下，鉴于计算机空间（内存）比较充足，所以把算法的时间复杂度作为分析的重点。

作为考查算法所需存储空间的依据，空间复杂度是对一个算法在运行过程中临时占用存储空间大小的量度。一个算法在计算机存储器上所占用的存储空间，包括存储算法本身所占用的存储空间、算法的输入/输出数据所占用的存储空间和算法在运行过程中临时占用的存储空间这 3 个方面。通常，只有完成同一功能的几个算法之间才具有可比性，因此这些输入数据所占用的空间不用进行比较，算法本身所占用的存储空间相对于规模 n 也是数量级的，因此只需比较临时占用的存储空间(辅助的或附加的存储空间)。

类似于算法的时间复杂度，算法的空间复杂度 S(n)定义为该算法所耗费的存储空间，它也是问题规模 n 的函数，记作 S(n)=O(g(n))，即表示随着问题规模 n 的增大，算法运行所需存储量的增长率与 g(n)的增长率相同。

【例 1-7】 计算下面程序段算法的时间复杂度和空间复杂度。

```
int fun(int b[ ], int n, int m)
{int i=0;                                  //语句①
  while( i<n && b[i]! =m)                  //语句②
  i++;                                     //语句③
}
```

解 (1) 该算法用于实现在一维数组 b[n]中查找给定值 m 的功能。语句②的频度不仅与问题规模 n 有关，还与输入 fun 函数中 b[ ]的各元素取值以及 m 的取值相关。最好的情况是 b[0]=m，即数组 b 中的第一个元素等于 m，则语句③只执行一次，故频度为常数 0；最坏的情况是数组 b 中没有元素等于 m，则语句③要执行 n 次，故频度为 n。一般情况下，可用最坏的时间复杂度为算法的时间复杂度，故本例算法的时间复杂度记作 T(n)=O(n)。

(2) 除输入/输出数据外，该算法临时占用存储空间的只有辅助变量 i，这个临时占用存储空间的大小与问题规模 n 无关，故本例算法的空间复杂度记作 S(n)=O(1)。

1.4 C 语言相关知识回顾

本书的程序是使用 C 语言编写的，笔者认为有必要在此简单介绍数据结构所使用的 C 语言语法。根据笔者多年的数据结构教学实践，学生完成上机实验练习时遇到的主要问题是:不能正确地输入数据、结构体概念陌生、函数的传地址调用概念不清、指针与链表有的学生没有学过。由于篇幅所限，这里将就以上所涉问题的内容做一个简短介绍。如果学生的基础好，那么可以忽略这一部分的内容。

1.4.1 函数的基本概念

1. 函数的定义与调用

C 语言程序的基本单位是函数。C 语言程序可以包含一个主函数和多个其他函数，C 语言程序有且只能有一个名为 main 的主函数，其执行总是从 main 函数开始，到 main 函数结束。是否能够熟练地设计和使用函数，是体现一个人程序设计能力高低的基本条件。因此，有必要回顾和复习 C 语言函数的基本概念。如例 1-8 所示，编写程序，从程序中理解函数的定义、调用和声明 3 个重要概念。

【例 1-8】 编写程序，理解函数的定义、调用和声明。

```
# include <stdio.h>                        //包含头文件<stdio.h>
void display(void)                         //定义 display 函数(输出一条线的函数)
{ printf("-------------\n"); }
void main( )
{ int sum (int a, int b);                  //声明 sum 函数
  int  x,y,s;
  x=1,y=2;
  s=sum(x,y);                              //调用 sum 函数(求 x 和 y 的和)
  display();                               //调用 display 函数(画一条线)
  printf("x=% d,y=% d\n",x,y);             //输出 x 和 y 的值
  printf("x+y=% d\n",s);                   //输出 x 和 y 的和
  display();                               //调用 display 函数(画一条线)
}
int sum (int a, int b)                     //定义 sum 函数(计算 2 个整数之和的函数)
{ int s;
     s=a+b;
     return s;
}
```

解　程序的运行结果如图 1-12 所示。

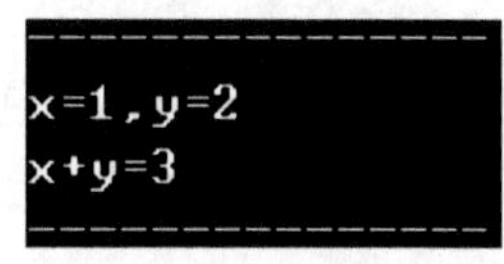

图 1-12　例 1-8 的运行结果

(1) 从用户函数定义的角度看,函数有标准函数和用户自定义函数两类。如例 1-8 中的格式输出函数 printf 是标准函数,由 C 系统提供,用户无须定义,程序设计者只需使用 # include 指令把有关的头文件〈stdio. h〉包含到本文件模块中即可。函数 sum 和 display 是用户自定义函数,由用户根据特定需要自己编写的函数。用户定义了 sum 函数计算 2 个整数之和,再定义 display 函数输出一条线。用户自定义函数,不仅要在程序中定义函数本身,还要在调用这个函数时对被调用的函数进行类型说明,然后才能使用。

用户自定义函数的函数定义形式如下:

类型标识符 函数名([形参列表])

{函数体;}

函数定义一般是处理形参列表中的数据后获得的某个结果,因此函数可以有返回值,上面的类型标识符就是函数返回值的类型,如 int、float 等。例如:

```
int sum (形参列表) {函数体;}
int sum (int a, int b)        //定义 sum 函数(计算 2 个整数之和的函数)
{ int s;
  s=a+b;
  return s;
}
```

函数也可以无返回值,此时类型是 void,void 为空,可省略。例如:

```
void display(形参列表) {函数体;}
```

函数体内所需处理的数据往往通过形参列表传送，函数也可以不设形参列表。例如：

```
类型名 函数名(void){函数体;}
    void display(void)      //定义 display 函数(输出一条线的函数)
    {printf("--------------\n"); }
```

(2) 函数具有相对独立的功能，可以被其他函数调用，也可以调用其他函数。如例 1-8 中的主函数 main 是主调函数，函数 display 和 sum 是被调函数。主函数 main 中通过语句 display();调用 display 函数来画一条线；通过语句 s=sum(x,y);调用 sum 函数求得 x 与 y 之和；通过语句 printf("x=%d,y=%d\n",x,y);和 printf("x+y=%d\n",s);调用 printf 函数分别输出 x 和 y 的值以及 x 和 y 之和。

(3) 函数与变量一样，也必须“先定义，后使用”，即函数的定义必须出现在调用函数之前。C 语言程序的执行是从上往下一条一条地执行语句，若函数的定义出现在函数的调用语句之后，则必须声明函数。如函数 display 的定义在主函数 main 的前面，函数 sum 的定义在主函数 main 的后面，则主函数 main 中需要语句 int sum (int a, int b);来声明 sum 函数。

2. 函数的参数传递

主调函数向被调函数传递数据是通过实际参数(以下简称“实参”)和形式参数(以下简称“形参”实现的；被调函数向主调函数传递数据是通过返回语句实现的。即函数被调用时，由主调函数提供实参，将信息传递给被调函数中的形参；在调用结束后，形参可以返回新的数据给主调函数。各种算法的语言实现在使用函数参数传递数据时有两种方式：传值方式和传地址方式。

(1)传值方式。传值方式参数结合的过程是：当函数被调用时，为被调函数中的形参分配内存单元，并将主调函数中的实参的值复制到形参中；调用结束后，形参单元被释放，实参单元仍保留并维持原值。即系统将实参的值复制给形参，实参与形参断开联系，在函数体内对形参的任何操作不会影响到实参。如普通变量作为参数传递、数组元素作为参数传递都是传值方式。传值方式要注意以下 3 点。

① 形参与实参占用不同的内存单元。

② 形参只在调用时才分配存储单元，调用结束后释放。

③ 值传递是单向的，只能将实参的值传递给形参，反之不可以。

如例 1-9 所示，主调函数 main 将实参变量 x 和 y 的值传递给被调函数 swap 中的形参变量 a 和 b。其值传递的过程分以下 3 步进行。

第 1 步：调用前实参变量 x=5，y=9。

第 2 步：通过语句 swap(x,y);调用 swap 函数，实参 x 的值 5 复制给形参 a，实参 y 的值 9 复制给形参 b。形参 a 和 b 在被调函数 swap 中，执行 swap 函数体，交换形参 a 和 b 的值。

第 3 步：调用结束后，形参被释放，实参仍保留并维持原值，即 x=5，y=9。

【例 1-9】 编写程序，理解普通变量作为实参传递的传值方式。

代码如下：

```
# include < stdio.h>
```

```
swap (int a,int b)
{int temp;
      temp=a;
      a=b;
      b=temp;
}
main()
{int x,y;
      scanf("% d,% d",&x,&y);
      printf("x=% d y=% d\n",x,y);
      printf("传值交换:\n");
      swap(x,y);
      printf("x=% d y=% d\n",x,y);
}
```

程序的运行结果如图 1-13 所示。例 1-9 的传值过程如图 1-14 所示。

图 1-13　例 1-9 的运行结果　　**图 1-14　例 1-9 的传值过程**

(2) 传地址方式。传地址方式参数结合的过程是:当函数调用时,将主调函数中的实参地址传递给被调函数中的形参。即实参和形参指向同一地址,因此在被调函数体中对形参的任何操作都变成对相应实参的操作,实参的值就会随函数体内形参的值的改变而改变。如指针变量作为参数传递、数组名作为参数传递都是传地址方式。传地址方式要注意以下 3 点。

① 形参与实参占用同样的存储单元。

② 实参和形参必须是地址常量或变量。

③ 地址传递是双向的。

如例 1-10 所示,主调函数 main 将实参地址 &a 和 &b 传递给被调函数 swap 中的形参指针变量 p1 和 p2。其地址传递的过程分以下 3 步进行。

第 1 步:调用前实参变量 a=5,b=9。

第 2 步：通过语句 swap(&a,&b);调用 swap 函数，将实参地址 &a 复制给形参指针变量 p1，即 p1=&a；实参地址 &b 复制给形参指针变量 p2，即 p2=&b。形参 p1 和 p2 在被调函数 swap 中，执行 swap 函数体，交换指针变量 p1 和 p2 所指向的变量的值，即交换了变量 a 和 b 的值。

第 3 步：调用结束后，形参被释放，实参的值间接被改变，即 a=9,b=5。

【例 1-10】 编写程序，理解指针变量作为实参传递的传地址方式。

代码如下：

```
# include <stdio.h>
swap(int *p1,int *p2)
{ int p;
  p=*p1;
  *p1=*p2;
  *p2=p;
}
      main()
{ int a,b;
  scanf("% d,% d",&a,&b);
  printf("a=% d,b=% d\n",a,b);
  printf("传地址交换:\n");
  swap(&a,&b);
  printf("a=% d,b=% d\n",a,b);
}
```

程序的运行结果如图 1-15 所示。例 1-10 的传地址过程如图 1-16 所示。

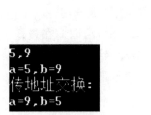

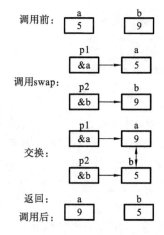

图 1-15　例 1-10 的运行结果　　**图 1-16　例 1-10 的传地址过程**

1.4.2　结构体概述

1. 结构体的定义

数据结构课程中所研究的许多问题都运用到结构体。在 C 语言中，结构体的定义、输入/输出是数据结构程序设计的重要语法基础。将具有内在联系的不同类型数据组合成一个整体,这种数据类型称为结构体。结构体属于构造类型。结构体由若干不同类型的数据项组成,构成结构体的各个数据项称为结构体成员。结构体成员的类型可以是基本类型,也可以是构造类型。

表1-2所示的是一个学生的成绩记录表,记录表包含学号(num)、姓名(name)、年龄(age)、成绩(score)数据项,分别是不同类型的数据。如何描述这些类型不同的相关数据呢?如果使用num、name、age、score分别定义为互相独立的简单变量,那么很难反映它们之间的内在联系。

表1-2 学生的成绩记录表

学号	姓名	年龄	成绩
2015010101	张三	20	90.5
2015010102	李四	21	85.5
2015010103	王五	19	70.0

如表1-3所示,我们将这些数据组合起来定义为一个结构体类型,包含num(字符串)、name(字符串)、age(整型)、score(实型)4个结构体成员;定义一个名为stu1的结构体变量表示一个学生的信息,如stu1.num="2015010101";stu1.name="张三";stu1.age=20;stu1.score=90.5;,这样,以后使用起来就方便了。

表1-3 学生成绩记录表的结构

结构体成员	num	name	age	score
数据类型	字符串	字符串	整型	实型
初始化	2015010101	张三	20	90.5

2. 定义结构体类型

定义结构体类型的一般格式如下:

```
struct 结构体类型名
{类型名1 变量名1;                //结构体成员的名称及其数据类型
 类型名2  变量名2;……
 类型名n  变量名n;
   };                             //结构体类型定义结束标志(;)不能省略
```

其中:struct是保留字,是定义结构体类型的关键字;结构体类型名由用户自己命名。

【例1-11】 按表1-2的要求定义学生的结构体类型,命名为student。

```
struct student
{ char num[10] ;                 //学号(字符串)
char name[20] ;                  //姓名(字符串)
int age ;                        //年龄(整型)
float score ;                    //成绩(实型)
};
```

定义结构体类型 struct student，包含 num、name、age、score 等 4 个结构体成员。

3. 定义结构体变量

结构体类型属于数据类型范畴，只有定义此类型的变量，编译系统才为该类型变量分配存储单元，存放相关的数据。结构体遵循“先定义，后使用”的原则，在使用时必须声明一个具体的结构体类型的变量，声明一个结构体变量的方法有以下 3 种。

(1) 先定义结构体类型，再定义结构体类型变量，例如：

```
struct student
{ 结构体成员;……
};
struct student stu1,stu2;
    定义 struct student 结构体类型的 stu1 和 stu2 变量
```

(2) 定义结构体类型的同时定义结构体类型变量，例如：

```
struct student
{ 结构体成员;……
}stu1,stu2;
```

(3) 在定义结构体类型时省略结构体名而直接定义结构体变量，例如：

```
struct
{ 结构体成员;……
}stu1,stu2;
```

4. 结构体变量的初始化

与一般变量一样，结构体变量在使用之前应该先将变量初始化。

结构体变量初始化的一般格式如下：

```
struct 结构体名 变量= {各成员初值};
```

【例 1-12】 按表 1-2 要求定义学生结构体变量 stu1 并初始化。

代码如下：

```
struct student
{char num[10] ;
  char name[20] ;
  int age ;
  float score ;
};
struct student stu1={ "2015010101", "张三", 20, 90.5};
```

5. 使用 typedef 声明新数据类型名

关键字 typedef 可用于建立已定义好的数据类型的别名，即重命名数据类型。

typedef 类型定义语句的一般形式如下：

```
typedef 原类型 定义类型别名;
```

其中:原类型是已经定义的原数据类型;定义类型别名是新的数据类型名,符合标识符命名法则,建议选用全大写英文字母。

(1) 使用一个新的类型名代替原有的类型名,例如:

```
typedef  int  Integer;
```

表示使用 Integer 类型名代替原有的 int 类型名。

```
typedef  float  Real;
```

表示使用 Real 类型名代替原有的 float 类型名。

由上可知,int i,j; float a,b;与 Integer i,j; Real a,b; 等价。

(2) 使用一个简单的类型名代替原有的复杂数据类型名,例如:

```
typedef struct birthday
{ int month; int day; int year; } Date;
```

表示使用 Date 类型名代替原有的结构体 struct 类型名,即 struct birthday。如 Date a;与 struct birthday a;等价。

6. 指向结构体变量的指针

结构体可以理解成对数据做了一个封装,成为一个新的数据类型。指向结构体的指针,和平常的指针是一样的,只是指针指向的数据类型有些特殊,为结构体类型。

指向结构体变量的指针定义的一般形式如下:

```
struct 结构体类型名 * 指针变量名;
```

例如,struct student *p,stu; p=&stu;

7. 结构体变量的引用

由于结构体类型是由多个数据成员组成的,所以结构体变量的引用可分为两种:将其作为一个整体进行处理和对其中的某个数据成员进行处理。将其作为一个整体进行处理,例如 struct student stu1,stu2;可以使用语句 stu2=stu1;来整体引用。对其中的某个数据成员的引用可以有以下 3 种方式。

(1) 用成员运算符.引用结构体变量的成员,其一般格式如下:

```
结构体变量名.结构体成员名
```

例如,stu1.score=98.6;

(2) 用指针运算符和成员运算符引用结构体变量的成员,其一般格式如下:

```
(* 结构体指针变量名).结构体成员名
```

例如,struct student stu,*p; p=&stu; (*p).score=92.5;

(3) 用指向运算符->引用结构体变量的成员,其一般格式如下:

```
结构体指针变量名-> 结构体成员名
```

例如,struct student stu,*p; p=&stu; p->score=87.2;

【例 1-13】 使用指向结构体变量的指针输出学生信息。

代码如下：

```
# include<stdio.h>
# include<string.h>
struct student
{ char num[10];
  char name[10];
  char sex;
  int age;
  double score;
};
int main( )
{ struct student stu2;
  struct student *p;
  p=&stu2;
  strcpy(stu2.num,"20170101");
  strcpy(stu2.name,"wu lan");
  stu2.sex='M';
  stu2.age=18;
  stu2.score=95.5;
printf("第 1 次输出学生信息,用成员运算符.引用结构体变量的成员:\n");
printf("num:% s,name:% s,sex:% c,age:% d,score:% lf\n",stu2.num,stu2.name,
stu2.sex,stu2.age,stu2.score);
printf("第 2 次输出学生信息,用指针运算符和成员运算符引用结构体变量的成员:\n");
printf("num:% s,name:% s,sex:% c,age:% d,score:% lf\n",(*p).num,(*p).name,
(*p).sex,(*p).age,(*p).score);
printf("第 3 次输出学生信息,用指向运算符->引用结构体变量的成员:\n");
printf("num:% s,name:% s,sex:% c,age:% d,score:% lf\n",p->num,p->name, p->
sex,p->age,p->score);
return 0;
}
```

程序运行结果如图 1-17 所示。

```
第1次输出学生信息,用成员运算符.引用结构体变量的成员:
num:20170101,name:wu lan,sex:M,age:18,score:95.500000
第2次输出学生信息,用指针运算符和成员运算符引用结构体变量的成员:
num:20170101,name:wu lan,sex:M,age:18,score:95.500000
第3次输出学生信息,用指向运算符->引用结构体变量的成员:
num:20170101,name:wu lan,sex:M,age:18,score:95.500000
Press any key to continue
```

图 1-17 例 1-13 的运行结果

1.4.3 数据结构的综合应用

【例 1-14】 下面程序是运用结构体输入 3 个学生的 C 语言成绩，并输出 C 语言成绩最高学生的信息。

```
# include < stdio.h>
# define N 3                    //学生数
struct stuc                     //学生 C 语言成绩结构体类型
{ long int num;                 //学号
  int score;                    //成绩
};
int main()
{ void input(struct stuc stu[]);
  void print(struct stuc stu[]);
  struct stuc stu1[N];
  input(stu1);
  print(stu1);
  return 0;
}
void input(struct stuc stu[])
//定义 input 函数,从键盘向数组输入 N 个学生的学号、C 语言成绩
{ int i;
  printf("请输入% d个学生的学号、C 语言成绩:\n",N);
  for(i=0;i<N;i++) scanf("%ld%d",&stu[i].num,&stu[i].score);
}
void print(struct stuc stu[])//定义 print 函数,输出数组中成绩最高的学生信息
{ int i,m=0;
  for(i=1;i<N;i++)if(stu[i].score> stu[m].score) m=i;
  printf("\n 成绩最高的学生是:\n");
  printf("学号:%ld\nC 语言成绩:%d\n",stu[m].num,stu[m].score);
}
```

程序的运行结果如图 1-18 所示。

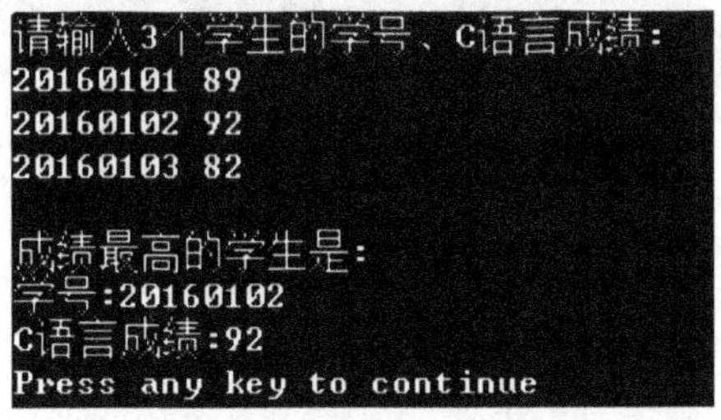

图 1-18　例 1-14 的运行结果

【例 1-15】　下面程序是运用结构体输入 1 个学生的学号与 3 门课程的成绩,并输出该学生的学号与课程平均成绩的信息。

```
# include <stdio.h>
# define N 3                    //课程数
struct stuc                     //学生课程成绩结构体类型
```

```
{ long int num;                    //学号
  int score[N];                    //课程成绩
};
int main()
{ void input(struct stuc * stu);
  void print(struct stuc stu);
  struct stuc stu1;
  input(&stu1);
  print(stu1);
  return 0;
}
void input(struct stuc *stu)       //定义 input 函数,从键盘输入学生的学号、课程成绩
{ int i;
  printf("请输入学生的学号:");
  scanf("%ld",&stu->num);
  printf("请输入学生的课程成绩:");
  for(i=0;i<N;i++) scanf("%d",&stu->score[i]);
}
void print(struct stuc stu)        //定义 print 函数,输出学生的学号、课程平均成绩
{  int i,sum=0;
for(i=0;i<N;i++) sum+=stu.score[i];
printf("\n 学号:%ld\n 课程平均成绩:%5.2f\n",stu.num,(double)sum/N);
}
```

程序的运行结果如图 1-19 所示。

```
请输入学生的学号:20170101
请输入学生的课程成绩:78 90 83

学号:20170101
课程平均成绩:83.67
Press any key to continue
```

图 1-19　例 1-15 的运行结果

1.5 小结

本章主要介绍了以下几方面的内容。

(1) 数据结构的基本术语,即数据、数据对象、数据元素、数据项等。

(2) 数据结构是相互之间存在一种或多种特定关系的数据元素的集合,即可把数据结构看成是带"结构"的数据元素的集合。数据结构的研究内容包括 3 个方面,即数据的逻辑结构、数据的存储结构以及数据的操作。数据的逻辑结构反映数据元素之间的逻辑关系,包括集合、线性、树形、图状等 4 种基本结构。数据的存储结构是指数据元素在计算机内部的组织(存储)方式,包括顺序存储结构和链式存储结构等。数据的操作是指对数据进行的处

理，包括检索、排序、插入、删除、修改等。

(3) 抽象数据类型可以通过固有的数据类型(如整型、实型、字符型等)来表示和实现。

(4) 著名计算机科学家尼基克劳斯·沃思提出一个公式：算法+数据结构=程序，算法是程序的灵魂，数据结构是程序的加工对象。算法的常用表示方法有使用自然语言描述算法、使用流程图描述算法、使用伪代码描述算法、使用程序设计语言描述算法等。算法有有穷性、确定性、可行性、输入、输出5个重要特性；算法设计有正确性、可读性、可使用性、健壮性、效率与存储量需求5个要求。

(5) 算法分析主要考察的是算法的时间和空间效率，以求改进算法或对不同的算法进行比较。一般情况下，鉴于计算机空间(内存)比较充足，所以把算法的时间复杂度作为分析的重点。一条语句的频度是指该语句在算法中被重复执行的次数。算法中所有语句的频度之和记作T(n)，它是该算法问题规模n的函数，时间复杂度主要分析T(n)的数量级。算法中的基本运算(最深层循环内的语句)的频度与T(n)同数量级，常见的渐近时间复杂度为$O(1)<O(\log_2 n)<O(n)<O(n\log_2 n)<O(n^2)<O(n^3)<O(n^k)$。

(6) 函数、结构体、指针、数组等，如函数的定义与调用，使用函数参数传递数据时有两种方式，即传值方式和传地址方式；结构体的概念与初始化，以及使用typedef声明新数据类型名、指向结构体变量的指针、结构体变量的引用等。

习题1

一、选择题

1. 下列与数据元素有关的叙述中，(　　)是不正确的。

A. 数据元素是数据的基本单位，即数据集合中的个体

B. 数据元素是有独立含义的数据最小单位

C. 数据元素又称节点

D. 数据元素又称记录

2. 下列关于数据的逻辑结构的叙述中，(　　)是正确的。

A. 数据的逻辑结构是数据间关系的描述

B. 数据的逻辑结构反映了数据在计算机中的存储方式

C. 数据的逻辑结构分为顺序结构和链式结构

D. 数据的逻辑结构分为静态结构和动态结构

3. 数据结构是一门研究非数值计算的程序设计问题中计算机的(①)以及它们之间的(②)和运算等的学科。

① A. 数据元素　　B. 计算方法　　C. 逻辑存储　　D. 数据映像

② A. 结构　　B. 关系　　C. 运算　　D. 算法

4. 数据结构被形式定义为(D,R)，其中D是(①)的有限集，R是D上的(②)有限集。

① A. 算法　　B. 数据元素　　C. 数据操作　　D. 逻辑结构

② A. 操作　　B. 映像　　C. 存储　　D. 关系

二、填空题

5．数据的基本单位是（　　　　），在计算机中通常作为一个（　　　　）进行处理。

6．数据结构包括（　　　　）和（　　　　）两个层次。

7．数据逻辑结构包括（　　　　）、（　　　　）、（　　　　）和（　　　　）等4种类型。

8．数据的结构是指（　　　　）。

9．数据类型的值是（　　　　）和定义在这个值集上的一组（　　　　）的总称。

10．数据结构包括（　　　　）、（　　　　）、（　　　　）等3方面的内容。

11．数据的存储结构有（　　　　）和（　　　　）两种。

12．算法的5个重要特性是（　　　　）、（　　　　）、（　　　　）、（　　　　）和（　　　　）。

13．算法效率的度量主要采用（　　　　）和（　　　　）来衡量。

三、计算下面各程序段的时间复杂度

14．
```
temp=i; i=i; i=temp;
```

15．
```
i=s=0; While(i<n) { i++; s+=i; }
```

16．
```
for(i=1;i<=n;i++)
      for(j=2;j<=i;j++)
          for(k=3;k<=j;k++) y++;
```

17．
```
x=0; y=0;
  for(k=1;k<=n;k++) x++;
  for(i=1;i<=n;i++)
    for(j=1;j<=n;j++)y++;
```

18．
```
x=2;
while(x<n/2) x=2*x;
```

19．
```
fact(int n)
{if (n<=1) return (1); else return ( n* fact (n-1));}
```

20．
```
i=1; While (i<=n) i=i*2;
```

第 2 章　线性表的结构分析与应用

在数据结构中，最常见、最简单的一种结构就是线性结构。由线性结构将数据元素组织起来的数据结构称为线性表。线性表可以采用顺序结构存储，也可以采用链式结构存储。其中，采用顺序结构存储的线性表简称为顺序表，采用链式结构存储的线性表简称为链表。从逻辑上讲，线性表中的数据是依次排列的，就像小学生排队过马路一样，彼此手拉着手，每份数据的前面和后面各有一份数据，从整体上看连成了“一条线”。

2.1　线性表的定义和运算

通过前面的学习我们知道，具有一对一逻辑关系的数据，最佳的存储方式是使用线性表。那什么是线性表呢？

线性表，全称为线性存储结构。可以这样理解使用线性表存储数据的方式，即“将所有数据用一根线串起来，再存储到空闲的物理空间中”。

图 2-1 所示的是一组具有一对一逻辑关系的数据，接下来采用线性表将其存储到物理空间中。

1　　2　　3　　4　　5

图 2-1　一组具有一对一逻辑关系的数据

首先，用一根线将它们按照顺序“串”起来，如图 2-2 所示。

图 2-2 中，左侧是用线“串”起来的数据，右侧是空闲的物理空间。把这一串数据放置到物理空间，可以选择数据集中存放和数据分散存放两种方式，如图 2-3 所示。

图 2-3(a)是大多数人能想到的存储方式，而图 2-3(b)却很少有人想到。我们知道，数据存储的成功与否，取决于是否能将数据完整地复原成它本来的样子。如果将图 2-3(a)和图 2-3(b)中线的一头拉起，你会发现数据的位置依旧没有发生变化（与图 2-1 一样）。因此可以认定，这两种存储方式都是正确的。

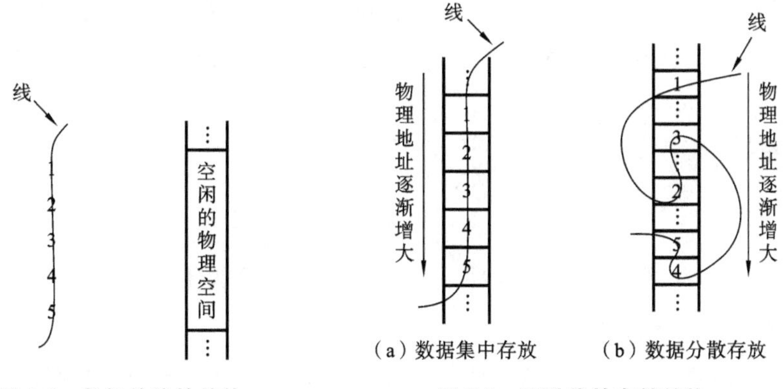

图 2-2　数据的线性结构

图 2-3　两种线性存储结构

将具有一对一逻辑关系的数据线性地存储到物理空间中，这种存储结构就称为线性存储结构（简称线性表）。

1. 定义

线性表是由 n(≥0)个数据元素组成的有限序列，记作(a_1，…，a_{i-1}，a_i，a_{i+1}，…，a_n)。其中，a_i是表中的数据元素，n 是表的长度。

在生活中，也有很多事物的逻辑状态表现为线性表特征的，例如，十二星座的顺序，学生成绩表中的记录顺序，扑克牌的牌面顺序等。

使用线性表存储的数据，如同向数组中存储数据那样，要求数据类型必须一致，也就是说，线性表存储的数据，要么全部都是整型，要么全部都是字符串。在数据存储单元中，一半是整形，一半是字符串的一组数据无法使用线性表存储。

从图 2-3 中可以看出，线性表存储数据可细分为以下两种。

(1) 如图 2-3(a)所示，将数据依次存储在连续的整块物理空间中，这种存储结构称为顺序存储结构（简称顺序表）。

(2) 如图 2-3(b)所示，数据分散存储在物理空间中，通过一根线保存着它们之间的逻辑关系，这种存储结构称为链式存储结构（简称链表）。

也就是说，线性表存储结构可细分为顺序存储结构和链式存储结构。

数据结构中，一组数据中的每个个体被称为数据元素（简称元素）。例如，图 2-1 显示的这组数据，其中 1、2、3、4 和 5 都是这组数据中的元素。

另外，对于具有一对一逻辑关系的数据，我们一直在用“某一元素的左侧（前边）或右侧（后边）”这样不专业的词，其实线性表中有更准确的术语。

- 某一元素的左侧相邻元素称为“直接前驱”，位于此元素左侧的所有元素都统称为“前驱元素”。
- 某一元素的右侧相邻元素称为“直接后继”，位于此元素右侧的所有元素都统称为“后继元素”。

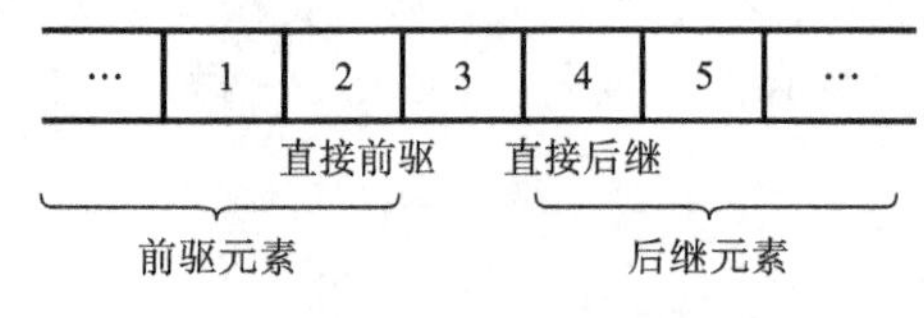

图 2-4　前驱元素和后继元素

以图 2-1 数据中的元素 3 来说，它的直接前驱是 2，此元素的前驱元素有 2 个，分别是 1 和 2；同理，此元素的直接后继是 4，后继元素也有 2 个，分别是 4 和 5，如图 2-4 所示。

由以上线性结构的分析可以得到线性结构具有如下特点。

(1) 同一线性表中的元素具有相同的特性。

(2) 相邻数据元素之间存在序偶关系。

(3) 除第一个元素外，其他每个元素有一个且仅有一个直接前驱。

(4) 除最后一个元素外，其他每个元素有一个且仅有一个直接后继。

2. 线性表的抽象数据类型

线性表的结构简单，其长度可以动态地加长或缩短；可以对线性表中的任何位置的数据元素进行访问、查找、插入、删除等操作；可以求线性表中指定数据元素的直接前驱和直接后继;也可以将多个线性表合并为一个线性表。线性表的主要操作如下。

(1) InitList(L,n):创建长度为 n 的顺序表 L。

(2) Length(L):求线性表中元素的个数,即表长,并返回其值。

(3) display(L):输出线性表中各个数据元素的值。

(4) GetElem(L,i):查找线性表中第 i 个位置的元素的值。

(5) IndexElem(L,x):返回线性表中某元素首次出现的位置序号,若查询不到此数据元素,则返回－1。

(6) InsertElem(L,i,x):在线性表的第 i 个数据元素之前插入一个值为 x 的数据元素。其中 i 的取值范围为 0≤i≤Length(),并使表长值增加单位 1。

(7) DeleteElem(i):删除并返回线性表中第 i 个位置上的元素,其中 i 的取值范围为 0≤i≤Length()－1,并使表长值减小单位 1。

3. 线性表的算法

【例 2-1】 求合并两个线性表中的元素到一个表中的算法时间复杂度。假设有两个集合 A 和 B 分别用两个线性表 La 和 Lb 表示(线性表中的数据元素即为集合中的成员)。现要求一个新的集合 A＝A∪B,并对线性表执行如下操作:扩大线性表 La,将存在于线性表 Lb 中而不存在于线性表 La 中的数据元素插入线性表 La 中。

分析 (1) 从线性表 Lb 中依次取得每个数据元素:GetElem(Lb,i)→e。

(2) 依次在线性表 La 中进行查找:IndexElem(La,e)。

(3) 若不存在,则插入:InsertElem(La,n＋1,e)。

解 从线性表 Lb 中逐一取得每个数据元素,并依次在线性表 La 中进行查找,若无,则插入。代码如下:

```
void Union (List &La,List &Lb)
{ Lalen=Length(La);
  Lblen=Length(Lb);
  for (i=1;i<=Lblen;i++)
    {GetElem(Lb,i,e);
    if (IndexElem(La,e)==0 )
        InsertElem(La,++Lalen,e);
    }
}
```

根据以上算法,合并两个线性表中的元素到一个表中的算法时间复杂度是 O(n)。

2.2 线性表的顺序存储结构

2.2.1 顺序表的定义

顺序表,全称为顺序存储结构,是线性表的一种。通过第 2.1 节的内容我们知道,线性表用于存储逻辑关系为一对一的数据,顺序表也不例外。

不仅如此,顺序表对数据的物理存储结构也有要求。顺序表存储数据时,会提前申请一整块足够大小的物理空间,然后将数据依次存储起来,存储时做到数据元素之间不留一丝缝隙。例如,使用顺序表存储集合{1,2,3,4,5},数据最终的存储状态如图 2-5 所示。

由此可以得出,将具有一对一逻辑关系的数据依次连续存储到一整块物理空间上的存储结构就是顺序存储结构。

通过观察图 2-5 中数据的存储状态可以发现,顺序表存储数据同数组非常接近。其实,顺序表存储数据使用的就是数组。

如果将逻辑状态为一对一线性关系的数据元素存储在一段连续的物理存储空间,由此构成的数据结构称为顺序表。实现顺序表的存储结构可以通过高级程序设计语言中的数组来实现。其存储方式是顺序存储,如图 2-5 所示。

因为线性表中所有数据元素的类型是相同的,所以每个数据元素在存储器中占用相同大小的空间。若每个数据元素占 L 个存储单元,且 a_1 的存储地址 Loc(a_1)也称为基地址,则第 i 个数据元素的地址可表示为:

$$Loc(a_i)=Loc(a_1)+(i-1)\times L$$

因此在顺序存储结构中,只需要知道基地址和每个数据元素所占的存储空间大小,就可以计算出第 i 个数据元素的地址,如图 2-6 所示。顺序表具有按数据元素的位序号随机存取的特点。

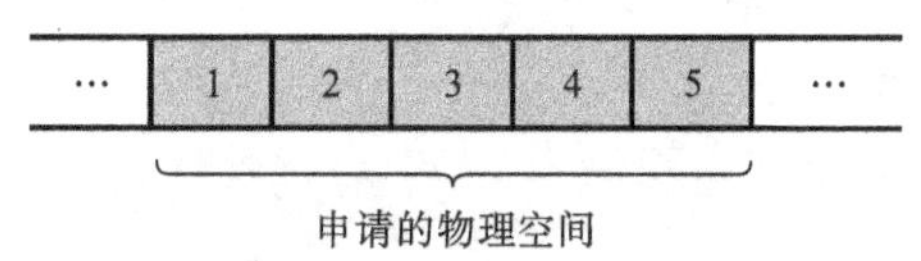

图 2-5 顺序存储结构示意图

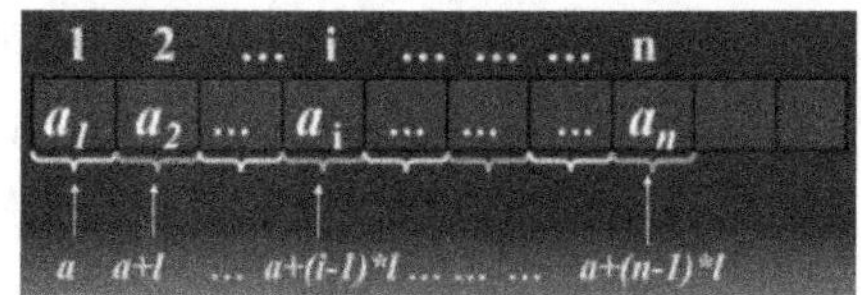

图 2-6 线性表的顺序存储结构

2.2.2 顺序表的实现与操作

使用顺序表存储数据之前,除了要申请足够大小的物理空间外,但为了方便后期使用表中的数据,顺序表还要实时记录以下两项数据。

(1) 顺序表申请的存储容量。

(2) 顺序表的长度,也就是表中存储数据元素的个数。

高级程序设计语言在程序编译时会为数组类型的变量分配一片连续的存储空间,数组元素的值就能依次存储在这片存储区域中。此外,像数组这种数据结构也具有随机存取的特点。因此,可以采用数组来描述数据结构中的顺序存储结构,其中数组元素的个数对应存储区域的大小,且应根据实际需要定义为“足够大”,可设置常数值为 MAXSIZE。考虑到线性表的长度是实际可变的,故还需要一个变量 length 来记录线性表的实际长度。线性表的顺序存储结构可表达如下。

1. 顺序表的类型定义

自定义顺序表的 C 语言实现代码如下:

```
typedef int ElemType ;
```

```
typedef struct Table{
    ElemType *elem;     //声明了一个名为 head 的长度不确定的数组,也叫动态数组
    int length;         //记录当前顺序表的长度
    int size;           //记录顺序表分配的存储容量
}SqList;
```

提示:正常状态下,顺序表申请的存储容量要大于顺序表的长度。

根据以上的定义可以推导出,若正确定义顺序表并成功分配存储单元,那么,当程序中的语句 SqList L;定义后,表中相应位置的元素如下。

L. elem[0]:表中第 1 个元素;

L. elem[1]:表中第 2 个元素;

L. elem[2]:表中第 3 个元素;

L. elem[L. length-1]:表中最后一个元素;

L. length:表长值。

注意:head 是我们声明的一个未初始化的动态数组,不要只把它看成是普通的指针。接下来开始学习顺序表的初始化,也就是初步建立一个顺序表。建立顺序表需要做如下工作。

- 给 elem 动态数组申请足够大小的物理空间。
- 给 size 和 length 赋初值。

因此,C 语言实现代码如下:

```
# define Size 5             //对 Size 进行宏定义,表示顺序表申请空间的大小
SqList initTable(){
    SqList t;
    t.elem=(ElemType *)malloc(Size*sizeof(ElemType));
                            //构造一个空的顺序表,动态申请存储空间
    if (! t.elem)           //如果申请失败,则输出提示信息和强制退出程序
    {
        printf("初始化失败");
    exit(0);
    }
    t.length=0;             //空表的长度初始化为 0
    t.size=Size;            //空表的初始存储空间为 Size
    return t;
}
```

从以上代码中可以看到,整个顺序表初始化的过程被封装到了一个函数中,此函数的返回值是一个已经初始化完成的顺序表。这样做的好处是增加了代码的可用性,也更加美观。与此同时,顺序表初始化过程中,要注意对物理空间的申请进行判断,对申请失败的情况进行处理,这里只进行了“输出提示信息和强制退出程序”的操作,可以根据自己的需要对代码中的 if 语句进行改进。

通过在主函数中调用 initSqlist 语句,就可以成功创建一个空的顺序表,与此同时,还可

以试着向顺序表中添加一些元素，C语言实现代码如下：

```
# include < stdio.h>
# include < stdlib.h>
# define Size 5
typedef int ElemType;
typedef struct Table{
    ElemType* head;
    int length;
    int size;
}Sqlist;
Sqlist initTable(){
    Sqlist t;
    t.elem=(ElemType*)malloc(Size* sizeof(ElemType));
    if (! t.elem)
    {
        printf("初始化失败");
        exit(0);
    }
    t.length= 0;
    t.size=Size;
    return t;
}
//输出顺序表中元素的函数
void displayTable(Sqlist t){
    for (int i=0;i<t.length;i++) {
        printf("% d",t.elem[i]);
    }
    printf("\n");
}
int main(){
    Sqlist t=initTable();
    //向顺序表中添加元素
for (int i=1; i<=Size; i++) {
    t.elem[i-1]=i;
    t.length++;
}
printf("顺序表中存储的元素分别是:\n");
displayTable(t);
return 0;
}
```

程序运行结果如下：

顺序表中存储的元素分别是：1 2 3 4 5

可以看到，以上顺序表初始化创建成功。

2. 顺序表的基本操作

前面学习了顺序表及其初始化的过程,这里学习有关顺序表的一些基本操作,以及如何使用 C 语言实现它们。从上述顺序表的类型定义中可以看出,在顺序表中实现求顺序表的长度,输出表元素,判断表是否为空,输入值创建表,查找顺序表中的元素等操作都比较容易实现,但由于受到顺序存储结构的影响,在顺序表中实现插入和删除顺序表元素的操作稍复杂一些。下面介绍这些顺序表的基本操作算法。

(1)求顺序表的长度,代码如下:

```
int Length(SqList L)
{
return L.length;
}
```

算法返回的是顺序表中实际的元素个数,即表长值。

(2) 查找顺序表中的元素(按位置查找)。

算法操作返回查找线性表 L 中第 i 个位置的元素的值,代码如下:

```
int GetElem(SqList L,int i)
{
if(i<0||i>L.length)
      return ERROR;
else
      return L.elem[i];
}
```

(3) 查找顺序表中值为 x 的元素,并返回其元素位置序号。

此算法操作实现为:查找元素 x 在顺序表中的位置,若查找成功,则返回表项的位置;否则返回一1。

算法操作返回查找线性表 L 中第 i 个位置的元素的值。在顺序表中查找目标元素,可以使用多种查找算法实现,比如第 8 章将要介绍的折半查找法、线性查找法等。

这里,我们选择顺序查找法,具体实现代码如下:

```
//查找函数,其中 e 表示要查找的数据元素的值
int selectTable(Sqlist t,int e){
for (int i=0;i<t.length;i++) {
      if (t.head[i]==e) {
          return i+1;
      }
    }
    return -1;//如果查找失败,则返回-1
}
```

(4) 顺序表更改元素。顺序表更改元素的实现过程如下。

● 找到目标元素。

- 直接修改该元素的值。

顺序表更改元素的C语言实现代码如下：

```
//更改函数,其中 e 为要更改的元素,newElem 为新的数据元素
table amendTable(Sqlist t,int e,int newElem){
    int add=selectTable(t,e);
    t.head[add-1]=newElem;
    //由于返回的是元素在顺序表中的位置,所以-1 就是该元素在数组中的下标
    return t;
}
```

（5）在顺序表中指定位置上插入新元素。

在顺序表的第 i 个数据元素的位置上插入一个值为 x 的数据元素，原表中的元素顺序后移。其中 i 的取值范围为 $0 \leqslant i \leqslant length$，并使表长值增加单位 1。

在顺序表上进行插入操作的基本要求是：在已知表的第 i 个数据元素 a_i 前插入一个值为 x 的数据元素，其中 i 的取值范围为 $0 \leqslant i \leqslant length$，当 $i=0$ 时，在表头插入 x；当 $i=length$ 时，在表尾插入 x。插入后顺序表的逻辑顺序由原来的$(a_0, a_1, a_2, \cdots, a_{i-1}, a_i, a_{i+1}, \cdots, a_{length})$变成$(a_0, a_1, a_2, \cdots, a_{i-1}, x, a_i, a_{i+1}, \cdots, a_{length})$，表长值增加单位 1。

根据顺序表的存储结构特点，逻辑上相邻的数据元素在物理上也是相邻的，如果要在数据元素 a_i 之前插入一个新的数据元素，则需要将从第 i 个位置一直到表尾的原有的元素都依次顺序后移，再将待插入的数据元素插入腾出来的存储空间中。这种渐次移动的起点应从被插入点位置开始一直延续到表尾。

根据插入位置的不同，可分为以下 3 种情况。

① 插入顺序表的表头。

② 在表的中间位置插入元素。

③ 尾随顺序表中已有元素，作为顺序表中的最后一个元素。

综上所述，虽然数据元素插入顺序表中的位置有所不同，但是都是使用同一种方式去解决，即通过遍历找到数据元素要插入的位置，然后做如下两步工作。

① 将要插入的数据元素以及后续的数据元素整体向后移动一个位置。

② 将数据元素放到腾出来的位置上。

例如，在{1,2,3,4,5}的第 3 个位置上插入元素 6，实现过程如下。

① 遍历至顺序表存储第 3 个数据元素的位置，如图 2-7 所示。

② 将数据元素 3 以及后续数据元素 4 和 5 整体向后移动一个位置，如图 2-8 所示。

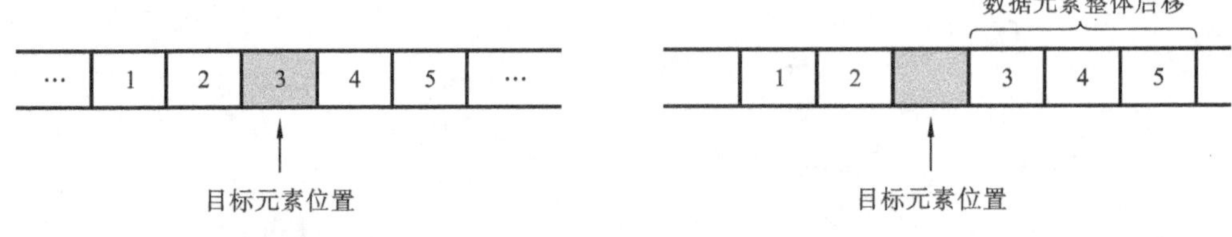

图 2-7　找到目标元素位置　　　　**图 2-8　将插入位置腾出来**

③ 在目标元素位置即腾出的位置插入新数据元素 6，如图 2-9 所示。

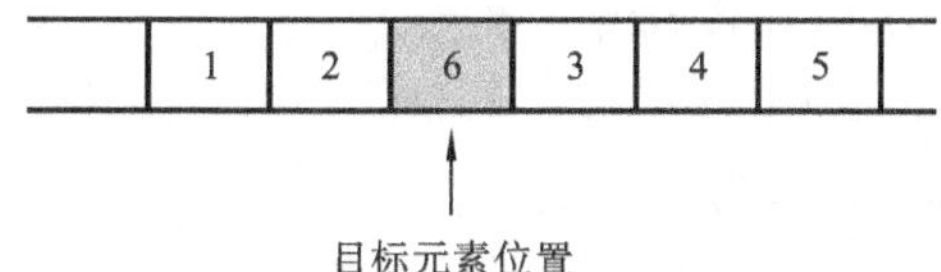

图 2-9　在目标元素位置即腾出的位置插入新数据元素 6

顺序表插入数据元素的 C 语言实现代码如下：

```
//插入函数,其中 e 为插入的元素,add 为插入顺序表的位置
table addTable(Sqlist t,int e,int add)
{
//判断插入本身是否存在问题(如果插入元素位置比整张表的长度+1 还大(如果相等,则是尾随的情况),或者插入的位置本身不存在,那么程序会有提示信息并自动退出)
    if (add>t.length+1||add<1) {
        printf("插入位置有问题");
        return t;
    }
    //执行插入操作时,首先需要查看顺序表是否有多余的存储空间提供给插入的元素,如果没有,则需要申请
    if (t.length==t.size) {
        t.elem=(ElemType *)realloc(t.elem,(t.size+1)*sizeof(ElemType));
        if (!t.elem) {
            printf("存储分配失败");
            return t;
        }
        t.size+=1;
    }
    //插入操作,需要将从插入位置开始的后续元素逐个后移
    for (int i=t.length-1;i>=add- 1;i--) {
        t.elem[i+1]=t.elem[i];
    }
    //后移完成后,直接将所需插入元素添加到顺序表的相应位置
    t.elem[add-1]=e;
    //由于添加了元素,所以长度+1
    t.length++;
    return t;
}
```

注意：动态数组额外申请更多物理空间使用的是 realloc 函数，并且在实现后续元素整体后移的过程中，目标位置其实是有数据的，还是 3，只是下一步新插入元素时会把旧元素直接覆盖。

算法的执行时间主要花费在数据移动操作上，即算法中的循环语句，此语句组的操作也是本算法的关键核心语句。可以用“移动节点的次数”来衡量插入元素算法的时间复杂度，其时间性能与表长 n 的值及插入位置 i 有关。

插入位置为：0，1，2，…，length，length+1；

最坏插入点为：i=1，(a_0，a_1，a_2，…，a_{i-1}，a_i，a_{i+1}，…，a_{length})移动次数为 n；

最好：i=表长 n+1，移动次数为 0；

平均：令 Eis(n)表示移动节点的期望值(即平均移动次数)，则在第 i 个位置上插入一个节点的移动次数为 n−i+1。假设 p_i 是在第 i 个元素之前插入一个元素的概率，故 Eis(n)=p_i(n−i+1)，不失一般性，假设在表中任何位置(1≤i≤n+1)上插入节点的机会是均等的，则 $p_1=p_2=p_3=\cdots=p_{n+1}=1/(n+1)$，因此，在等概率情况下，平均移动次数 Eis(n)=(n−i+1)/(n+1)。

可见，在顺序存储结构的线性表中插入或删除一个元素时，平均要移动表中大约一半的数据元素。若表长为 n，则插入和删除算法的时间复杂度都为 O(n)。

图 2-10 顺序表删除元素的过程示意图

(6) 顺序表删除元素。

从顺序表中删除指定元素，实现起来非常简单，只需找到目标元素，并将其后续所有元素整体前移一个位置即可。

后续元素整体前移一个位置，会直接将目标元素删除，间接实现删除元素的目的。例如，从{1，2，3，4，5}中删除元素 3 的过程如图 2-10 所示。

因此，顺序表删除元素的 C 语言实现代码如下：

```
table delTable(Sqlist t,int add){
    if (add> t.length||add< 1) {
        printf("被删除元素的位置有误");
        exit(0);
    }
    //删除操作
    for (int i=add; i<t.length; i++) {
        t.elem[i-1]=t.elem[i];
    }
    t.length--;
    return t;
}
```

2.3 线性表的链式存储结构

顺序表要占用一整块事先分配大小固定的存储空间，这样不便于存储空间的管理。为此提出了可以实现存储空间的动态链式存储方式——链表。本节讨论链式存储结构及其基本运算的实现。

链表，也称为链式存储结构或单链表，用于存储逻辑关系为“一对一”的数据。与顺序表不同，链表不限制数据的物理存储状态，换句话说，使用链表存储的数据元素，其物理存储位置是随机的。例如，使用链表存储{1,2,3}，数据的物理存储状态如图 2-11 所示。

我们看到，图 2-11 根本无法体现出各数据之间的逻辑关系。对此，链表的解决方案是，每个数据元素在存储时都配备一个指针，用于指向自己的直接后继元素，如图 2-12 所示。

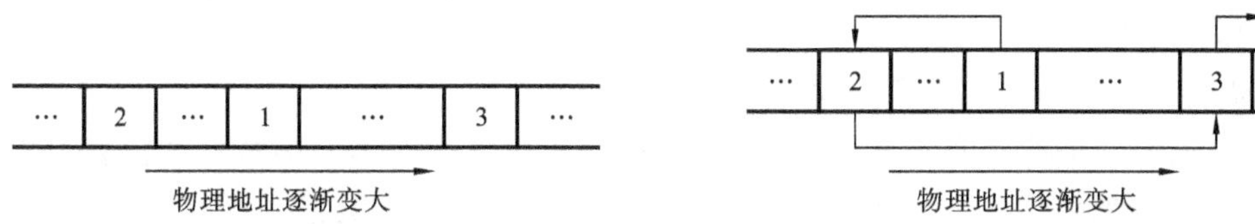

图 2-11　使用链表存储数据的物理状态　　**图 2-12　各数据元素配备指针**

像图 2-12 这样，数据元素随机存储，并通过指针表示数据之间逻辑关系的存储结构就是链式存储结构。

2.3.1　单链表的定义

由于线性表中的每个元素最多只有一个前驱元素和一个后继元素，即数据元素之间是一对一的逻辑关系，所以采用链式存储时，一种最简单也最常用的方法是：在每个节点中除数据域外，应只设置一个指针域，用以指向其后继节点，这样构成的链表称为线性单向链表，简称单链表。在单链表中，由于每个节点只包含有一个指向后继节点的指针，所以当访问一个节点后，只能接着访问它的后继节点，而无法直接访问它的前驱节点。

2.3.2　单链表的实现与操作

从图 2-12 中可以看到，链表中每个数据的存储都由以下两部分组成。

- 数据元素本身，其所在的区域称为数据域。
- 指向直接后继元素的指针，所在的区域称为指针域。

链表中存储各数据元素的结构如图 2-13 所示。

图 2-13 所示的结构在链表中称为节点。也就是说，链表实际存储的是一个一个的节点，真正的数据元素包含在这些节点中，如图 2-14 所示。

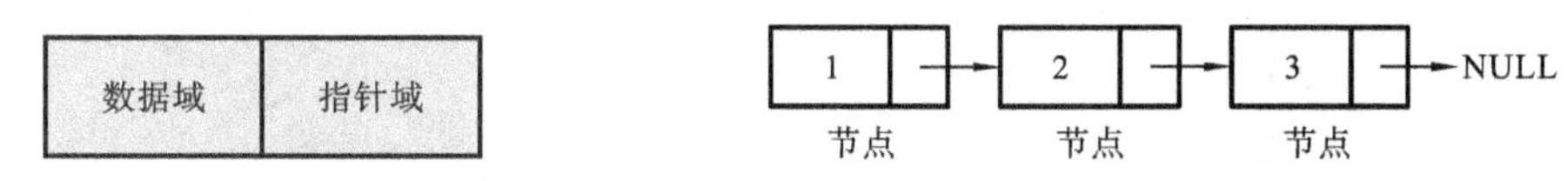

图 2-13　链表中存储各数据元素的结构　　**图 2-14　链表中的节点**

1. 单链表的定义方式与实现

在单链表中，假定每个节点的类型用 LinkList 表示，它既包含存储元素的数据域(这里用 data 表示，其类型使用通用类型标识符 ElemType)，又包含存储后继节点位置的指针域，这里用 next 表示。

因此，链表中每个节点的具体实现，需要使用 C 语言中的结构体，具体实现代码如下：

```
typedef int ElemType;
typedef struct node{
    ElemType data;            //代表数据域
    struct node * next;       //代表指针域,直接指向后继元素
}* LinkList;                  //node 为节点名,每个节点都是一个 node 结构体
```

提示:由于指针域中的指针也是要指向一个节点,因此要声明为 node 类型(这里要写成 struct node * 的形式)。

其实图 2-14 所示的链表结构并不完整。一个完整的链表需要由以下几部分构成。

(1) 头指针:一个普通的指针,它的特点是永远指向链表的第一个节点的位置。很明显,头指针用于指明链表的位置,便于后期找到链表并使用表中的数据。

(2) 节点:链表中的节点又细分为头节点、首元节点和其他节点。

● 头节点:头节点就是一个不存放任何数据的空节点,通常作为链表的第一个节点。对于链表来说,头节点不是必需的,它的作用只是为了方便解决某些实际问题。

●首元节点:由于头节点(也就是空节点)的缘故,链表中称第一个存放有数据的节点为首元节点。首元节点只是对链表中第一个存放有数据节点的一个称谓,没有实际意义。

●其他节点:链表中其他的节点。

因此,一个存储{1,2,3}的完整链表结构示意图如图 2-15 所示。

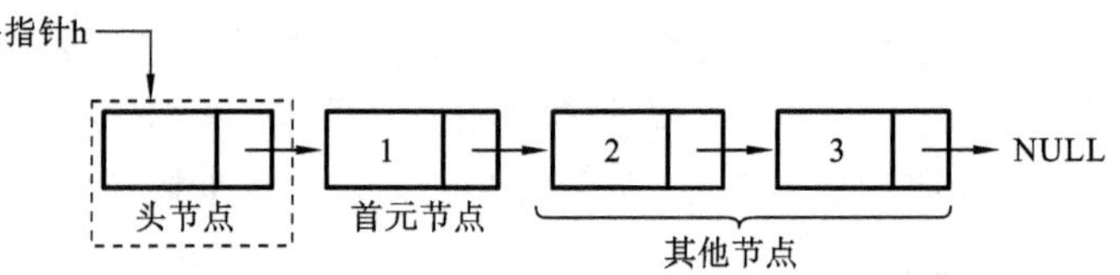

图 2-15　一个完整的链表结构示意图

注意:链表中有头节点时,头指针指向头节点;反之,若链表中没有头节点,则头指针指向首元节点。

2. 单链表的操作

前面我们已经学习了如何使用链表存储数据元素,以及单链表的结构特点。本节将详细介绍对链表的一些基本操作,包括如何通过 C 语言创建链表以及对链表中数据的添加、删除、查找(遍历)和更改等操作。

1) 单链表的创建

创建一个链表需要做如下工作。

(1) 声明一个头指针(如果有必要,可以声明一个头节点)。

(2) 创建多个存储数据的节点,在创建的过程中,要随时与其前驱节点建立逻辑关系。

可分别采用头插法和尾插法两种方式创建链表。例如,创建一个存储{1,2,3,4}且无头节点的链表,C 语言实现代码如下:

```
LinkList initLink(){
    LinkList p=NULL;                                  //创建头指针
    LinkList temp=(LinkList)malloc(sizeof(node));     //创建首元节点
```

```
    //首元节点先初始化
    temp->data=1;
    temp->next=NULL;
    p=temp;                                          //头指针指向首元节点
    //从第二个节点开始创建
    for (int i=2; i<5; i++) {
      //创建一个新节点并初始化
      LinkList  a=(LinkList)malloc(sizeof(node));
      a->data=i;
      a->next=NULL;
      //将 temp 节点与新建立的 a 节点建立逻辑关系
      temp->next=a;
      //指针 temp 每次都指向新链表的最后一个节点,其实就是 a 节点,这里写为 temp=a 也
        是正确的
      temp=temp->next;
    }
    //返回建立的节点,只返回头指针 p 即可,通过头指针即可找到整个链表
    return p;
}
```

如果想创建一个存储{1,2,3,4}且含头节点的链表,则 C 语言实现代码如下:

```
LinkList initLink(){
    LinkList p=(LinkList)malloc(sizeof(node));     //创建一个头节点
    LinkList temp=p;                               //声明一个指针指向头节点
    //生成链表
    for (int i=1;i< 5;i++) {
        LinkList a=(LinkList)malloc(sizeof(node));
        a->data=i;
        a->next=NULL;
        temp->next=a;
        temp=temp->next;
    }
    return p;
}
```

只需在主函数中调用以上 initLink 函数即可轻松创建一个存储{1,2,3,4}的单链表,C 语言完整代码如下:

```
# include <stdio.h>
# include <stdlib.h>
//链表中节点的结构
typedef int ElemType;
typedef struct node{
    ElemType data;
    struct node * next;
```

```
}* LinkList;
//初始化链表的函数
LinkListinitLink();
//用于输出链表的函数
void display(LinkList p);
int main() {
    //初始化链表(1,2,3,4)
    printf("初始化链表为:\n");
    LinkList p=initLink();
display(p);
return 0;
}
LinkList initLink(){          //此算法函数用于创建不含头节点的单链表
    LinkList p=NULL;          //创建头指针
    LinkList temp=(LinkList)malloc(sizeof(node));     //创建首元节点
    //首元节点先初始化
    temp->data=1;
    temp->next=NULL;
    p=temp;                   //头指针指向首元节点
    for (int i=2;i<5;i++) {
        LinkList a=(LinkList)malloc(sizeof(node));
        a->data=i;
        a->next= NULL;
        temp->next=a;
        temp=temp->next;
    }
    return p;
}
void display(LinkList p){
    LinkList temp=p;          //将 temp 指针重新指向头节点
    //只要 temp 指针指向的节点的 next 不是 NULL,就执行输出语句
    while(temp){
        printf("%d ",temp->data);
        temp=temp->next;
    }
    printf("\n");
}
```

程序的运行结果如下：

初始化链表为：

1 2 3 4

注意：如果使用带有头节点创建链表的方式，则输出链表的 display 函数需要进行适当的修改，代码如下：

```
void display(LinkList p){
    LinkList temp= p;        //将 temp 指针重新指向头节点
    //只要 temp 指针指向的节点的 next 不是 NULL,就执行输出语句
    while (temp->next) {
        temp=temp->next;
        printf("%d",temp->data);
    }
    printf("\n");
}
```

2）单链表的插入节点操作

假设已经建立一个含头节点的单链表，需要执行插入新节点的操作。同顺序表一样，向链表中插入元素，根据插入位置的不同，可分为以下 3 种情况。

- 插入链表的头部（头节点之后），作为首元节点。
- 插入链表中间的某个位置。
- 插入链表的尾部，作为链表中的最后一个数据元素。

虽然新元素的插入位置不固定，但是链表插入元素的思想是固定的，只需执行以下两步操作即可将新元素插入指定的位置。

① 将新节点的 next 指针指向插入位置后的节点。

② 将插入位置前节点的 next 指针指向插入节点。

例如，在链表{1,2,3,4}的基础上，分别实现在头部插入、中间插入、尾部插入新元素 5，其实现过程如图 2-16 所示。

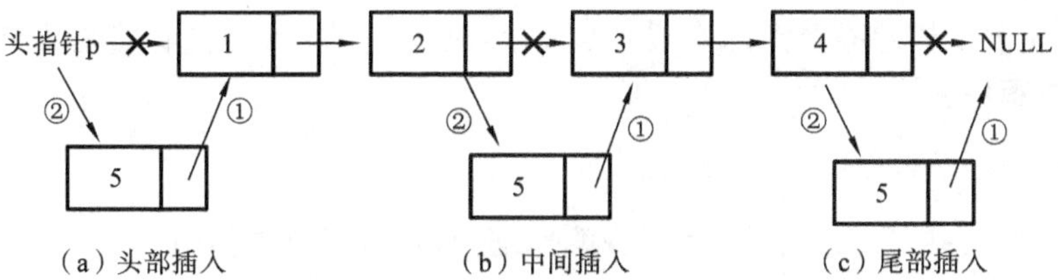

图 2-16　在链表中插入元素的 3 种情况

从图 2-16 中可以看出，虽然新元素的插入位置不同，但实现插入操作的方法是一致的，都是先执行步骤①，再执行步骤②。

注意：链表插入元素的操作必须是先执行步骤①，再执行步骤②；反之，若先执行步骤②，会导致插入位置后续的部分链表丢失，无法再实现步骤①。

通过以上的分析，可以尝试编写 C 语言代码来实现链表插入元素的操作，如下：

```
//p 为原链表,e 表示新数据元素,j 表示新元素要插入的位置
LinkList insertElem(LinkList p,ElemType e,int j){
    LinkList temp=p;             //创建临时节点 temp
    //首先找到要插入位置的上一个节点
    for (int i=1;i< j;i++) {
        if (temp==NULL) {
```

```
                printf("插入位置无效\n");
                return p;
            }
            temp=temp->next;
        }
        //创建插入节点 c
        LinkList c=(LinkList)malloc(sizeof(node));
        c->data=data;
        //向链表中插入节点
        c->next=temp->next;
        temp->next=c;
        return p;
    }
```

在 insertElem 函数中加入一条 if 语句，用于判断用户输入的插入位置是否有效。例如，在已存储{1,2,3}的链表中，用户要求在链表中第 100 个数据元素所在的位置插入新元素，显然用户操作无效，此时就会触发 if 语句。

3）单链表的删除节点操作

从链表中删除指定的数据元素时，实际上就是将保存有该数据元素的节点从链表中摘除，但作为一名合格的程序员，要对存储空间负责，对不再利用的存储空间要及时释放。因此，从链表中删除数据元素需要进行以下两步操作。

（1）将节点从链表中摘下来。

（2）手动释放掉节点，回收被节点占用的存储空间。

其中，从链表上摘除某节点的实现非常简单，只需找到该节点的直接前驱节点 temp，再执行下面一行程序：

```
temp->next=temp->next->next;
```

例如，从保存有{1,2,3,4}的链表中删除元素 3，其执行效果如图 2-17 所示。

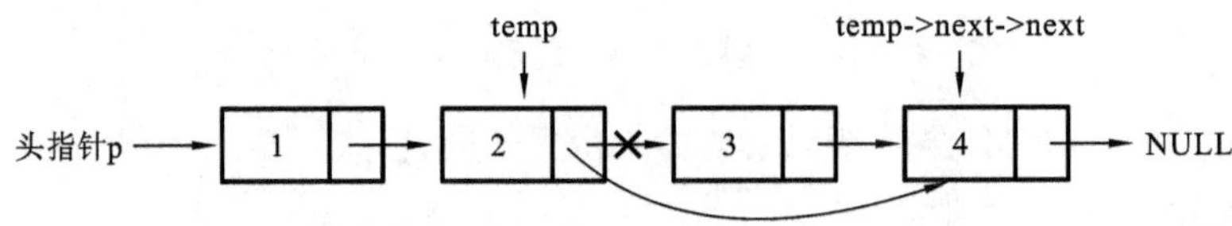

图 2-17　从链表中删除元素 3

因此，从链表中删除元素的 C 语言实现代码如下：

```
//p 为原链表,j 为要删除元素的位置序号
LinkList delElem(LinkList p,int j){
    LinkList temp=p;
    //temp 指向被删除节点的上一个节点
    for (int i=1;i< j;i++) {
        temp=temp->next;
    }
```

```
    LinkList del=temp->next;             //单独设置一个指针指向被删除节点,以防丢失
    temp->next=temp->next->next;         //删除某个节点的方法就是更改前一个节点的指
                                           针域
    free(del);                           //手动释放该节点,防止内存泄露
    return p;
}
```

从以上算法代码可以看到,从链表上摘下的节点 del 最终通过 free 函数进行了手动释放。

4）单链表的查找节点操作

在链表中查找指定的数据元素,最常用的方法是:从表头依次遍历表中的节点,将被查找元素与各节点数据域中存储的数据元素进行比对,直至比对成功或遍历至链表最末端的 NULL(比对失败的标志)。

因此,链表中查找特定数据元素的 C 语言实现代码如下:

```
//p 为原链表,e 表示要被查找的元素值
int selectElem(LinkList p,ElemType e){
//新建一个指针 t,初始化为头指针 p
    LinkList t=p;
    int i=1;
    //由于头节点的存在,因此 while 中的判断为 t->next
    while (t->next) {
        t=t->next;
        if (t->data==e) {
            return i;
        }
        i++;
    }
    //程序执行至此处,表示查找失败
    return -1;
}
```

遍历有头节点的链表时,要避免头节点对测试数据的影响,因此在遍历链表时,构建使用上面代码中的遍历方法,直接越过头节点对链表进行有效遍历。

5）单链表的更新节点元素操作

更新链表中的元素,只需通过遍历找到存储此元素的节点,对节点中的数据域执行更改操作即可。

直接给出链表中更新数据元素的 C 语言实现代码如下:

```
//更新函数,其中 j 表示更改节点在链表中的位置,newElem 为新的数据域的值
LinkList amendElem(LinkList p,int j,ElemType newElem){
    LinkList temp=p;
    temp=temp->next;          //在遍历之前,temp 指向首元节点
    //遍历找到被删除节点
```

```
    for (int i=1;i<j;i++) {
        temp=temp->next;
    }
    temp->data=newElem;
    return p;
}
```

以上内容详细分析了链表中数据元素进行“增、删、查、改”的实现过程，以及详细介绍了编写的C语言代码，在此给出本节的完整可运行代码，如下：

```
# include < stdio.h>
# include < stdlib.h>
typedef struct node{
    int elem;
    struct node * next;
}* LinkList;
LinkList initLink();
//链表插入的函数,p是链表,e是插入的节点的数据域,j是插入的位置
LinkList insertElem(LinkList p,ElemType e,int j);
//删除节点的函数,p代表操作链表,j代表删除节点的位置
LinkList delElem(LinkList p,int j);
//查找节点的函数,e为目标节点的数据域的值
int selectElem(LinkList p,ElemType e);
//更新节点的函数,newElem为新的数据域的值
LinkList amendElem(LinkList p,int j,ElemType newElem);
void display(LinkList p);
int main() {
    //初始化链表(1,2,3,4)
    printf("初始化链表为:\n");
    LinkList p=initLink();
    display(p);
    printf("在第 4 个位置插入元素 5:\n");
    p=insertElem(p,5,4);
    display(p);
    printf("删除元素 3:\n");
    p=delElem(p,3);
    display(p);
    printf("查找元素 2 的位置为:\n");
    int address=selectElem(p,2);
    if (address==-1) {
        printf("没有该元素");
    }else{
        printf("元素 2 的位置为:%d\n",address);
    }
    printf("更改第 3 个位置上的数据为 7:\n");
```

```
    p=amendElem(p,3,7);
    display(p);
    return 0;
}
LinkList initLink(){
    LinkList p=(LinkList)malloc(sizeof(node));   //创建一个头节点
    LinkList temp=p;   //声明一个指针指向头节点,用于遍历链表
    //生成链表
    for (int i=1;i<5;i++) {
        LinkList a=(LinkList)malloc(sizeof(node));
        a->data=i;
        a->next=NULL;
        temp->next=a;
        temp=temp->next;
    }
    return p;
}
LinkList insertElem(LinkList p,ElemType e,int j){
    LinkList temp=p; //创建临时节点 temp
    //首先找到要插入位置的上一个节点
    for (int i=1;i<j;i++) {
        if (temp==NULL) {
            printf("插入位置无效\n");
            return p;
        }
        temp=temp->next;
    }
    //创建插入节点 c
    LinkList c=(LinkList)malloc(sizeof(node));
    c->data=e;
    //向链表中插入节点
    c->next=temp->next;
    temp->next=c;
    return  p;
}
LinkList delElem(LinkList p,int j){
    LinkList temp=p;
    //遍历到被删除节点的上一个节点
    for (int i=1;i<j;i++) {
        temp=temp->next;
    }
    LinkList del=temp->next;   //单独设置一个指针指向被删除节点,以防丢失
    temp->next=temp->next->next;
    //删除某个节点的方法就是更改前一个节点的指针域
```

```
        free(del);     //手动释放该节点,防止内存泄露
        return p;
    }
    int selectElem(LinkList p,ElemType e){
        LinkList t=p;
        int i=1;
        while (t->next) {
            t=t->next;
            if (t->data==e) {
                return i;
            }
            i++;
        }
        return -1;
    }
    LinkList amendElem(LinkList p,int j,int newElem){
        LinkList temp=p;
        temp=temp->next;   //tamp 指向首元节点
        //temp 指向被删除节点
        for (int i=1;i<j;i++) {
            temp=temp->next;
        }
        temp->data=newElem;
        return p;
    }
    void display(LinkList p){
        LinkList temp=p;   //将 temp 指针重新指向头节点
        //只要 temp 指针指向的节点的 next 不是 NULL,就执行输出语句
        while (temp->next) {
            temp=temp->next;
            printf("%d ",temp->data);
        }
        printf("\n");
    }
```

程序运行结果如下：

初始化链表为：

1 2 3 4

在第 4 个位置插入元素 5：

1 2 3 5 4

删除元素 3：

1 2 5 4

查找元素 2 的位置如下：

元素 2 的位置为:2

更改第 3 个位置上的数据为 7:

1 2 7 4

2.3.3　双链表的定义与实现

目前所学到的链表无论是动态链表还是静态链表，表中各节点都只包含一个指针（游标），且都统一指向直接后继节点，通常称这类链表为单向链表（或单链表）。

虽然使用单链表能 100%解决逻辑关系为“一对一”数据的存储问题，但在解决某些特殊问题时，单链表并不是效率最优的存储结构。比如，如果算法中需要大量寻找某指定节点的前驱节点，使用单链表无疑是灾难性的，因为单链表更适合“从前往后”找，而“从后往前”找并不是它的强项。为了能够高效解决类似的问题，下面学习双向链表（简称双链表）。

从名字上理解，双链表即是“双向”的，如图 2-18 所示。

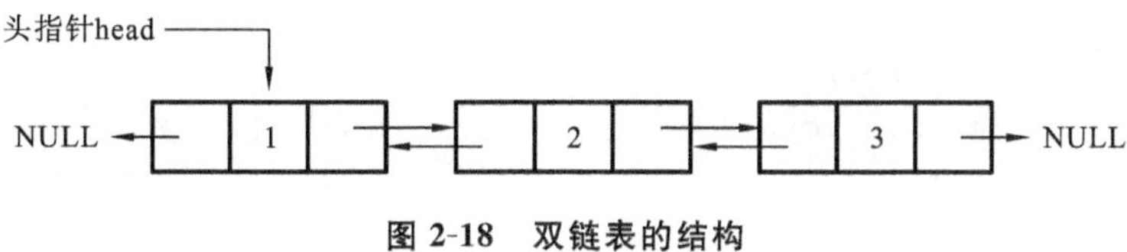

图 2-18　双链表的结构

双向指的是各节点之间的逻辑关系是双向的，但通常头指针只设置一个，除非实际需要。

从图 2-18 中可以看到，双链表中各节点包含以下 3 部分信息（见图 2-19）。

(1) 指针域:用于指向当前节点的直接前驱节点。

(2) 数据域:用于存储数据元素。

(3) 指针域:用于指向当前节点的直接后继节点。

指针域 (prior)	数据域 (data)	指针域 (next)

图 2-19　双链表的节点构成

因此，双链表的节点结构使用 C 语言实现如下:

```
typedef struct node{
    struct node * prior;            //指向直接前驱
    ElemType data;
    struct node * next;             //指向直接后继
}* DLinkList;
```

2.3.4　双链表的操作

前面分析了双链表的结构特征，本节学习有关双链表的一些基本操作，即如何创建双链表，以及如何在双链表中添加、删除、查找或更改数据元素。同单链表相比，双链表仅是各节点多了一个用于指向直接前驱的指针域。因此，可以在单链表的基础上轻松实现对双链表的创建。

1. 双链表的创建

需要注意的是，与单链表不同，双链表在创建过程中，每创建一个新节点，都要与其前驱节点建立两次联系，分别如下。

- 将新节点的 prior 指针指向直接前驱节点。
- 将直接前驱节点的 next 指针指向新节点。

下面给出创建双链表的 C 语言实现代码：

```
DLinkList initLine(DLinkList head){
    head=(DLinkList)malloc(sizeof(node));    //创建链表的第一个节点(首元节点)
    head->prior=NULL;
    head->next=NULL;
    head->data=1;
    DLinkList list=head;
    for (int i=2;i<=3;i++) {
        //创建并初始化一个新节点
        DLinkList body=( DLinkList)malloc(sizeof(node));
        body->prior=NULL;
        body->next=NULL;
        body->data=i;
        list->next=body;                    //直接前驱节点的 next 指针指向新节点
        body->prior=list;                   //新节点指向直接前驱节点
        list=list->next;
    }
    return head;
}
```

基于以上算法，可以在 main 函数中输出创建的双链表，C 语言实现代码如下：

```
# include < stdio.h>
# include < stdlib.h>
//节点结构
typedef struct node{
    struct node *  prior;
    int data;
    struct node *  next;
}*  DLinkList;
//双链表的创建函数
DLinkList initLine(DLinkList head);
//输出双链表的函数
void display(DLinkList head);
int main() {
    //创建一个头指针
    DLinkList head=NULL;
    //调用链表创建函数
    head=initLine(head);
    //输出创建好的链表
    display(head);
    //显示双链表的优点
```

```
    printf("链表中第 4 个节点的直接前驱是: %d",head->next->next->next->prior
->data);
    return 0;
}
DLinkList initLine(DLinkList head){
    //创建一个首元节点,链表的头指针为 head
    head=(DLinkList)malloc(sizeof(node));
    //对节点进行初始化
    head->prior=NULL;
    head->next=NULL;
    head->data=1;
    //声明一个指向首元节点的指针,方便后期向链表中添加新创建的节点
    DLinkList list=head;
    for (int i=2; i<=5; i++) {
        //创建新的节点并初始化
        DLinkList body=(DLinkList)malloc(sizeof(node));
        body->prior=NULL;
        body->next=NULL;
        body->data=i;
        //新节点与链表最后一个节点建立关系
        list->next=body;
        body->prior=list;
        //list 永远指向链表中的最后一个节点
        list=list->next;
    }
    //返回新创建的链表
    return head;
}
void display(DLinkList head){
    DLinkList temp=head;
    while (temp) {
        //如果该节点无后继节点,说明此节点是链表的最后一个节点
        if (temp->next==NULL) {
            printf("% d\n",temp->data);
        }else{
            printf("% d < ->",temp->data);
        }
            temp=temp->next;
    }
}
```

程序的运行结果如下：

1〈—〉2〈—〉3〈—〉4〈—〉5

链表中第 4 个节点的直接前驱是:3

创建好的双链表结构如图 2-20 所示。

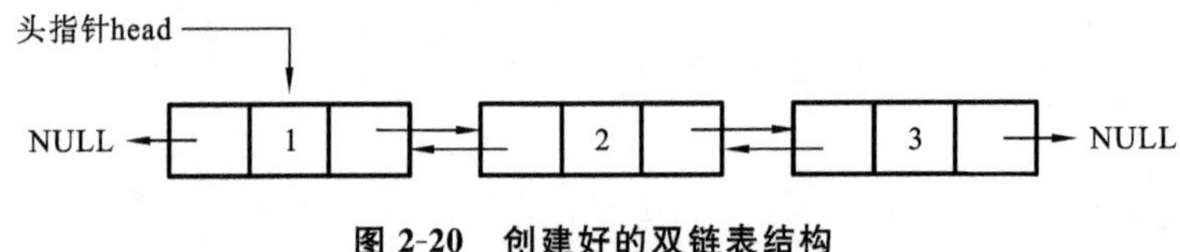

图 2-20 创建好的双链表结构

2. 在双链表中添加节点

根据数据添加到双链表中位置的不同,可细分为以下 3 种情况。

1) *添加至表头*

将新数据元素添加到表头,只需要将该元素与表头元素建立双层逻辑关系即可。换句话说,假设新元素节点为 temp,表头节点为 head,则只要执行以下两步操作即可。

(1) temp→next=head; head→prior=temp。

(2) 将 head 移至 temp,重新指向新的表头。

例如,将新元素 7 添加至双链表的表头,实现过程如图 2-21 所示。

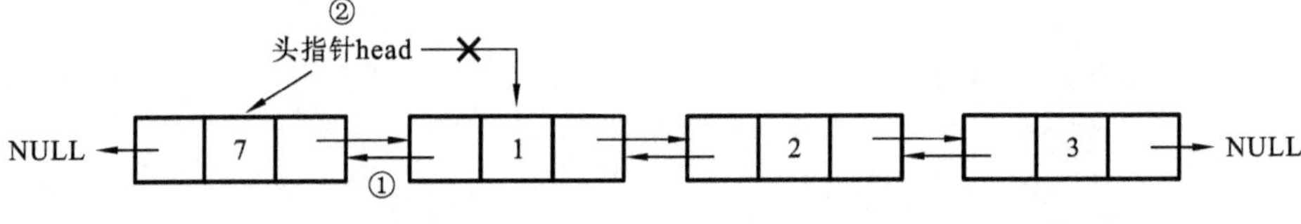

图 2-21 将新元素 7 添加至双链表的表头

2) *添加至表的中间位置*

同单链表添加数据类似,在双链表中间位置添加数据需要经过以下两步,如图 2-22 所示。

(1) 新节点先与其直接后继节点建立双层逻辑关系。

(2) 新节点的直接前驱节点与之建立双层逻辑关系。

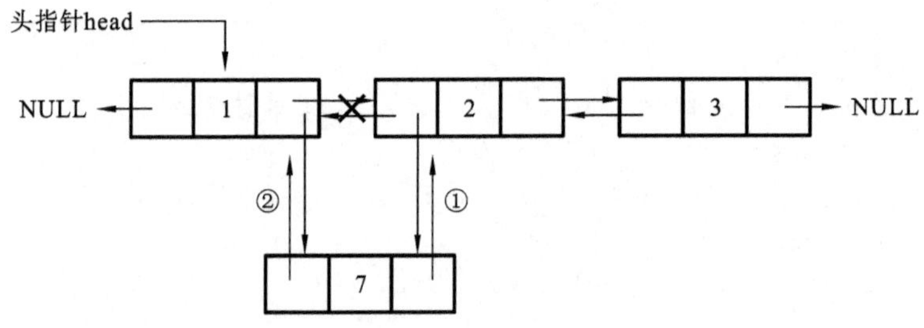

图 2-22 在双链表中间位置添加数据元素

3) *添加至表尾*

与将新数据添加至表头的过程类似,将新数据添加至表尾的实现过程如图 2-23 所示。

(1) 找到双链表中的最后一个节点。

(2) 让新节点与最后一个节点建立双层逻辑关系。

通过以上分析,可以编写在双链表中添加数据的 C 语言代码,如下:

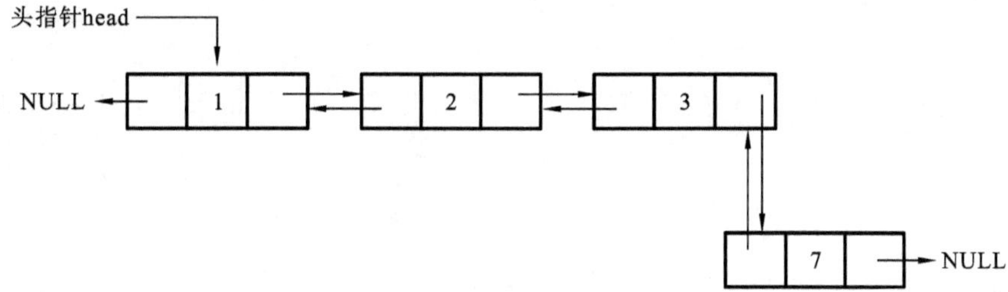

图 2-23　在双链表尾部添加数据元素

```
DLinkList insertLine(DLinkList head,ElemType data,int j){
    //向链表的第 j 个位置添加数据域为 data 的新节点
    DLinkList temp=(DLinkList)malloc(sizeof(node));
    temp->data=data;
    temp->prior=NULL;
    temp->next=NULL;
    //将数据插入链表头时要特殊考虑
    if (j==1) {
        temp->next=head;
        head->prior=temp;
        head=temp;
    }else{
        DLinkList body=head;
        //找到要插入位置的前一个节点
        for (int i=1;i< j-1;i++) {
            body=body->next;
        }
        //判断条件为真,说明插入位置为链表尾
        if (body->next==NULL) {
            body->next=temp;
            temp->prior=body;
        }else{
            body->next->prior=temp;
            temp->next=body->next;
            body->next=temp;
            temp->prior=body;
        }
    }
    return head;
}
```

3. 在双链表中删除节点

在双链表中删除节点时,只需遍历链表,找到要删除的节点,然后将该节点从表中摘除即可。例如,在图 2-20 的基础上删除元素 2 的操作过程如图 2-24 所示。

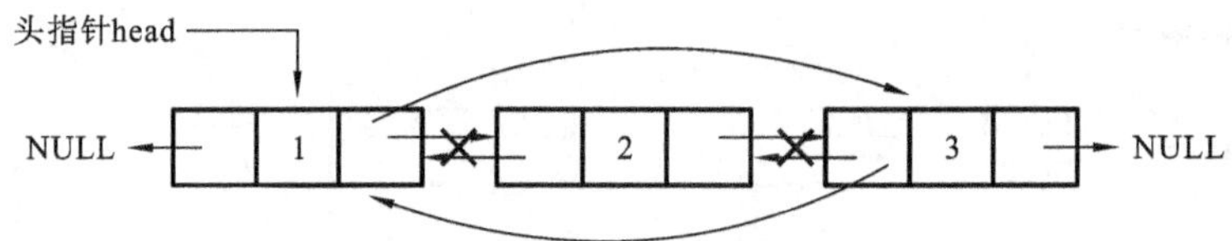

图 2-24 在双链表中删除元素的操作过程

在双链表中删除节点的 C 语言实现代码如下：

```
//删除节点的函数,data 为要删除节点的数据域的值
DLinkList delLine(DLinkList head,ElemType data){
    DLinkList temp=head;
    //遍历链表
while (temp) {
        //判断当前节点中的数据域和 data 是否相等,若相等,则摘除该节点
        if (temp->data==data) {
            temp->prior->next=temp->next;
            temp->next->prior=temp->prior;
            free(temp);
            return head;
        }
        temp=temp->next;
    }
    printf("链表中无此数据元素");
    return head;
}
```

4. 在双链表中查找节点

通常，双链表同单链表一样，都仅有一个头指针。因此，在双链表中查找指定元素的实现同单链表的类似，都是从表头依次遍历表中元素。

C 语言实现代码如下：

```
//head 为原双链表,e 表示被查找元素
int selectElem(DLinkList head,ElemType e){
//新建一个指针 t,初始化为头指针 head
    DLinkList t=head;
    int i=1;
    while (t) {
        if (t->data==e) {
        return i;
        }
        i+ + ;
        t=t->next;
    }
    //程序执行至此处,表示查找失败
```

```
    return -1;
}
```

5. 在双链表中更改节点

更改双链表中指定节点数据域的操作是在查找的基础上完成的。实现过程为:通过遍历找到存储有该数据元素的节点,直接更改其数据域即可。

实现此操作的 C 语言实现代码如下:

```
//更新函数,其中,j 表示更改节点在双链表中的位置,newElem 为新数据的值
DLinkList amendElem(DLinkList p,int j,int newElem){
    DLinkList temp=p;
    //遍历到被删除的节点
    for (int i=1;i<j;i++) {
        temp=temp->next;
    }
    temp->data=newElem;
    return p;
}
```

基于以上各种基本操作,下面给出双链表中对数据进行增、删、查、改操作的完整实现代码:

```
# include <stdio.h>
# include <stdlib.h>
typedef struct node{
    struct node *  prior;
    int data;
    struct node *  next;
}* DLinkList;
//双链表的创建
DLinkList initLine(DLinkList head);
//双链表中插入元素,j 表示插入位置
DLinkList insertLine(DLinkList head,ElemType data,int j);
//双链表中删除指定元素
DLinkList delLine(DLinkList head,ElemType data);
//双链表中查找指定元素
int selectElem(DLinkList head,int e);
//双链表中更改指定位置节点中存储的数据,j 表示更改位置
DLinkList amendElem(DLinkList p,int j,ElemType newElem);
//输出双链表中的实现函数
void display(DLinkList head);
int main() {
    DLinkList head=NULL;
    //创建双链表
    head=initLine(head);
```

```
    display(head);
    //在双链表中第 3 个位置插入元素 7
    head=insertLine(head, 7, 3);
    display(head);
    //在双链表中删除元素 2
    head=delLine(head, 2);
    display(head);
    printf("元素 3 的位置是:%d\n",selectElem(head,3));
    //将双链表中第 3 个节点中的数据改为存储 6
    head=amendElem(head,3,6);
    display(head);
    return 0;
}
DLinkList initLine(DLinkList head){
    head=( DLinkList)malloc(sizeof(node));
    head->prior=NULL;
    head->next=NULL;
    head->data=1;
    DLinkList list=head;
    for (int i=2;i<=5;i++) {
        DLinkList body=(DLinkList)malloc(sizeof(node));
        body->prior=NULL;
        body->next=NULL;
        body->data=i;
        list->next=body;
        body->prior=list;
        list=list->next;
    }
    return head;
}
DLinkList insertLine(DLinkList head,ElemType data,int j){
    //新建数据域为 data 的节点
        DLinkList temp=(DLinkList)malloc(sizeof(node));
    temp->data=data;
    temp->prior=NULL;
    temp->next=NULL;
    //插入链表头,要特殊考虑
    if (j==1) {
        temp->next=head;
        head->prior=temp;
        head=temp;
    }else{
        DLinkList body=head;
        //找到要插入位置的前一个节点
```

```
        for (int i=1;i<j-1;i++) {
            body=body->next;
        }
        //判断条件为真,说明插入位置为链表尾
        if (body->next==NULL) {
            body->next=temp;
            temp->prior=body;
        }else{
            body->next->prior=temp;
            temp->next=body->next;
            body->next=temp;
            temp->prior=body;
        }
    }
    return head;
}
DLinkList delLine(DLinkList head,ElemType data){
    DLinkList temp=head;
    //遍历链表
    while (temp) {
        //判断当前节点中数据域和 data 是否相等,若相等,则摘除该节点
        if (temp->data==data) {
            temp->prior->next=temp->next;
            temp->next->prior=temp->prior;
            free(temp);
            return head;
        }
        temp=temp->next;
    }
    printf("链表中无该数据元素");
    return head;
}
//head 为原双链表,e 表示被查找元素
int selectElem(DLinkList head,ElemType e){
//新建一个指针 t,初始化为头指针 head
    DLinkList t=head;
    int i=1;
    while (t) {
        if (t->data==e) {
            return i;
        }
        i++;
        t=t->next;
    }
```

```
    //程序执行至此处,表示查找失败
    return -1;
}
//更新函数,其中,add 表示更改节点在双链表中的位置,newElem 为新数据的值
DLinkList amendElem(DLinkList p,int j,ElemType newElem){
    DLinkList temp=p;
    //遍历到被删除的节点
    for (int i=1;i<j;i++) {
    temp=temp->next;
    }
    temp->data=newElem;
    return p;
}
//输出链表的功能函数
void display(DLinkList head){
    DLinkList temp=head;
    while (temp) {
        if (temp->next==NULL) {
            printf("% d\n",temp->data);
        }else{
            printf("% d->",temp->data);
        }
        temp=temp->next;
    }
}
```

程序的运行结果如下：

```
1—〉2—〉3—〉4—〉5
1—〉2—〉7—〉3—〉4—〉5
1—〉7—〉3—〉4—〉5
元素 3 的位置是:3
1—〉7—〉6—〉4—〉5
```

2.3.5 循环链表的定义与实现

无论是静态链表还是动态链表,有时在解决具体问题时,需要稍微对其结构进行调整。比如,可以把链表的两头连接起来,使其成为一个环状链表,通常称为循环链表。循环链表与其名字的表意一样,只需要将表中最后一个节点的指针指向头节点,链表就能成环状,如图2-25所示。

需要注意的是,虽然循环链表成环状,但本质上还是链表,因此在循环链表中,依然能够找到头指针和首元节点等。循环链表和普通链表相比,唯一的不同就是循环链表首尾相连,其他都完全一样。

在程序中表达循环链表时,其结构类型说明和单链表的一致。唯一区别就在于,实现其

图 2-25　循环链表

循环链表结构时，在单链表的建表算法中，尾指针所指向的 next 区域不再赋空，而是重新指向表头的节点地址。

具体实现算法如下：

```
LinkList initLink(){
    LinkList p=(LinkList)malloc(sizeof(node));   //创建一个头节点
    LinkList temp=p;                             //声明一个指针指向头节点
    //生成链表
    for (int i=1;i<5;i++) {
        LinkList a=(LinkList)malloc(sizeof(node));
        a->data=i;
        a->next=NULL;
        temp->next=a;
        temp=temp->next;
    }
    temp->next=p;
    //将单链表尾节点的指针域接到头节点的位置,形成逻辑关系上的环状结构
    return p;
}
```

以上创建的就是一个含头节点的循环链表，采用的是尾插法建表。

2.3.6　循环链表的操作

循环链表中节点的增、删、查、改操作基本上与单链表的相似，只不过在进行操作时，要注意循环条件不再像单链表那样判断尾节点的指针域是否为空 temp—>next！＝NULL，而变成判断尾节点的指针域是不是指向了头节点而使循环终止。

循环链表结构可以实现约瑟夫环问题。约瑟夫环问题是一个经典的循环链表问题，题意是：已知 n 个人（分别用编号 1，2，3，…，n 表示）围坐在一张圆桌周围，从编号为 k 的人开始顺时针报数，数到 m 的那个人出列；他的下一个人又从 1 开始，还是顺时针开始报数，数到 m 的那个人又出列；依次重复下去，直到圆桌上剩余 1 个人。

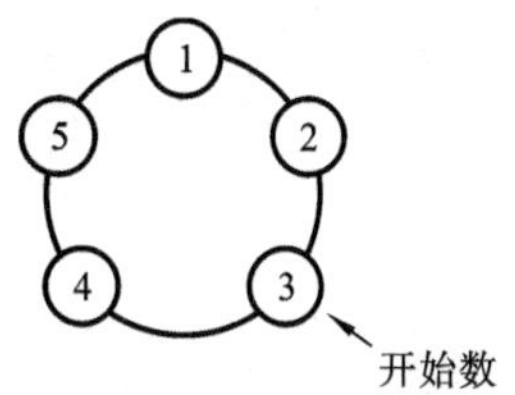

图 2-26　循环链表结构实现约瑟夫环问题

图 2-26 所示的为循环链表结构实现约瑟夫环问题。假设此时圆桌周围有 5 个人，要求从编号为 3 的人开始顺时针报数，数到 2 的那个人出列。

出列顺序依次如下。

- 编号为 3 的人开始数 1，然后 4 数 2，所以 4 先出列。

- 4 出列后，从 5 开始数 1，1 数 2，所以 1 出列。
- 1 出列后，从 2 开始数 1，3 数 2，所以 3 出列。
- 3 出列后，从 5 开始数 1，2 数 2，所以 2 出列。
- 最后只剩下 5 自己，所以 5 胜出。

约瑟夫环问题有多种变形，比如顺时针转改为逆时针转等，虽然问题的细节有多种变数，但解决问题的中心思想是一样的，即使用循环链表。

通过以上分析，可以编写 C 语言代码如下：

```
# include <stdio.h>
# include <stdlib.h>
typedef struct node{
    int number;
    struct node *  next;
}person;
person *  initLink(int n){
    person *  head=(person* )malloc(sizeof(person));
    head->number=1;
    head->next=NULL;
    person *  cyclic=head;
    for (int i=2;i<=n;i++) {
        person *  body=(person* )malloc(sizeof(person));
        body->number=i;
        body->next=NULL;
        cyclic->next=body;
        cyclic=cyclic->next;
    }
    cyclic->next=head;                              //首尾相连
    return head;
}

void findAndKillK(person *  head,int k,int m){
    person *  tail=head;
    //找到链表第一个节点的上一个节点,为删除操作做准备
    while (tail->next! =head) {
        tail=tail->next;
    }
    person *  p=head;
    //找到编号为 k 的人
    while (p->number! =k) {
        tail=p;
        p=p->next;
    }
    //从编号为 k 的人开始,只有符合 p->next==p,说明链表中除了 p 节点,所有编号都出列了
    while (p->next! =p) {
```

```
    //找到从 p 报数 1 开始,报 m 的人,并且还要知道报数 m-1 的人的位置,方便执行删除操作
        for (int i=1;i<m;i++) {
            tail=p;
            p=p->next;
        }
        tail->next=p->next;                       //从链表上将 p 节点摘下来
        printf("出列人的编号为:% d\n",p->number);
        free(p);
        p=tail->next;//使用 p 指针指向出列编号的下一个编号,游戏继续
    }
    printf("出列人的编号为:% d\n",p->number);
    free(p);
}
int main()
{
    printf("输入圆桌上的人数 n:");
    int n;
    scanf("% d",&n);
    person * head=initLink(n);
    printf("从第 k 人开始报数(k> 1 且 k< % d):",n);
    int k;
    scanf("% d",&k);
    printf("数到 m 的人出列:");
    int m;
    scanf("% d",&m);
    findAndKillK(head, k, m);
    return 0;
}
```

程序的输出结果如下：

输入圆桌上的人数 n:5

从第 k 人开始报数(k>1 且 k<5):3

数到 m 的人出列:2

出列人的编号为:4

出列人的编号为:1

出列人的编号为:3

出列人的编号为:2

出列人的编号为:5

最后出列的人,即为胜利者。

循环链表和动态链表的唯一不同在于它的首尾相连,这也注定了在使用循环链表时,附带最多的操作就是遍历链表。在遍历的过程中,尤其要注意循环链表虽然首尾相连,但并不表示该链表没有第一个节点和最后一个节点。所以,不要随意改变头指针的指向。

2.4 链式结构的应用算法

俄罗斯轮盘赌是一种残忍的赌博游戏。游戏的道具是一把左轮手枪，其规则很简单：在左轮手枪的 6 个弹槽中随意放入一颗或多颗子弹，在任意旋转转轮后，关上转轮。游戏参与者轮流将手枪对着自己，扣动扳机：中枪或怯场的即为输的一方，坚持到最后的即为胜者。俄罗斯轮盘赌也叫约瑟夫环问题，这是一种很经典的算法。问题描述：N 个人围成一圈，从第 1 个人开始报数，报到 m 的人出圈，剩下的人继续从 1 开始报数，报到 m 的人出圈；如此往复，直到所有人出圈(模拟此过程，输出出圈的人的序号)。

本节的算法项目与俄罗斯轮盘赌类似，游戏规则：n 个参与者排成一个环，每次由主持者向左轮手枪中装一颗子弹，并随机转动关上转轮，游戏从第 1 个人开始，轮流拿枪；中枪者退出赌桌，退出者的下一个人作为第 1 个人开始下一轮游戏。直至最后剩余 1 个人，即为胜者。算法要求：模拟俄罗斯轮盘赌的游戏规则，找到游戏的最终胜者。

使用线性表的顺序存储结构和链式存储结构都能解决与俄罗斯轮盘赌类似的问题。根据游戏规则，在使用链式存储结构时，只需使用循环链表即可轻松解决问题。以下先用顺序存储结构实现模拟俄罗斯轮盘赌算法，再使用链式存储结构实现。可通过两种算法展示出这两种存储结构在处理这类问题上的差异。

1. 顺序存储结构模拟俄罗斯轮盘赌

采用顺序存储结构时，同样要在脑海中将数组的首尾进行连接，臆想成类似的环状结构，即当需要从数组中最后一个位置寻找下一个位置时，要能够跳转到数组的第一个位置(使用取余运算可以解决)。具体实现代码如下：

```
# include < stdio.h>
# include < stdlib.h>
# include < time.h>
typedef struct gambler{
    int number;
}gambler;
int main(){
    int n;
    int round=1;
    int location=1;
    int shootNum;

    int i,j;
    srand((int)time(0));
    //设置获得随机数的种子(固定代码,没有这句,随机数是固定不变的)
    printf("输入赌徒的人数:");
    scanf("%d",&n);
    printf("将赌徒依次编号为 1-%d\n",n);
    gambler gamblers[n+ 1];        //存储赌徒编号的数组
```

```
    for (i=1;i<=n; i++) {          //依次为参与者分配编号
    gamblers[i].number=i;
    }
    //当只剩余 1 个人时,此场结束
    while (n! =1) {
    printf("第% d轮开始,从编号为% d的人开始,",round,gamblers[location].number);
    shootNum=rand()%6+1;
    printf("枪在第%d次扣动扳机时会响\n",shootNum);
    for (i=location; i<location+ shootNum; i++);
    //找到每轮退出的人的位置(i-1 才是,此处求得的 i 值为下一轮开始的位置)
    i=i% n;  //由于参与者排成的是环,所以需要对求得的 i 值进行取余处理
    if (i==1||i==0) { //当 i=1 或者 i=0 时,实际上是指位于数组开头和结尾的参与者,需
                         要重新调整 i 的值
    i=n+i;
    }
    printf("编号为%d 的赌徒退出赌博,剩余赌徒编号依次为:\n",gamblers[i-1].num-
ber);
    //使用顺序存储时,如果删除元素,则需要将其后序位置的元素全部前移
    for (j=i-1;j+1<=n;j++) {
    gamblers[j]=gamblers[j+ 1];
    }
    n- -;    //此时参与人数由 n 个人变为 n-1 个人
    for (int k=1;k<=n;k++) {
    printf("% d ",gamblers[k].number);
    }
    printf("\n");
    location=i-1;       //location 表示的是下一轮开始的位置
    //同样注意 location 值的范围
    if (location>n) {
    location% =n;
    }
    round++;
    }    printf("最终胜利的赌徒编号是:%d\n",gamblers[1].number);
}
```

程序的运行结果如下:

输入赌徒的人数:5

将赌徒依次编号为:1~5

第 1 轮开始,从编号为 1 的人开始,枪在第 4 次扣动扳机时会响

编号为 4 的赌徒退出赌博,剩余赌徒编号依次为:

1 2 3 5

第 2 轮开始,从编号为 5 的人开始,枪在第 6 次扣动扳机时会响

编号为 1 的赌徒退出赌博,剩余赌徒编号依次为:

2 3 5

第 3 轮开始,从编号为 2 的人开始,枪在第 2 次扣动扳机时会响

编号为 3 的赌徒退出赌博,剩余赌徒编号依次为:

2 5

第 4 轮开始,从编号为 5 的人开始,枪在第 5 次扣动扳机时会响

编号为 5 的赌徒退出赌博,剩余赌徒编号依次为:

2

最终胜利的赌徒编号为:2

2. 链式存储结构模拟俄罗斯轮盘赌

采用链式存储结构对于求此类问题是最容易理解的,同时也避免了当参与人数较多时,像顺序存储结构那样频繁地移动数据。具体实现代码如下:

```
# include < stdio.h>
# include < stdlib.h>
# include < time.h>
typedef enum {false,true} bool;
typedef struct line{
    int No;
    struct line *  next;
}line;
//按照赌徒人数,初始化循环链表
void initLine(line * *  head,int n){
    * head=(line* )malloc(sizeof(line));
    (* head)->next=NULL;
    (* head)->No=1;
    line *  list=* head;
    for (int i=1; i< n; i++) {
    line *  body=(line* )malloc(sizeof(line));
    body->next=NULL;
    body->No=i+ 1;
    list->next=body;
    list=list->next;
    }
  list->next=* head;                //将链表连成环
}
//输出链表中所有的节点信息
void display(line *  head){
    line *  temp=head;
    while (temp->next!=head) {
    printf("%d",temp->No);
    temp=temp->next;
    }
```

```
    printf("%d\n",temp->No);
}
int main() {
    line * head=NULL;
    srand((int)time(0));
    int n,shootNum,round=1;
    printf("输入赌徒人数:");
    scanf("%d",&n);
    initLine(&head,n);
    line* lineNext=head;           //用于记录每轮游戏开始的位置
    //当链表中只含有一个节点时,即头节点时,退出循环
    while (head->next! =head) {
    printf("第%d轮开始,从编号为%d的人开始,",round,lineNext->No);
    shootNum=rand()%n+1;
    printf("枪在第%d次扣动扳机时会响\n",shootNum);
    line * temp=lineNext;
    //遍历循环链表,找到将要删除节点的上一个节点
    for (int i=1;i< shootNum-1;i++) {
    temp=temp->next;
    }
    //将要删除的节点从链表中删除,并释放其占用空间
    printf("编号为% d的赌徒退出赌博,剩余赌徒编号依次为:\n",temp->next->No);
    line * del=temp->next;
    temp->next=temp->next->next;
    if (del==head) {
    head=head->next;
    }
    free(del);
    display(head);
    //赋值新一轮游戏开始的位置
    lineNext=temp->next;
    round++;                       //记录循环次数
    }
    printf("最终胜利的赌徒编号是:%d\n",head->No);
    return 0;
}
```

程序的运行结果如下：

输入赌徒人数:5

第 1 轮开始,从编号为 1 的人开始,枪在第 4 次扣动扳机时会响

编号为 4 的赌徒退出赌博,剩余赌徒编号依次为：

1 2 3 5

第 2 轮开始,从编号为 5 的人开始,枪在第 3 次扣动扳机时会响

编号为 2 的赌徒退出赌博,剩余赌徒编号依次为：

1 3 5

第 3 轮开始,从编号为 3 的人开始,枪在第 4 次扣动扳机时会响

编号为 3 的赌徒退出赌博,剩余赌徒编号依次为:

1 5

第 4 轮开始,从编号为 5 的人开始,枪在第 4 次扣动扳机时会响

编号为 1 的赌徒退出赌博,剩余赌徒编号依次为:

5

最终胜利的赌徒编号是:5

本节借助俄罗斯轮盘赌游戏重温了线性表的顺序存储结构和链式存储结构,在实际应用中,可根据算法的需求结合具体的数据结构特征,选用最合适的存储结构来实现相应算法。

2.5 线性表的顺序存储结构和链式存储结构的对比

顺序表和链表由于存储结构上的差异,导致它们具有不同的特点,适用于不同的场景。本节就来分析它们的特点,让读者明白"在什么样的场景中使用哪种存储结构"更能有效解决问题。

通过系统学习顺序表和链表,我们知道,虽然它们同属于线性表,但数据的存储结构有本质的不同。

- 顺序表存储数据需预先申请一整块足够大的存储空间,然后将数据依次逐一存储,数据之间紧密贴合,不留一丝空隙,如图 2-27(a)所示。
- 链表的存储方式与顺序表的截然相反,什么时候存储数据,什么时候才申请存储空间,数据之间的逻辑关系依靠每个数据元素携带的指针维持,如图 2-27(b)所示。

基于不同的存储结构,顺序表和链表有以下几种不同的存储方式。

1. 开辟空间的方式

顺序表存储数据实行的是"一次开辟,永久使用",即存储数据之前先开辟好足够的存储空间,空间一旦开辟,后期无法改变大小(使用动态数组的情况除外)。而链表则不同,链表存储数据时一次只开辟存储一个节点的物理空间,如果后期需要,还可以再申请。

因此,若只从开辟空间方式的角度去考虑,当存储数据的个数无法提前确定,或者物理空间使用紧张导致无法一次性申请到足够大小的空间时,使用链表更有助于问题的解决。

2. 空间利用率

从空间利用率的角度来看,顺序表的空间利用率显然要比链表的空间利用率高。这是因为链表在存储数据时,每次只申请一个节点的空间,且空间的位置是随机的,如图 2-28 所示。

这种申请存储空间的方式会产生很多空间碎片。空间碎片是指某些容量很小(1 KB 甚至更小)以致无法得到有效利用的物理空间。一定程度上造成了空间浪费。不仅如此,由于链表中的每个数据元素都必须携带至少一个指针,因此,链表对所申请空间的利用率也没有顺序表的高。

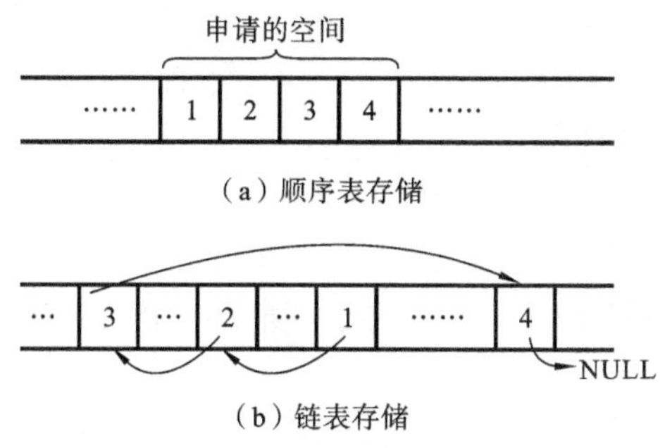

图 2-27　顺序表和链表的存储结构对比

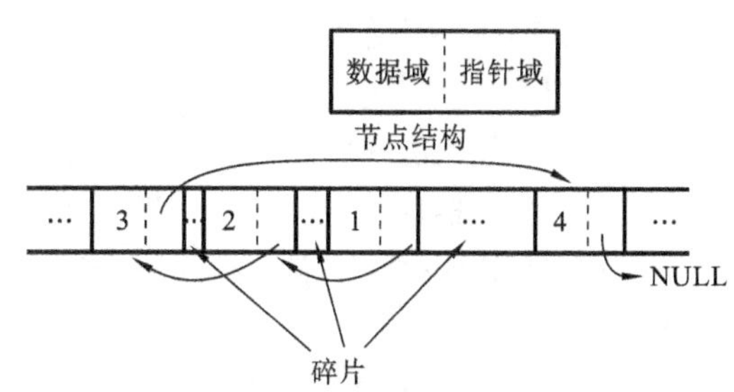

图 2-28　链表结构易产生碎片

3. 时间复杂度

解决不同类型的问题,顺序表和链表对应的时间复杂度也不同。

根据顺序表和链表在存储结构上的差异,问题类型主要分为以下两类。

(1) 问题中主要涉及访问元素的操作,元素的插入、删除和移动操作极少。

(2) 问题中主要涉及元素的插入、删除和移动操作,访问元素的需求很少。

第一类问题适合使用顺序表。这是因为顺序表中存储的元素可以使用数组下标直接访问,无须遍历整个表,因此使用顺序表访问元素的时间复杂度为 O(1);而在链表中访问数据元素,需要从表头依次遍历,直到找到指定节点,其时间复杂度为 O(n)。

第二类问题则适合使用链表。链表中的数据元素之间的逻辑关系靠的是节点之间的指针,当需要在链表中的某处插入或删除节点时,只需改变相应节点的指针指向即可,无须大量移动元素,因此在链表中插入、删除或移动数据所耗费的时间复杂度为 O(1);而在顺序表中,插入、删除和移动数据可能会涉及大量元素的整体移动,因此时间复杂度至少为 O(n)。

综上所述,不同的场景选择合适的存储结构会使效率成倍提升。

2.6　小结

线性表是一种典型的数据结构,许多查找方法和排序方法都是以线性表为研究对象而展开的,它有着广泛的应用价值。线性表的存储结构有顺序表、单链表、循环链表、双链表和静态链表等,在这些存储结构的基础上,线性表的各种运算的具体实现也有所不同,因此采用何种存储方式来提升运算效率需要认真分析。简单来说,在线性表中元素相对比较固定、变化不大的情况下,采用顺序存储方式,否则采用链式存储方式。

习题 2

一、填空题

1. 按顺序存储方式存储的线性表称为(　　),按链式存储方式存储的线性表称为(　　)。

2. 线性表是n个数据元素的(　　)。

3. 顺序表相对于链表的优点有(　　　　　　　　)和(　　　　　　　　)。链表相对于顺序表的优点有(　　　　　　　　)和(　　　　　　　　)操作方便。

4. 在n个节点的顺序表中插入一个节点需平均移动(　　)个节点,在第i个元素之前插入一个元素时,需向后移动(　　)个元素。

5. 在n个节点的顺序表中删除一个节点需平均移动(　　)个节点,删除第i个元素时,需向前移动(　　)个元素。

6. 一个向量(顺序表)的第1个元素的存储地址是3000,每个元素的长度是2字节,则第5个元素的地址是(　　　　　)。

7. 带头节点的单链表L为空的判定条件是(　　　　　　),不带头节点的单链表L为空的判定条件是(　　　　　　)。

8. 在一个单链表中,已知p所指节点不是最后节点,若删除p的后继节点,则执行语句为(　　　　　　　　　　)。

9. 采用单链表方式存储的线性表,存储每个节点需要两个域,一个是(　　)域,另一个是(　　)域。

10. 在一个单链表中,已知p所指节点是q所指节点的前驱节点,若在q之前插入节点s,要执行的操作为(　　　　　　　　　　)。

11. 线性表的链式存储结构是用一组(　　　　　　　　)依次存储各元素。

12. 在一个单链表的p所指节点之前插入一个s所指节点时,执行的操作为(　　　　)。

13. 在一个单链中删除p所指节点时,应执行的操作是(　　　　　　　　　　)。

14. 对于一个具有n个节点的单链表,在已知p所指节点后插入一个新节点的时间复杂度为(　　　　);在给定值为x的节点后插入一个新节点的时间复杂度为(　　　　)。

15. 线性表$L=(a_1,a_2,a_3,\cdots,a_n)$用数组表示,假定删除表中任一元素的概率相同,则删除一个元素平均需要移动元素的个数是(　　　　)。

16. 在单链表中,每个节点有(　　　　)个指针域,最后一个节点的指针域为(　　　　)。

17. 一个线性表经常进行的是存取操作,当很少进行插入和删除操作时,则采用(　　)存储结构为宜;相反,当经常进行插入和删除操作时,则采用(　　)存储结构为宜。

18. 线性表的顺序存储中,元素之间的逻辑关系是通过(　　)决定的;线性表的链接存储中,元素之间的逻辑关系是通过(　　)决定的。

19. 循环链表中最后一个节点的(　　)指向头节点,整个链表形成一个(　　)。

二、选择题

20. 下面关于线性表的叙述错误的是(　　)。

A. 若使用数组表示,表中诸元素的存储位置是连在一起的

B. 表的插入和删除操作仅允许在表的一端进行

C. 若使用链表表示,不需要占用一片相邻的存储空间

D. 若使用链表表示,便于插入和删除操作

21. 用带表头节点的链表表示线性表的主要好处是(　　)。

A. 可以加快对表的遍历　　　　B. 使空表和非空表的处理统一

C. 可以节省存储空间　　　　　　　　D. 可以提高存取元素的速度

22. 线性表的顺序存储结构是一种(　　)的存储结构。

A. 顺序存取　　B. 随机存取　　C. 索引存取　　D. HASH 存取

23. 在线性表的第 i 个元素之前插入一个元素时,需将第 n 个至第 i 个元素中的每个元素(　　)位置。

A. 向前移动一个　B. 向后移动一个　C. 向前移动 i 个　D. 向后移动 i 个

24. 非空的单循环链表 L 的尾节点 p 满足(　　)。

A. p->next=NULL　　B. p->next=L　　C. p=NULL

25. 下面关于线性表的叙述中,正确的是(　　)。

A. 线性表的每个元素都有一个直接前驱和直接后继

B. 除第一个元素和最后一个元素外,其余每个元素都有一个且仅有一个直接前驱和直接后继

C. 线性表中的元素必须按递增或递减的顺序排列

D. 线性表至少要有一个元素

26. 对于有 n 个元素的顺序表,任意删除一个元素后,平均移动次数约为(　　)。

A. n　　B. n/2　　C. $\log_2 n$　　D. 1

27. 下列描述线性表叙述错误的是(　　)。

A. 线性表的链接存储,便于插入和删除操作

B. 线性表的顺序存储的元素是从小到大顺序排列的

C. 除第一个元素和最后一个元素外,其余每个元素有且仅有一个直接前驱和直接后继

D. 线性表可以为空

28. 线性表的逻辑顺序与存储顺序总是一致的,这种说法(　　)。

A. 正确　　B. 不正确

29. 与数据元素本身的形式、内容、相对位置、个数无关的是数据的(　　)。

A. 存储结构　　B. 逻辑结构　　C. 存储实现　　D. 运算实现

30. 顺序存储结构(　　)。

A. 仅适合动态查找表的存储

B. 仅适合静态查找表的存储

C. 既适合静态查找表又适合动态查找表的存储

D. 既不适合静态查找表又不适合动态查找表的存储

31. 若某线性表中最常用的操作是取第 i 个元素和查找第 i 个元素的前驱元素,则采用(　　)存储方式最节省时间。

A. 单链表　　B. 顺序表　　C. 双链表　　D. 单循环链表

32. 单链表的节点结构为{data,next},要找出下面算法中不带头节点的单链表里的第 i 个元素的位置。此算法(　　)。

```
LinkGet(Link V,int i)
    {p=V;
    if(p==NULL) return (NULL);
```

```
        for(j=1;j<=i;j++)
            {p=p->next;
            if(p==NULL) return (NULL);}
        return p;}
```

A. 正确　　　　　　B. 错误

三、综合题

33. 设有一个所有元素都是整数的线性表 A，试编写一个算法，将 A 中大于 0 的数存放在线性表 B 中，小于 0 的数存放在线性表 C 中。

34. 有一单链表，head 为单链表的头指针，试编写一个算法查找数据域为 x 的节点，并返回链指针。

35. 已知有 n 个元素的线性表 A 采用顺序存储结构，请编写一个算法，删除线性表中所有值为 K 的元素。

36. 试编写一个算法将两个递增单链表合并为一个递减单链表。

37. 编写一个算法，从给定的线性表 A 中删除元素值在 x 到 y 之间的所有元素，要求其算法的时间复杂度为 O(n)。

第 3 章　栈和队列的结构分析与应用

线性表是一种最常见的线性结构，线性表中元素之间的关系是由其相互位置决定的。但在实际问题中，元素之间的关系有时并不是由相互位置决定的，而是由到达和离开线性结构的顺序决定的。当元素受后到达的元素最先出来的限制时，这种线性结构称为栈(stack)；当元素受最先到达的元素先出来的限制时，这种线性结构称为队列。栈和队列是两种重要的线性结构，可以看成是操作受限的线性表。

3.1　栈的定义

栈是限定仅在表尾进行插入或删除操作的线性表。允许插入和删除的一端称为栈顶(top)，另一端称为栈底(bottom)。当栈中不含元素时，称为空栈。

设有 S=(a_1,a_2,…,a_n)，则称 a_1 为栈底，a_n 为栈顶。栈中按 a_1,a_2,…,a_n 的次序依次入栈，出栈的第一个元素应为栈顶元素。栈的示意图如图 3-1 所示。因此，栈为后进先出(last in first out，LIFO)的线性表。

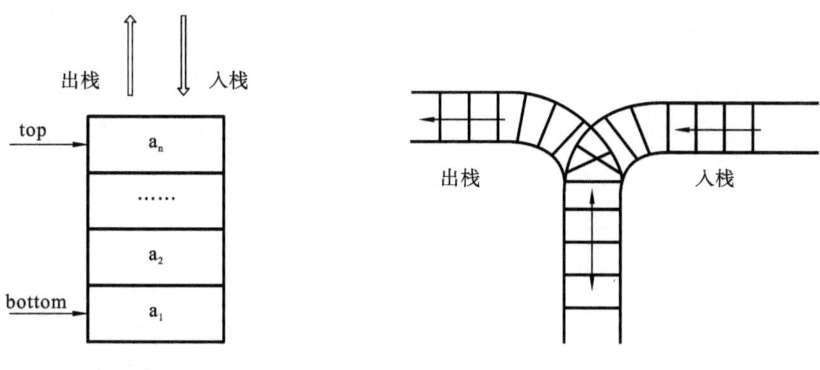

图 3-1　栈的示意图　　　　图 3-2　火车站调度图

在日常生活中，我们会遇到很多类似栈的例子。例如，洗盘子时，一般把洗干净的盘子逐个向上叠放在一起，使用时，则是从上往下逐个取走；火车进入火车站调度时，先进入的火车排在最里面，后进入的火车排在外面，离开火车站时，后进入的火车先离开，如图 3-2 所示。同样，计算机中的指令寄存器、函数的嵌套调用、递归方式等也运用了栈这一规则。

栈的构造函数有 InitStack；属性操作类函数有 StackEmpty、StackFull，数据操作类函数有 Push、Pop 等。栈的一些基本操作的 ADT 代码如下：

```
ADT Stack {
    int InitStack(SqStack* S);                    //初始化
    void Push(SqStack* S, ElemType e);            //入栈
    int Pop(SqStack* S,int* e);                   //出栈
```

```
    int GetTop(SqStack* S, int* e);          //取栈顶元素
    int StackEmpty(SqStack* S);              //判断是否栈空
    int StackFull(SqStack* S);               //判断是否栈满
}
```

3.1.1 栈的顺序存储和实现

栈的顺序存储就是使用连续的空间存储栈中的元素。采用顺序存储方式的栈称为顺序栈。实际上，顺序栈是指利用一块连续的存储单元进行栈的存储，依次存放自栈底到栈顶的数据元素。在C语言中，通常借用一维数组来实现。

在进行栈的顺序存储时，首先需要创建一个数组，数组的大小是由用户根据问题的实际需求来决定的。其次需要定义游标top来表示即将入栈的栈顶元素在顺序栈中的位置。当使用数组实现栈的结构时，栈元素是从下标为0的位置开始存放的。由于入栈及出栈都在top端操作，因此元素的个数可以通过top的位置来进行计算。

顺序栈的静态存储结构需要预先定义栈的存储空间，若栈满，则不能进行扩充，此时，若有元素入栈，则会发生上溢现象。顺序栈的静态存储结构如下代码所示：

```
# define MAXSIZE 100                   //栈的容量
typedef struct{
    ElemType elem[ MAXSIZE ];          //定义栈的存储数组
    int top;                           //游标
        } SqStack;                     //顺序栈的结构定义
```

若采用动态存储结构来定义顺序栈，可以很好地解决这个问题，若栈满，则可以按照一定的增量进行扩充，避免了上溢现象。顺序栈的动态存储结构如下代码所示：

```
typedef struct{
    ElemType*  elem;
    int top;                           //栈顶指针
    int maxsize;
}SqStack;
```

定义top指针为栈顶指针，初始时，top指针指向栈底的位置0，当有元素入栈时，top指针向后移动一位，指向即将入栈的位置。若删除栈顶元素，则top指针向前移动一位。顺序栈的几种形态如图3-3所示。

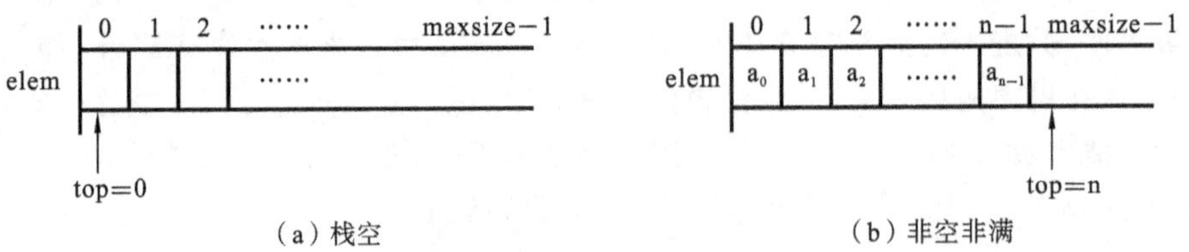

图3-3 顺序栈的几种形态

由图3-3可以看出，top＝0时，元素个数为0，栈为空；top＝＝maxsize时，元素个数达到最多，此时栈满；当top≥0时，元素个数为top。

3.1.2　顺序栈的操作

顺序栈的插入操作和删除操作都只在栈顶进行，因此，顺序栈的基本操作相对于顺序表的基本操作来说要简单一些。当插入新的栈顶元素时，栈顶位置 top＋1；当删除栈顶元素时，栈顶位置 top－1；非空栈中的栈顶位置始终在栈顶元素的下一位置上。栈空时，top＝0；栈满时，top＝＝maxsize。

顺序栈中数据元素和栈顶指针之间的对应关系如图 3-4 所示。

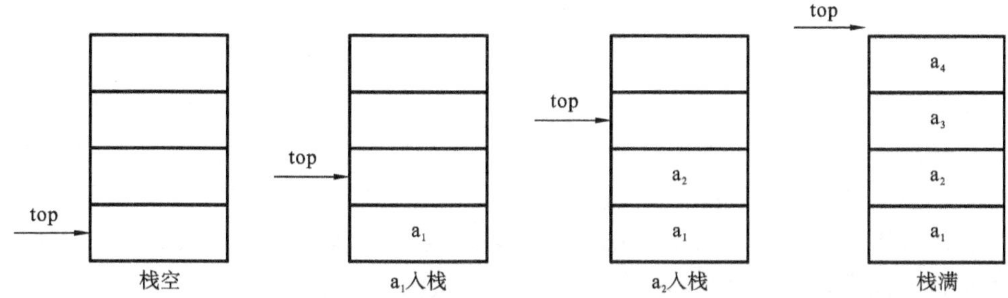

图 3-4　顺序栈中数据元素和栈顶指针之间的对应关系

根据顺序栈“后进先出”的特点，插入操作、删除操作都在栈顶进行。顺序栈的基本操作中，入栈操作稍微复杂一些，下面介绍顺序栈的一些操作实现。

1. 初始化

顺序栈的初始化是指为顺序栈分配一个大小为 STACK_INIT_SIZE 的数组空间。栈顶指针 top＝0，此时栈为空。代码如下：

```
int InitStack(SqStack* S){              //顺序栈的初始化
    S->top=0;                           //栈空
    S->maxsize=STACK_INIT_SIZE;
    S->elem=(ElemType* )malloc(sizeof(ElemType)* STACK_INIT_SIZE);
    if (! S->elem) {
        exit(-1);
    }
    return TRUE;
}
```

2. 判断栈空、栈满

判断顺序栈是否为空，若栈为空，则 top＝＝0，返回 TRUE；若栈不为空，则返回 FALSE。代码如下：

```
int StackEmpty(SqStack* S){
//返回,TRUE——空栈,FALSE——非空栈
    if(S->elem==NULL)
        exit(1);
    if (0==S->top){
```

```
        return TRUE;
    }
    return FALSE;
}
```

判断顺序栈是否栈满，若栈满，则 top==maxsize。

```
int StackFull(SqStack* S)
{
    return S->top==S->maxsize;
}
```

3. 入栈

顺序栈的入栈是指在栈顶插入一个新的元素。插入元素 e 使其成为顺序栈中新的栈顶元素。在入栈前，先判断顺序栈是否栈满，若栈满，则扩容至其两倍空间，把原先栈中的元素复制到新的数组中，然后释放旧数组所占用的空间；若栈不满，则将新元素 e 插入栈顶，并移动栈顶指针。代码如下：

```
void Push(SqStack* S, ElemType e){
    int i;
    if(StackFull(S))
    { //判断顺序栈是否栈满
        ElemType* old=S->elem;
        S->elem=(ElemType* )malloc(sizeof(ElemType)* 2* S->maxsize);
        for (i=0; i<=S->top; i++) {
            S->elem[i]=old[i];
        }
        S->maxsize=2* S->maxsize;
        free(old);
    }
    S->elem[+ + S->top]=e;  //插入新的栈顶元素 e
}
```

4. 出栈

顺序栈的出栈是指将栈顶元素从栈中移除，并返回被移除的栈顶元素位置。执行出栈操作时，先判断顺序栈是否为空，栈空条件为 top==0。若栈为空，则返回 FALSE；若栈不为空，则删除栈顶元素并用 e 返回其值，此时栈顶指针为 top--。代码如下：

```
int Pop(SqStack* S,int* e){
//若栈不为空,则删除 S 的栈顶元素并用 e 返回其值
//若栈不为空,则返回 TRUE,否则返回 FALSE
    if(0==S->top)
        return FALSE;
    * e=S->elem[S->top];
    S->top--;
```

```
        return TRUE;
    }
```

5. 取栈顶元素

顺序栈的取栈顶元素操作，是当栈不为空时，返回当前栈顶元素的值，栈顶指针保持不变，代码如下：

```
    int GetTop(SqStack* S, int* e){
    //若栈不为空，则用 e 返回 S 的栈顶元素，并返回 TRUE
    //否则返回 FALSE
        if(S->top==0){
            return FALSE;=
        }
        * e=S->elem[S->top];
        return TRUE;
    }
```

【例 3-1】 火车站进行列车调度时，常把站台设计成栈式结构。设有编号为 1、2、3、4、5 的 5 辆列车，顺序开入栈式结构的站台，是否可能得到 54321、21543、43125、23541 的出栈序列？

解 由于栈是一个“后进先出”的线性表，因此 54321、21543、23541 的出栈顺序是可以得到的。对于 43125 的出栈顺序，由于 1 在 2 前面进入，却在 2 前面出栈，违背了栈的“后进先出”原则，因此不能得到 43125 的出栈顺序。

3.1.3 栈的链式存储和实现

栈的链式存储是使用不连续的空间和指针来存储元素以及元素之间的关系，也称链式栈或链栈。栈的操作是线性表操作的特例，链式栈的操作易于实现，它是运算受限的单链表。若程序需要同时使用多个栈，则采用链式栈可以提高效率。

链式栈可以不设置头节点，实际的栈顶为链表的首节点，而新节点的插入和栈顶节点的删除，都在首节点进行。链式栈的示意图如图 3-5 所示。

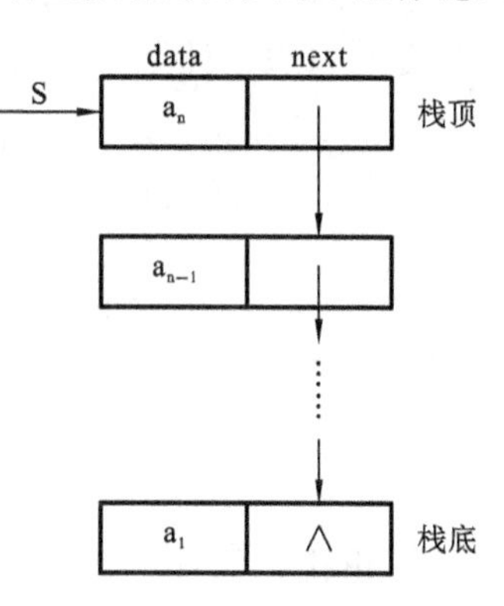

图 3-5　链式栈的示意图

链式栈使用单链表存储元素。链式栈的定义如下：

```
    typedef struct node* LinkStack;
        struct node {              //链式栈节点的定义
        ElementType data;          //节点数据域
        LinkStack next;            //节点链域
    };
```

声明 LinkStack L，使用一个链表的表头指针表示栈。L 表示栈顶指针，它用来唯一地确定一个栈。为空栈时，L=NULL。由于链式栈是动态分配节点的空间，所以操作时无须考虑上溢现象。链式栈的插入、删除等操作与单链表的操作类似，也是通过修改指针进行的，只是链式栈需要限定在栈顶操作 L。

3.1.4 链式栈的操作

链式栈也具备“后进先出”的特点，因此链式栈的入栈、出栈操作都在首节点处进行。链式栈主要有以下几种基本操作。

1. 构建空栈

链式栈的初始化，链表头指针为空，构建一个空栈。代码如下：

```
void InitLinkStack(LinkStack* L) {
    (* L)=NULL;
}
```

2. 入栈

链式栈执行元素入栈操作时，不需要判断栈是否是满的，可以直接将元素插入链式栈的栈顶，即为将要入栈的元素动态分配一个节点空间。代码如下：

```
void PushStack(LinkStack* L, ElementType e) {
    LinkStack s;
    s=(LinkStack)malloc(sizeof(struct node));      //动态分配一个节点空间
    s->data=e;                                     //新节点的数据域赋值为 e
    s->next=(* L);                                 //将新节点插入栈顶
    (* L)=s;                                       //成为新的栈顶元素
}
```

3. 读取栈顶元素的值

链式栈在获取栈顶指针元素时，需要先判断栈是否为空，若栈不为空，则将栈顶元素的值赋给 e，栈顶指针保持不变。代码如下：

```
void GetTop(LinkStack* L, ElementType* e){
    if ((* L)->next==NULL)       //判断栈是否为空
        {
        exit(-1);
    }
    * e=(* L)->data;             //不为空,获取栈顶元素的值,栈顶指针保持不变
}
```

4. 出栈

链式栈执行出栈元素操作时，需要判断栈是否为空。若栈不为空，则将栈顶元素赋值给 e，用 p 临时保存栈顶元素，在将栈顶指针移动到新的栈顶后，释放 p，即删除栈顶节点。代码如下：

```
void PopStack(LinkStack* L, ElementType* e) {
    if ((* L)->next==NULL) {            //栈空
        exit(-1);
```

```
        }
        else {                              //栈非空
            LinkStack p;
            * e= (* L)->data;               //将栈顶元素赋值给 e
            p= (* L);                       //用 p 临时保存栈顶元素
            (* L)= (* L)->next;             //将栈顶指针移动到新的栈顶
            free(p);                        //释放栈顶元素
        }
    }
```

3.1.5　顺序栈与链式栈的比较

顺序栈和链式栈都具备"后进先出"的特点。顺序栈和链式栈的不同之处主要包含以下几个方面。

1. 存储结构

顺序栈和链式栈的存储结构不同。在空间上，顺序栈是连续的静态分配，而链式栈是不连续的动态分配。这种存储结构的不同，也使得顺序栈和链式栈各有优点。顺序栈的连续存储空间方便查找；而链式栈可以将零碎的空间利用起来，提高空间利用率，并且方便插入和删除。在存储密度上，顺序栈的密度等于 1，链式栈的密度小于 1。

2. 查找方式

顺序栈的空间是固定的，需要用首地址和尾地址来表示一个空间。链式栈通过每个节点的指针域存储下一个节点的指针信息，因此，查找时可以使用指针遍历栈中的元素。

3. 指针

顺序栈的 top 指针指向即将入栈的栈顶元素位置，栈顶元素的位置是 top－1；而链式栈的 top 指针指向当前的栈顶元素。

4. 入栈、出栈

由于栈具有"后进先出"的特点，在入栈和出栈时，必须在栈的一端进行。

若顺序栈从头部执行入栈、出栈操作，则需要将栈中的原有元素依次后移、前移，此时需要遍历整个顺序栈。因此，通常采用在顺序栈的尾部执行入栈、出栈操作。若栈的元素个数为 n，则 n－1 可以用来表示顺序栈的最后一个元素所在的下标，所以在入栈时可以直接将下标为 n 的位置设置为入栈位置。出栈时，只需将下标为 n－1 处的值删除即可，无须遍历整个顺序栈。

若链式栈的入栈、出栈操作从尾部进行，也需要遍历整个链表，因此入栈、出栈操作都在链表的头部进行，即在链表的头部添加或者删除一个节点。链式栈在入栈时，直接将元素插入链式栈的栈顶，即为将要入栈的元素动态分配一个节点空间。链式栈在出栈时，需要临时节点保存栈顶元素信息，在将栈顶指针指向新的栈顶元素后，释放栈顶节点。

5. 扩容

顺序栈的存储空间是固定的，可以通过动态内存分配来进行扩容。通过动态内存申请返回的指针来以数组的形式访问栈中的元素。若栈满，则调用动态内存分配函数，将空间扩容至两倍，再把原先栈中的元素复制到新的数组中，然后释放旧数组所占用的空间。

链式栈是动态分配节点空间的，所以不存在栈满的情况，不需要专门扩容。

3.2 栈的应用算法

3.2.1 栈与递归

若一个对象部分地包含它自己，或用它自己给自己定义，则称这个对象是递归(recursion)的。若一个过程直接地或间接地调用自己，则称这个过程是递归的过程。递归是栈在程序设计语言中的一个重要应用，也是算法设计中常用的手段。

链表的数据结构本身具有递归的特性，例如，对于一个链表节点 Node，定义的数据域为 data，指针域为 next，而指针域 next 又是一种指向 Node 类型的指针，此时，对于 Node 的定义又用到了其自身，因此链表是一种递归的数据结构。对于这种结构，可以采用相应的递归算法来实现。链表的创建和链表节点的遍历输出都可以采用递归算法。

【例 3-2】 设计一个从前向后遍历输出链表节点的递归算法。

思路 调用此递归函数前，参数 L 指向单链表的首节点，在递归过程中，L 不断指向后继节点，直到 L 为 NULL 为止。代码如下：

```
void TravelStack(LinkStack L) {
    if(L==NULL){
        return;                       //若为空,则递归终止
    }
    else{
        printf("% d ", L->data);      //若不为空,则输出节点的数据域
        TravelStack(L->next);         //L 指向后继节点,继续进行递归
    }
}
```

应用递归算法对问题求解时，通常可以采用“分治法”。“分治法”一般需要满足以下 3 个条件。

(1) 将需要求解的问题转换成一个新的问题，且新问题与原问题的解法相同或者类似，不同之处为处理对象不同，这些处理对象更小且变化有规律。

(2) 可以通过这种转化让问题变得简单。

(3) 需要有一个明确的递归出口，即递归的边界。

3.2.2 栈与数制转换

在进行数制转换时，也可以采用栈来灵活解决该问题。当从十进制数转换为其他进制数时，都是从低位向高位转换，当读取其他进制数时，恰好是从高位向低位读取，利用这个规律，可以采用栈来解决这个问题。当生成某进制数时，按照各位数生成的顺序入栈，最后再

从栈中逐个取出各位数字,这样就得到了想要的结果。

【例 3-3】 将十进制数 N 转换为八进制数。采用对十进制数 N 除以 8 取余的方法,可得到八进制数的倒序,其原理为:N=(N div d) * d+N % d(其中,div 为整除运算,%为求余运算)。例如,$(1348)_{10}=(2504)_8$ 的转化过程如图 3-6 所示。

计算顺序↓	N	N÷8	N%8	输出顺序↑
	1348	168	4	
	168	21	0	
	21	2	5	
	2	0	2	

图 3-6 $(1348)_{10}=(2504)_8$ **的转化过程**

若将计算过程中得到的八进制数的各位顺序入栈,则按出栈序列打印输出的信息即为与输入对应的八进制数。其运算过程如下:

```
    void conversion ( )
{
    LinkStack s;
    InitLinkStack(&s);                        //构造空栈
    int N;
    scanf("% d", &N) ;
    while( N ) {
        PushStack(&s, N %  8);
        N=N / 8;
    }
    PrintNode(s);
}
```

3.2.3 栈与背包问题

假设有一个能装入总体积为 T 的背包和 n 件体积分别为 $w_1,w_2,\cdots,w_n$的物品,能否从 n 件物品中挑选若干件恰好装满背包,即 $w_1+w_2+\cdots+w_n=T$,要求找出所有满足上述条件的解。

【例 3-4】 当 T=10,各件物品的体积为{1,8,4,3,5,2}时,可找到下列 4 组解:(1,4,3,2),(1,4,5),(8,2),(3,5,2)。试用非递归算法设计求解背包问题。

思路 将 n 件物品顺序存入一数组 w[0..n−1]中,依次选取物品试探存入,若放入物品后不超过背包的装载重量,则装入,否则选择下一件物品再试,直至放入物品的重量之和等于 total 为止。如果装入某物品后背包未满,但又找不到合适的物品装入,则说明已装入物品中有不恰当的,应取出最后放入的物品,继续使用其他未装入的物品试装,如此反复直至背包装满,说明问题有解;若无合适物品,则说明问题无解。

非递归解法实现是要设一个栈 S,当选取某物品 i 装入背包时,需计算背包尚能允许装入的重量,即 total=total −w[i],同时将物件的编号 i 入栈,重复此操作,直到 total=0 时问题有解,返回 TURE;若 i=n−1 时仍找不到合适物品使背包装满,则退出栈顶物件的编号 i,继续从编号为 i+1 的物品试装,直至栈空且 i>n−1 时问题无解,返回 FALSE。算法如下:

```
# include <stdio.h>
# include <stdlib.h>
```

```
# define N 6                          //N为多少件物品
int array[6]={1,8,4,3,5,2};           //每件物品的重量
int count=10;                         //要求装10公斤的物品

typedef struct stack
{
    int top;
    int max;
    int * ptr;
}stack;

void init(stack* mystack)
{
    mystack->top=-1;
    mystack->max=10;
    mystack->ptr=(int* )malloc(sizeof(int)* mystack->max);
}

void push(stack* mystack,int value)
{
    if (mystack->top < mystack->max)
    {
        mystack->top++;
        mystack->ptr[mystack->top]=value;
    }
}

int pop(stack* mystack)
{
    int value=0;
    if ( mystack->top==-1)
        return value;
    else{
        value=mystack->ptr[mystack->top];
        mystack->top--;
    }
    return value;
}

int isempty(stack* mystack)
{
    if (mystack->top==-1)
        return -1;
    else
```

```
        return 0;
}

void traver(stack* mystack)
{
    int i=0;
    while ( i<=mystack->top )
    {
        printf("%d ",array[mystack->ptr[i]]);
        i++;
    }
    printf("\n");
}

void Package()
{
    int i=0;
    stack mystack;
    init(&mystack);
    /* 当栈非空或栈空,但未遍历完 array 时* /
    while ( ! isempty(&mystack) || (isempty(&mystack) && i< N ))
    {
        while (count >  0 && i< N)      //当余下的重量大于 0 且还未遍历完 array 时
        {
            count-=array[i];            //余下的重量减去将入栈的物品重量
            push(&mystack,i);           //入栈
            i+ + ;                      //array 往后遍历
        }
        if (count==0)                   //如果达到要求,则输出
        {
            traver(&mystack);
        }
        i=pop(&mystack);                //此时必然要出栈一个
        count+ =array[i];               //余下的重量加出栈的物品重量
        i+ + ;                          //array 往后遍历
    }
}
```

3.3　队列的定义

队列(queue)与栈相反,是一种先进先出(first in first out,FIFO)的线性表。队列只允许在表的一端进行插入操作,在另一端进行删除操作。在队列中,允许插入的一端称为队尾(rear),允许删除的一端称为队首(front)。

假设队列 Q=(a_1,a_2,…,a_n),那么,a_1就是队首元素,a_n就是队尾元素。若队列中的元素按照 a_1,a_2,…,a_n的次序依次入队,则退出队列时也只能按照 a_1,a_2,…,a_n的次序依次退出。队列示意图如图 3-7 所示。

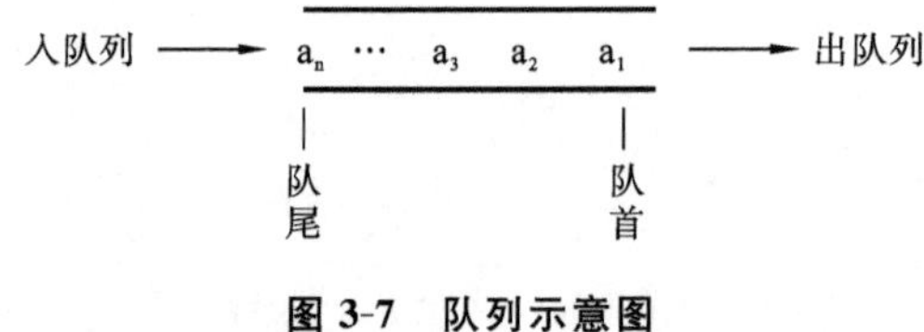

图 3-7 队列示意图

在日常生活中,也有很多类似于队列的例子。例如,排队等公交时,最先到达的人排在第一个,也最先上车。程序设计中,最典型的例子就是操作系统中的作业排队。同时有几个作业运行在允许多个程序运行的计算机系统中,若运行的结果都要经过通道输出,则要按照请求输入的先后顺序进行排队,当通道传输完毕可以接受新的输出任务时,队首的作业就先从队列中退出执行输出操作,而申请输出的作业都从队尾进入队列。

下面给出队列的抽象数据类型定义 ADT Queue:

```
ADT Queue {
    基本操作:
    InitQueue(SqQueue* Q)                  操作结果:构造一个空队列 Q
    IsEmpty(SqQueue q)                     操作结果:若 Q 为空队列,则返回 1,否则返回 0
    IsFull(SqQueue q)                      操作结果:若 Q 为满队列,则返回 1,否则返回 0
    QueueLength(SqQueue* Q)                操作结果:返回 Q 的元素个数,即队列的长度
    EnQueue (SqQueue* Q , ElemType e)      操作结果:插入元素 e 为 Q 的新的队尾元素
}
```

3.3.1 队列的顺序存储和实现

队列的顺序存储是指使用一组地址连续的存储单元存放队列中的元素,并设置两个分别指示队头元素的存储位置和队尾元素的存储位置。定义队列中元素的个数最多为 MAXSIZE,则存储队列的数组元素下标范围为从 0 到 MAXSIZE−1。使用 front 指针作为队首指针指示队首元素存放的下标地址,rear 指针作为队尾指针指示队尾元素存放的下标地址。

队列的顺序存储结构如下:

```
# define MAXSIZE 100 ;
typedef struct {
    ElemType* base;              //存储空间的基地址
    int  front;                  //队首指针
    int  rear;                   //队尾指针
}SqQueue;
```

在判断队列是否为空时,通常根据队首指针 front 和队尾指针 rear 的位置来进行判断。一般来说,当队列进行初始化时,有 front=rear=0,表示队列为空。当有元素需要入队时,元素先进入当前 rear 所指向的位置,rear 再向后移动一位。若有队首元素需要退队时,则

先记录 front 所指元素，front 再向后移动一位指向新的队首元素。队列指针与元素之间的关系如图 3-8 所示。

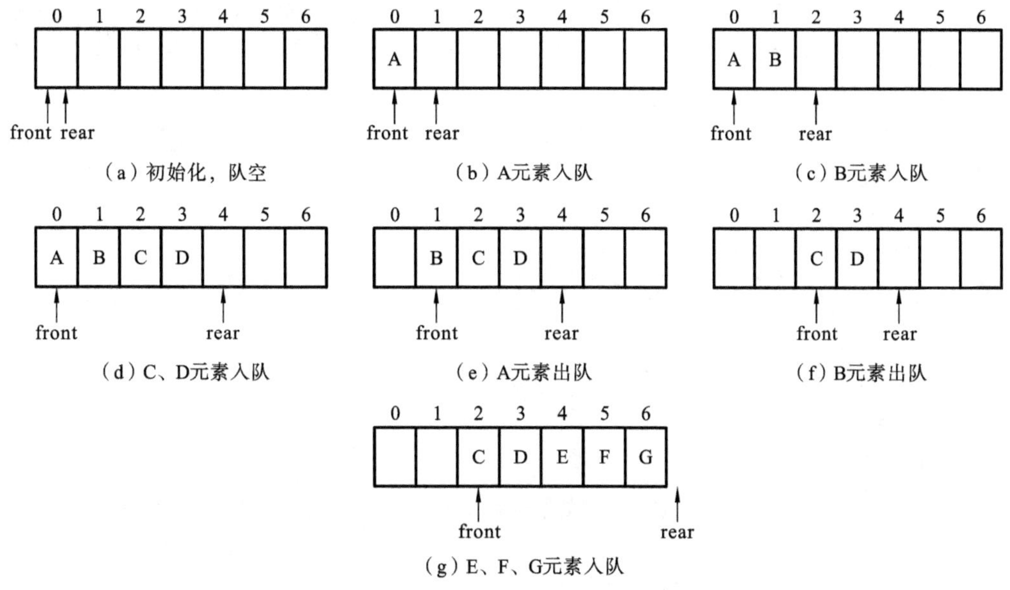

图 3-8　队列指针与元素之间的关系

当第一个元素 A 入队时，A 进入 rear 当前的位置 0，rear 再向后移动一位，此时，队首指针 front 指向 0 的位置，队尾指针指向 1 的位置；第二个元素 B 入队后，B 为队尾元素，front 依旧指向 0，rear 指向 B 后的一个位置 2。同理，C、D 元素入队，此时，front 指向 0，rear 指向 4。若执行 A、B 出队操作，A 元素先出队，front 向后移动一位，指向新的队首元素 B；B 元素出队，则 front 指针再向后移动一位，C 元素变成队首元素，front 指向 2，rear 指向 4。执行 E、F 入队操作，此时 front 指向 2，rear 指向 6。再将 G 入队，G 可以放入数组的最后一个位置，但是，由于 MAXSIZE＝6，按照之前的规律，队尾指针 rear 将指向 7，出现了"假"溢出现象。

解决"假"溢出现象问题通常有以下两种方法。

(1) 每当有元素从队首出去时，将剩下的元素依次前移。

(2) 将队列人为臆造成环状，形成循环队列。

什么情况下队列为空呢？什么情况下队列为满呢？队首元素如何表示？队尾元素如何表示？

当 front＝＝rear＝＝0 时，队列为空；当 rear＝＝MAXSIZE 时，队列为满。elem[front]表示队首元素，elem[rear－1]表示队尾元素。

3.3.2　循环队列的表达和实现

为了能够充分使用数组空间，可以将数组的前后两端连接起来，相当于人为臆造成环状，形成一个逻辑上的环，称为循环队列(circular queue)。

循环队列首尾相连，初始化时，队首指针 front 和队尾指针 rear 都置为 0。进行入队操作时，队尾指针顺时针移动一位；进行出队操作时，队首指针顺时针移动一位。循环队列队空、队满时指针的位置如图 3-9 所示。

假设 maxsize=8，将 a_0，a_2，…，a_7 依次入队。当循环队列为空时，循环队列队空条件为 front==rear；当循环队列为满时，循环队列队满条件为 front==rear。此时，队空与队满的条件相同，无法区分，怎么办？

为了将队空与队满的条件区别开，可以少用一个元素空间。优化后的循环队列队满时与指针的关系如图 3-10 所示。

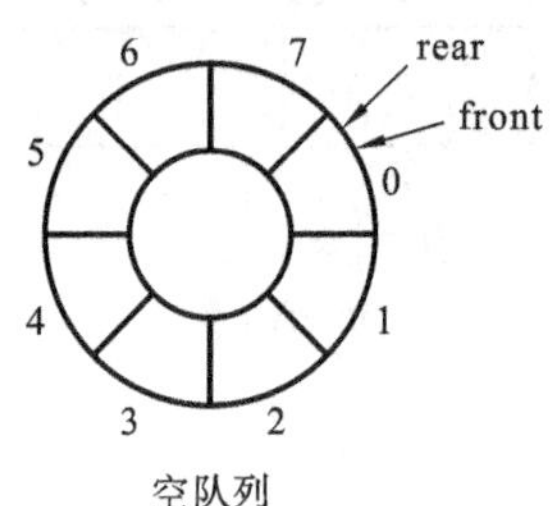

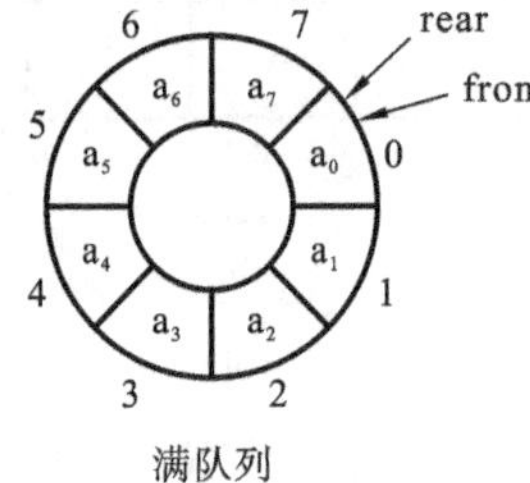

图 3-9　循环队列队空、队满时与指针的位置

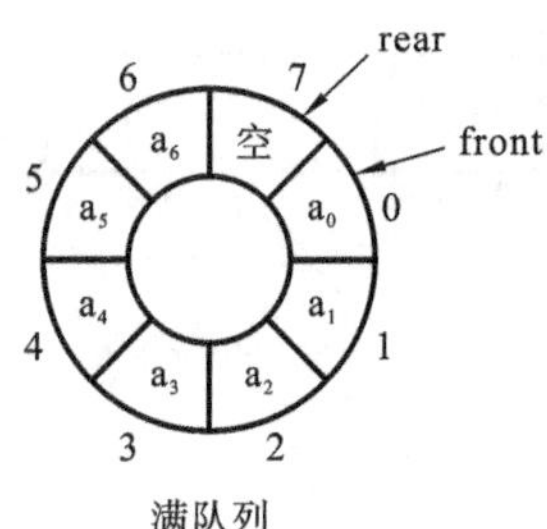

图 3-10　优化后的循环队列队满时与指针的关系

此时，循环队列队空条件为 front==rear，而循环队列队满条件为(rear+1)% maxsize==front。简言之，就是将 rear 移动到 front 前面的一个位置，就认为队列已满，实际上，队列空置了一个元素的位置。因此，当设计循环队列时，若队列需要容纳 M 个元素，则队列容量至少为 M+1 个。

front 和 rear 的位置可用取模(余数%)运算实现。

队首指针进 1：front=(front+1) % maxsize；

队尾指针进 1：rear=(rear+1) % maxsize；

队列初始化：front=rear=0；

队空条件：front==rear；

队满条件：(rear+1) % size==front。

循环队列的初始化、入队、队满、出队示意图如图 3-11 所示。

3.3.3　循环队列的操作

循环队列使用大小为 MAXSIZE 的元素数组，需要队首指针 front 和队尾指针 rear。

1. 构造空队列

构造空队列时，为队列分配一个大小为 MAXSIZE 的数组，队头指针和队尾指针均置为 0。

```
Status InitQueue(SqQueue* Q)
{//构建一个空队列
    Q->base=(ElemType* )malloc(sizeof(int)* MAXSIZE);
    if( Q->base==NULL)          //存储分配失败
    {
```

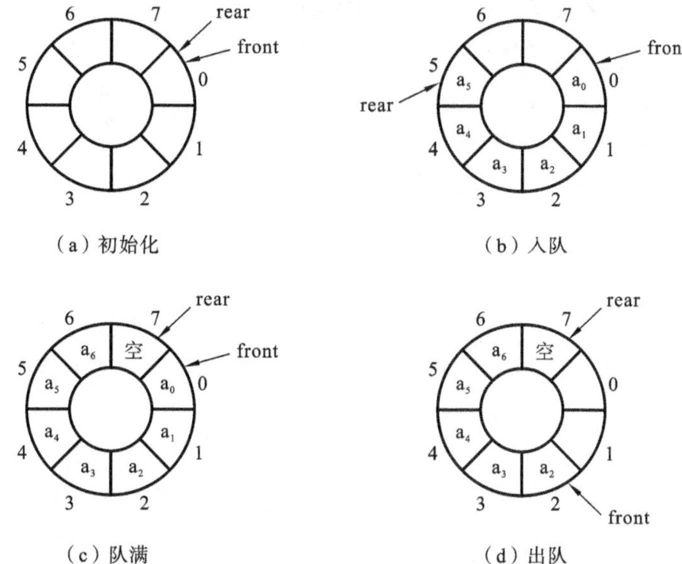

图 3-11　循环队列的初始化、入队、队满、出队示意图

```
        printf("Memory allocation failure");
        exit(-1) ;
    }
    Q->front=Q->rear=0;        //队头指针和队尾指针均置为 0,队列为空
    return OK;
}
```

2. 求队列长度

非循环队列的队列长度为队尾指针和队头指针的差值，而循环队列的长度若直接做差，则可能会出现差值为负数的情况，因此需要加上 MAXSIZE 的值再对其取余。

算法为(rear － front＋MAXSIZE) ％ MAXSIZE，代码如下：

```
int QueueLength(SqQueue* Q)
{
    return(Q->rear - Q->front+ MAXSIZE)% MAXSIZE;
}
```

3. 判断队空、队满

判断队列是否为空，即判断队头指针和队尾指针是否相同，若队空，则返回 1，否则返回 0。

算法为 rear＝＝front，代码如下：

```
Status IsEmpty(SqQueue q)
{ //是否为空队列
    return q.rear==q.front;
}
```

判断队列是否已满，若已满，则返回 1，否则返回 0。

算法为(rear+1) %MAXSIZE= =front，代码如下：

```
Status IsFull(SqQueue q)
{ //是否满队列
    return (((q.rear+1) %MAXSIZE)==q.front);
}
```

4. 入队

入队操作就是将新元素 e 插入一个循环队列的队尾。在进行插入操作时，需要先判断队列是否队满，若队满，则结束操作；若队列非满，则将 e 入队，队尾指针加 1。代码如下：

```
Status EnQueue (SqQueue*  Q , ElemType e)
{ //元素 e 入队
    if (IsFull(* Q))                          //判断队列是否队满
    {
        printf("Is Full\n");
        return ERRO;
    }
    Q->base[Q->rear]=e;                       //将 e 入队
    Q->rear= (Q->rear+ 1) %  MAXSIZE;         //队尾指针加 1
    return OK;
}
```

5. 出队

出队操作就是将队首元素删除，出队前要判断队列是否为空，若为空，则返回 ERRO，若为非空，则队首指针加 1。代码如下：

```
Status DeQueue(SqQueue*  Q)
{
    if(IsEmpty(* Q))
        return ERRO;
    Q->front= (Q->front+ 1) %  MAXSIZE;
    return OK;
}
```

3.3.4 链式队列的表达和实现

链式队列是采用链式存储结构实现的队列，也称链队。链式队列中，有两个分别指向队首和队尾的指针，分别称为队首指针(front)和队尾指针(rear)。队列的链式存储结构是一个运算受限的单链表，即限制在队首输出、队尾输入。队列中的节点可以是独立的内存空间，不需要连续的空间。为了运算方便，通常给链式队列添加一个头节点，并且令队头指针指向头节点。链式队列上运算的实现与单链表的相似。链式队列在入队时，不存在队满溢出现象，但存在队空现象。由于链式队列不会出现内存分配不合理的问题，也不需要对存储的数据进行移动，因此，若程序需要使用多个队列，则使用链式队列会更好。链式队列的示意图如图 3-12 所示。

在单链表的每个节点中有两个域，data 域用来存放队列元素的值，next 域用来存放单链表下一个节点的地址。链表用来设置两个指针 front 和 rear。front 为队首指针，指向头节点；rear 为队尾指针，指向尾节点。链表中的所有节点都需要通过这两个指针进行查找。代码如下：

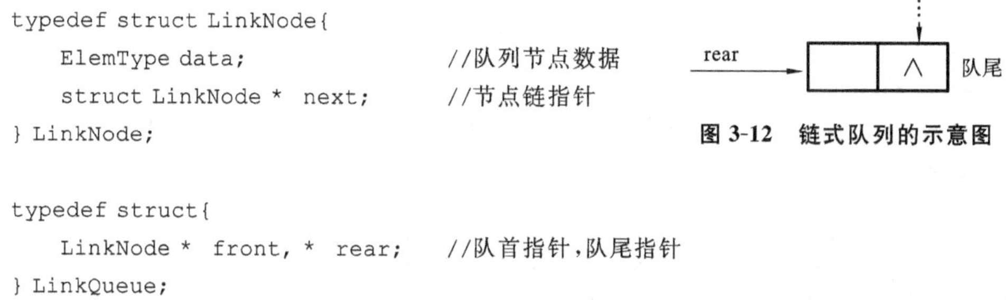

图 3-12　链式队列的示意图

```
typedef struct LinkNode{
    ElemType data;              //队列节点数据
    struct LinkNode * next;     //节点链指针
} LinkNode;

typedef struct{
    LinkNode * front, * rear;   //队首指针，队尾指针
} LinkQueue;
```

3.3.5　链式队列的操作

链式队列操作的实现与单链表的实现类似，不同的是链式队列的插入和删除操作仅限于链表的两端。链队的队首指针指向单链表的头节点，若要从链队中取出一个元素，则必须从单链表中删除头节点。链队的队尾指针指向单链表的尾节点，存放新元素的节点应该插在单链表的最后一个节点的后面，形成新的队尾。队列运算指针的变化如图 3-13 所示。

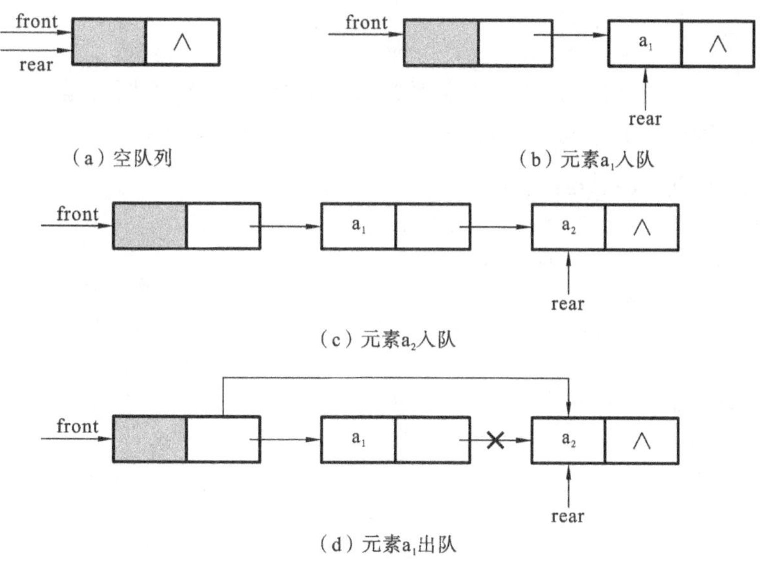

图 3-13　队列运算指针的变化

1. 构造一个空队列

构造只有一个头节点的空队列，需生成一个新节点作为头节点，队首和队尾指针指向此

节点。头节点的指针域为空，代码如下：

```
void LinkQueue_Init(LinkQueue * Q)
{ //初始化链队，生成一个新的节点作为头节点，队头和队尾指针指向此节点
    Q->front=Q->rear=(LinkNode * )malloc(sizeof(LinkNode));
    if(! (Q->front))
        exit(-1);
    //头节点的指针域为空
    Q->front->next=NULL;
}
```

2. 入队

链队的入队操作与循环队列的入队操作不同，链队在入队前不需要判断队列是否已满，而需要为入队元素动态分配一个节点空间，代码如下：

```
int LinkQueue_En(LinkQueue * Q, ElemType e)
{ //入队，插入元素 e 为 Q 的新的队尾元素
    LinkNode * p=(LinkNode * )malloc(sizeof(LinkNode));
  //为入队元素分配一个节点空间，指针 p 指向这个空间
  p->data=e;                  //新节点的数据域为 e
  p->next=NULL;
  Q->rear->next=p;            //新节点插入队尾
  Q->rear=p;                  //修改队尾指针
  return OK;
}
```

3. 出队

链队在出队前与循环队列一样，也需要判断队列是否为空，不同的是，链队在出队后需要释放出队首元素所占的空间，代码如下：

```
int LinkQueue_Del(LinkQueue* Q)
{ //出队，删除头节点
    if(Q->front==Q->rear)
        return ERRO;                       //队空，无法出队
    LinkNode* p=Q->front->next;            //p 指向队首元素
    Q->front->next=p->next;                //新队头
    if(p==Q->rear) Q->front=Q->rear;       //若队列中只有一个节点，则为空
    free(p);                               //释放空间
    return OK;
}
```

4. 销毁整个队列

若不需要使用队列，则销毁整个队列，释放所占的内存空间，代码如下：

```
int LinkQueue_Destroy(LinkQueue * Q)        //若队列存在，则销毁它
{ //销毁队列
```

```
        if(! Q)
        {
            printf("The LinkQueue is Empty! \n");
            exit(1);
        }
        while(Q->front)
        {
            Q->rear=Q->front->next;
            free((Q->front));
            Q->front=Q->rear;
            if(! Q->rear)
                    free(Q->rear);
        }
        free(Q->front);
        return OK;
    }
```

3.4　队列的应用算法

在程序设计中，凡是符合先进先出原则的数学模型，都可以采用队列来实现。操作系统中，当主机与外设之间的速度不匹配，或者多个用户之间引起资源竞争等时，都可以用队列来解决。例如，一个办公室局域网共享了一台打印机，办公室里的每个用户都可以将数据发送给打印机进行打印。此时，若有多人同时向打印机提交打印请求，为保证打印能够正常进行，操作系统会为打印机生成一个作业队列。每个用户申请打印的请求应按照先后顺序排队，打印机则从作业队列中逐个提取作业进行打印。

在日常生活中，通常用队列来模拟排队的情景。例如，设银行有 4 个窗口，从开门起每个窗口一个时刻只能接待一个客户，人多时客户需排队。当客户进入银行时，如有窗口空闲，则直接办理业务，否则会排在人数最少的队伍后面。

【例 3-5】 舞伴配对问题。

问题描述：在舞会上，男士和女士各成一队。舞会开始时，依次从男队和女队的第一位开始各出一人配成舞伴。如果男、女两队初始人数不等，则较长的那一队中未配对者是下一轮舞曲开始时第一个可以获得舞伴的人。假设初始男、女人数及性别已知，舞会的轮数从键盘输入。要求：从屏幕输出每一轮舞伴配对名单，如果在该轮存在未配对舞者，则屏幕显示下一轮舞曲第一个出场的未配对者的姓名。

分析　男、女两队可以采用队列的形式进行存储，分别创建男士队列和女士队列。在配对过程中依次扫描数组中的各个元素，再依次将两个队列的当前队头元素取出来进行配对，直到某个队列为空为止。若此时存在另一个非空队列，则这个队列中的元素为仍然等待排队的舞者，输出该舞者的姓名，成为下一轮舞曲开始时第一个获得舞伴的人。

算法描述：数据结构的定义如下。

```
/* 跳舞者的信息* /
typedef struct Queue{
    int Front;
    int Rear;
    char elem[100][100];
    int Queuesize;
}Queue;
```

首先创建男士队列、女士队列，当男士队列和女士队列不为空时，依次配对输出男女舞伴的姓名，反复循环。如果某个队列为空，另一个队列非空，则输出此时非空队列中仍然等待排队的舞者，第一个舞者为下一轮舞曲开始时第一个获得舞伴的人。具体算法实现如下：

```
//建立队列
void Creat_Queue(Queue* Q)
{
    int n,i;
    Q->Front=Q->Rear=0;
    printf("请输入跳舞人数:");
    scanf("% d",&n);
    Q->Queuesize=n+ 1;
    printf("请输入各跳舞人名:");
    for(i=0;i< n;i++)
        scanf("% s",Q->elem[i]);
    Q->Rear=n;
}

//判断是否为空队列
int IsQueueEmpty(Queue Q)
{
    if(Q.Front==Q.Rear)
        return 1;
    else
        return 0;
}

//删除队列队头元素
void DeQueue(Queue* Q,char * str)
{
    strcpy(str,Q->elem[Q->Front]);
    Q->Front=(Q->Front+ 1)% Q->Queuesize;
}

//取队首元素,队头指针不变
```

```
void GetQueue(Queue* Q,char * str)
{
    strcpy(str,Q->elem[Q->Front]);
}

//匹配
void Matching_Queue(Queue* M,Queue* F)
{
    int n;
    char str1[100],str2[100];
    printf("请输入舞会的轮数:");
    scanf("% d",&n);
    while(n--)
    {
        while(! IsQueueEmpty(* M))
        {
            if(IsQueueEmpty(* F))
                DeQueue(F,str1);
            DeQueue(M,str1);
            DeQueue(F,str2);
            printf("配对的舞者:% s % s\n",str1,str2);
        }
        M->Front=(M->Front+ 1)% M->Queuesize;
        if(IsQueueEmpty(* F))
            DeQueue(F,str1);
        GetQueue(F,str1);
        printf("第一个出场的未配对者的姓名:% s\n",str1);
    }
}

int main(int argc, const char * argv[]) {

    Queue* Male=malloc(sizeof(Queue));
    Queue* Female=malloc(sizeof(Queue));
    printf("男队:\n");
    Creat_Queue(Male);
    printf("女队:\n");
    Creat_Queue(Female);
    if(Male->Queuesize> Female->Queuesize)
    {
        Matching_Queue(Female,Male);
    }
```

```
    else{
        Matching_Queue(Male,Female);
    }

    return 0;
}
```

3.5 小结

本章介绍了两种特殊的线性表:栈和队列。

栈是仅在表尾进行插入或者删除的线性表,即是后进先出的线性表。栈有顺序栈和链栈两种存储方式。栈的主要操作为入栈和出栈。对于顺序栈的入栈和出栈操作需要判断栈满或者栈空的情况。

队列是一种先进先出的线性表。它在表的一端进行插入操作,在另一端进行删除操作。队列也有顺序队列(循环队列)和链队两种存储方式。队列的主要操作为入队和出队。顺序的循环队列在进行入队和出队操作时需要判断队满或队空的情况。

栈和队列是在程序设计中被广泛使用的两种数据结构。栈的一个重要应用是在程序设计语言中实现递归。

习题 3

一、选择题

1. 为解决计算机主机与打印机之间速度不匹配的问题,通常设置一个打印数据缓冲区。主机将要输出的数据依次写入该缓冲区,而打印机则依次从该缓冲区中取出数据。该缓冲区的逻辑结构应该是(　　)。

A. 队列　　B. 栈　　C. 线性表　　D. 链表

2. 一个栈的入栈序列是 a,b,c,d,e,则栈的不可能的输出序列是(　　)。

A. e,d,c,b,a　　B. d,e,c,b,a　　C. d,c,e,a,b　　D. a,b,c,d,e

3. 用链式队列进行存储时,在进行删除运算时(　　)。

A. 仅修改队头指针　　B. 仅修改队尾指针

C. 队头、队尾指针都要修改　　D. 队头、队尾指针可能要修改

4. 循环队列存储在数组 Elem[0..m]中,则入队时的操作为(　　)。

A. rear=rear+1　　B. rear=(rear+1)%m

C. rear=(rear+1)%(m+1)　　D. rear=(rear+1)%(m−1)

5. 最大容量为 MAXSIZE 的循环队列,队首指针为 front,队尾指针为 rear,则队空的条件为(　　)。

A. (rear+1)%MAXSIZE==front　　B. rear+1==front

C. rear==front　　D. (rear−1)%MAXSIZE==front

6. 栈和队列有(　　)的共同点。

A. 均为先进先出的线性表　　B. 均为先进后出的线性表

C. 只可以在端点处插入、删除元素　　D. 没有共同点

7. 假设栈初始位为空,将中缀表达式 a/b+(c＊d-e＊f)转换为等价的后缀表达式的过程中,当扫描到 f 时,栈中的元素依次是(　　)。

A. +(＊-　　B. +(-＊　　C. /+(＊-＊　　D. /+-＊

8. 整数 n(n≥0)阶乘的算法如下,其时间复杂度是(　　)。

```
fact(int n)
{
    if(n<=1)  return;
    else return (n* fact(n- 1));
}
```

A. $O(\log_2 n)$　　B. $O(n)$　　C. $O(n\log_2 n)$　　D. $O(n^2)$

二、简述以下算法的功能(栈和队列的元素类型为 int)

9.
```
status algol (Stack S){
            int  i, n, A[255];
            n=0;
            while (! StackEmpty ( S ))
                  {n+ + ;  Pop( S, A[n] )}
            for ( i=1; i<=n; i++) Push ( S,A[i] );
        }
```

10.
```
status algo2 ( Status S, int e){
            Stack  T ;  int d;
            InitStack( T );
            while (! StackEmpty (S)){
                  Pop( S, d );
                  if ( d! =e) Push ( T, d );
            }
            while (! StackEmpty (T)){
                  Pop( T, d);
                  Push( S, d);
            }
        }
```

11.
```
void algo3(Queue &Q){
            Stack S;int d;
            InitStack ( S );
            while(! QueueEmpty(Q) ){
                DeQueue (Q, d );  Push( S, d );
            }
            while(! StackEmpty( S )){
```

```
            Pop( S, d ); Enqueue(Q,d);
        }
    }
```

三、算法设计题

12. 回文是指正向读和反向读均相同的字符序列，例如“abccba”、“abcdcba”均为回文，但“hello”不是回文。请编写一个算法判断给定的字符序列是否是回文。

13. 一个算术表达式中可能包含各类括号，如小括号“()”、方括号“[]”、大括号“{}”，请编写一个算法判断该表达式中的括号是否匹配，若完全匹配，则返回 YES，否则返回 NO。

14. 假设以带头节点的循环链表表示队列，并且只设一个指针指向队尾元素节点，不设队头指针，请尝试编写相应的算法实现置空队列，并判断队列是否为空、入队和出队等。

15. 请设计出 n! 的非递归算法和递归算法。要求：

(1) 设计非递归算法时，再设计一个栈，使得整数 n,n－1,…,1 不断入栈，当遇到 0 时，不断出栈并得到最终结果。

(2) 了解递归算法中内部栈的原理。

第 4 章　字符串的结构分析与应用

本章主要介绍字符串的 3 种存储结构，同时介绍相关串的模式匹配的两种算法——普通模式匹配算法以及快速模式匹配算法。建议读者在掌握普通模式匹配算法的基础上学习快速模式匹配算法，这样理解会更深刻。

4.1　字符串及其类型定义

4.1.1　串及其相关术语

数据结构中，字符串要单独使用一种存储结构来存储，称为串存储结构。这里的串指的就是字符串。严格意义上讲，串存储结构也是一种线性存储结构，因为字符串中的字符之间也具有“一对一”的逻辑关系。但是，与之前所学的线性存储结构不同，串存储结构只用于存储字符类型的数据。

无论学习哪种编程语言，操作最多的总是字符串。数据结构中，根据串中存储字符的数量及其特点，对一些特殊的串进行了命名，例如：

- 空串：存储 0 个字符的串，例如 S=""（双引号紧挨着）。
- 空格串：只包含空格字符的串，例如 S="   "（双引号包含 5 个空格）。
- 子串和主串：假设有两个串 a 和 b，如果能在 a 中找到由几个连续字符组成的串与 b 中的完全相同，则称 a 是 b 的主串，b 是 a 的子串。例如，若 a="shujujiegou"，b="shuju"，由于 a 中也包含"shuju"，因此串 a 和串 b 是主串和子串的关系。

需要注意的是，空格串和空串是不同的，空格串中包含有字符，只是都为空格而已。另外，只有串 b 整体出现在串 a 中，才能说 b 是 a 的子串，比如"shujiejugou"和"shuju"就不是主串和子串的关系。

另外，对于具有主串和子串关系的两个串，通常会让你用算法找到子串在主串中的位置。子串在主串中的位置，指的是子串首个字符在主串中的位置。

例如，串 a="shujujiegou"，串 b="jiegou"，通过观察，可以判断 a 和 b 是主串和子串的关系，同时子串 b 位于主串 a 中第 6 的位置，因为在串 a 中，串 b 首字符“j”的位置是 6。本章会通过两种模式匹配算法来解决此类问题。

存储字符串，数据结构包含以下 3 种具体存储结构。

（1）定长顺序存储：实际上就是使用普通数组（又称静态数组）存储字符串。例如 C 语言使用普通数据存储字符串的代码为 a[15]="data.structure"。

（2）堆存储存储：使用动态数组存储字符串。

（3）块链存储：使用链表存储字符串。

4.1.2 串的抽象数据类型

关于串的基本运算，C语言提供了相应的标准库函数来实现，这些标准库函数的声明可参见C的〈string.h〉头文件。当然，也可以自行编写程序来实现串的基本运算。下面介绍串的几种基本运算。

(1) StrAssign(&T,chars)串赋值运算：将串常量chars的值赋给串变量T。

(2) StrCopy(&T,S)串复制运算：将串S的值复制给串变量T。

(3) StrEmpty(S)串判空运算：判断一个给定的串S是否为空，如果为空，则返回1，否则返回0。

(4) StrCompare(S,T)串比较运算：比较串S和串T的大小，如果S>T，则返回一个大于0的值；如果S<T，则返回一个小于0的值；如果S=T，则返回0。

(5) StrLength(S)求串长运算：求解并返回串S的长度。

(6) Concat(&T,S1,S2)串连接运算：将非空串S1和非空串S2首尾拼接成一个新串，并用串变量T返回新串的值。

(7) SubString(&Sub,S,pos,len)求子串运算：求串S从pos位置开始、长度为len的子串，并用串变量Sub返回这个子串。

(8) StrIndex(S,T)串定位：将串T返回串S的位置。

4.2 串的定长顺序存储

4.2.1 串的定长顺序存储结构

我们知道，顺序存储结构（顺序表）的底层实现用的是数组，根据创建方式的不同，数组又可分为静态数组和动态数组，因此顺序存储结构的具体实现有两种方式。

通常所说的数组都是指的静态数组，如str[10]，静态数组的长度是固定的。与静态数组相对应的还有动态数组，它使用malloc和free函数动态申请和释放空间，因此动态数组的长度是可变的。

串的定长顺序存储结构，可以简单地理解为采用“固定长度的顺序存储结构”来存储字符串，因此限定了其底层实现只能使用静态数组。

使用定长顺序存储结构存储字符串时，需结合目标字符串的长度，预先申请足够大的内存空间。

例如，采用定长顺序存储结构存储“data structure”，通过目测得知此字符串长度为14（不包含结束符'\0'），因此申请的数组空间长度至少为15，使用C语言表示为：

```
char str[15]="data structure";
```

下面这段C语言代码展示了使用定长顺序存储结构来存储字符串：

```
# include< stdio.h>
int main()
```

```
{
    char str[20]="data structure";
//实际占用 15 个字符单元,20 个字符单元中剩下的 5 个单元为空串字符'\0'
    printf("% s\n",str);
    return 0;
}
```

根据实际情况,代码可包含一些函数,用于实现某些具体功能,如求字符串的长度等。

4.2.2　定长顺序串的基本操作

基于顺序串的操作中,为了表达方便,有时将顺序数组的第一个单元,0 号下标的存储单元用来存储串中实际的字符个数,即串长值。以下顺序串中的前两个算法操作均采用 0 号下标的存储单元存储串长值。

1. 插入子串操作

算法操作完成后,在主串 s 中指定的位置 i 处插入子串 t,主串 s 从原来的第 i 位到串尾字符顺序后移。为了完成操作,需将主串 s 中从第 i 位开始到串尾的字符元素按被插入的子串长度等间距地后移,子串插入后即将占用字符空间单元,代码如下:

```
# include< iostream.h>
# define ok 1
# define error 0
# define MAX 255
typedef char String[MAX+1];
//采用类型定义方式声明 String 为顺序串的类型名,串长预留值为 255 个字符
int InsertString(String &s,int i,String t)
//在主串 s 中指定的位置 i 处插入子串 t,参数采用 C++语言中的引用形式传参实现
{
    int j;
    if(i>s[0]+1)                      //判断插入点的位置是否合法
        return error;
    else
    {
        for(j=s[0];j>=i-1;j--)        //将主串 s 中第 i 个位置点的字符依次后移
            s[j+t[0]]=s[j];
        for(j=1;j<=t[0];j++)
            s[i++]=t[j];
        s[0]=s[0]+t[0];               //插入后的主串长度将等于两串长度之和
        return ok;
    }
}
int main()
{String y1,y2;
int i;
```

```
int n;
cout<<"请输入主串字符:";
for(i=1;i<=6;i++)
cin>>y1[i];                          //输入主串 y1 中的字符
y1[0]=6;                             //存储主串的串长值
cout<<"请输入子串字符:";
for(i=1;i<=3;i++)
cin>>y2[i];                          //输入子串 y2 中的字符
y2[0]=3;                             //存储子串的串长值
cout<<"请输入插入的位置:";
cin>>n;                              //n 代表插入主串中的位置
InsertString(y1,n,y2);               //调用函数在主串 y1 中的第 n 个位置插入子串 y2
cout<<endl;
for(i=1;i<=y1[0];i++)
cout<<y1[i];                         //输出插入后的主串字符序列
return 0;
}
```

2. 删除子串

删除一个主串中的部分子字符序列也是字符串经常会进行的操作，此算法在实现时需要先判断初始条件，若删除的位置点 i 不在合法范围内，或删除截取的子字符序列长度 j 加上 i 的值超过主串长度，那么都不能合法进行操作。删除子字符序列的过程可以采用循环逐一向前移动字符的方式实现。

具体算法操作如下：

```
# include< iostream.h>
# define ok 1
# define error 0
# define MAX 255
typedef char String[MAX+ 1];
//采用类型定义方式声明 String 为顺序串的类型名，串长预留值为 255 个字符
int DeleteString(String &s,int i,int j)
//删除主串 s 中从第 i 个位置开始的 j 个字符，参数采用 C+ + 语言中的引用形式传参实现
{
    int k;
    if(i<1||i>s[0]||j<1||i+j>s[0]+1)  //判断删除的点和截取删除的子字符序列的个
                                       数是否合法
        return error;
    else
        {
        for(k=i+ j;k<=s[0];k++)
            s[k-j]=s[k];               //通过依次向前循环移动字符实现删除操作
        s[0]=s[0]-j;                   //删除后主串 s 的长度值要减少 j 个值
        return ok;
```

```
        }

    }
    int main()
    {String y;
    int i;
    int m,n;
    cout<<"请输入串中字符:";
    for(i=1;i<=20;i++)
    cin>>y[i];                          //输入串 y 中的字符
    y[0]=20;                            //存储串 y 的串长值
    cout<<"请输入删除的位置 m:";
    cin>>m;                             //m 代表删除的位置起点
    cout<<"请输入删除的字符个数 n:";
    cin>>n;                             //n 代表删除的字符个数
    DeleteString(y,m,n);                //调用函数在串 y 中的第 m 个位置删除连续 n
                                          个字符
    cout<<endl;                         //输出一个换行符
    for(i=1;i<=y[0];i++)
    cout<<y[i];                         //输出删除子字符后的主串中剩下的字符序列
    return 0;
    }
```

3. BF 算法

BF 算法即 Brute Force 算法，是串的一种模式匹配算法，通俗的理解就是一种用来判断两个串之间是否具有“主串与子串”关系的算法。

主串与子串：如果串 A(如“shujujiegou”)中包含有串 B(如“ju”)，则称串 A 为主串，串 B 为子串。主串与子串之间的关系可简单理解为一个串“包含”另一个串的关系。

实现串的模式匹配算法主要有两种：普通模式匹配算法和快速模式匹配算法。

1) BF 算法原理

BF 算法的实现过程没有任何技巧，就是简单粗暴地拿一个串同另一个串中的字符一一比对，得到最终结果。例如，使用 BF 算法判断串 A("abcac")是否为串 B("ababcabacabab")的子串，其判断过程如下。

首先，将串 A 与串 B 的首字符对齐，然后逐个判断相对的字符是否相等，如图 4-1 所示。

在图 4-1 中，由于串 A 与串 B 的第 3 个字符匹配失败，因此需要将串 A 后移一个字符的位置，继续同串 B 匹配，如图 4-2 所示。

```
B: ababcabcacbab
A: abcac
```

图 4-1　串的第 1 次模式匹配示意图

```
B: ababcabcacbab
A:  abcac
```

图 4-2　串的第 2 次模式匹配示意图

从图 4-2 中可以看到，两串匹配失败，串 A 继续向后移动一个字符的位置，如图 4-3 所示。

在图 4-3 中，两串的模式匹配失败，串 A 继续移动，一直移动至图 4-4 的位置才匹配成功。

```
B: ababcabcacbab
A:     abcac
```

图 4-3　串的第 3 次模式匹配示意图

```
B: ababcabcacbab
A:      abcac
```

图 4-4　串模式匹配成功示意图

由此，串 A 与串 B 一共经历了 6 次匹配的过程才成功，通过整个模式匹配的过程，证明了串 A 是串 B 的子串(串 B 是串 A 的主串)。

2) BF 算法的实现

BF 算法的实现思想是：将用户指定的两个串 A 和串 B，使用串的定长顺序存储结构存储起来，然后循环实现两个串的模式匹配过程，算法的实现代码如下：

```
# include < stdio.h>
# include < string.h>
//串普通模式匹配算法的实现函数，其中 B 是伪主串，A 是伪子串
int mate(char *  B,char * A){
    int i=0,j=0;
    while (i< strlen(B) && j< strlen(A)) {
        if (B[i]==A[j]) {
            i+ + ;
            j+ + ;
        }else{
            i=i-j+ 1;
            j=0;
        }
    }
    //跳出循环有两种可能，i=strlen(B)说明已经遍历完主串，匹配失败；j=strlen(A)说明
子串遍历完成，在主串中成功匹配
    if (j==strlen(A)) {
        return i-strlen(A)+ 1;
    }
    //运行到此，为 i==strlen(B)的情况
    return 0;
}
int main() {
    int number=mate("ababcabcacbab","abcac");
    printf("% d",number);
    return 0;
}
```

程序运行结果如下：

6

BF 算法在实现过程中，借助 i-strlen(A)+1 就可以得到成功模式匹配所用的次数，也就是串 A 移动的总次数。

3) BF 算法的时间复杂度

BF 算法最理想的时间复杂度为 O(n)，其中 n 表示串 A 的长度，即第 1 次匹配就成功。BF 算法最坏情况下的时间复杂度为 O(n * m)，其中 n 为串 A 的长度，m 为串 B 的长度。例如，串 B 为“0000000001”，而串 A 为“01”，这种情况下，两个串每次匹配都必须匹配至串 A 的末尾才能判断匹配失败，因此运行了 n * m 次。BF 算法的实现过程很“暴力”，也就是 Brute Force 算法名称的由来，不包含任何技巧，在对数据量大的串进行模式匹配时，算法的效率很低。而模式匹配的经典算法——KMP 算法对 BF 算法进行了改进，效率大为提高。

4.3　串的堆存储结构

4.3.1　堆存储结构

串的堆存储结构，其具体实现方式是采用动态数组存储字符串。

通常，编程语言会将程序占有的内存空间分成多个不同的区域，程序包含的数据会被分门别类存储到对应的区域。对于 C 语言来说，程序会将内存分为 4 个区域，分别为堆区、栈区、数据区和代码区，其中堆区是本节所关注的。

与其他区域不同，堆区的内存空间需要程序员手动使用 malloc 函数申请，并且在不用后要手动通过 free 函数将其释放。

C 语言中使用 malloc 函数最多的场景是给数组分配空间，这类数组称为动态数组。例如：

```
char *  a=(char* )malloc(5* sizeof(char));
```

此行代码创建了一个动态数组 a，通过使用 malloc 函数申请了 5 个 char 型大小的堆存储空间。

相比普通数组（静态数组），动态数组的优势是长度可变，换句话说，根据需要，动态数组可额外申请更多的堆空间（使用 realloc 函数）：

```
a=(char* )realloc(a,10* sizeof(char));
```

通过使用这行代码，之前有 5 个 char 型存储空间的动态数组，其容量扩大后可存储 10 个 char 型数据。

4.3.2　堆结构上的基本操作

堆结构也可以实现字符串的常规操作，通过下面的完整示例，可以对串的堆存储结构有更清楚的认识。该程序可实现将两个串("data"和"structure")合并为一个串：

```
# include < stdio.h>
# include < stdlib.h>
# include < string.h>
int main()
{
```

```
    char *  a1=NULL;
    char *  a2=NULL;
    a1=(char* )malloc(10 *  sizeof(char));
    strcpy(a1,"data");              //将字符串"data"复制给 a1
    a2=(char* )malloc(10 *  sizeof(char));
    strcpy(a2, "structure");
    int lengthA1=strlen(a1);        //a1 串的长度
    int lengthA2=strlen(a2);        //a2 串的长度
    //尝试将合并的串存储在 a1 中,如果 a1 空间不够,则使用 realloc 动态申请
    if (lengthA1 <  lengthA1+ lengthA2) {
        a1=(char* )realloc(a1, (lengthA1+ lengthA2+ 1) *  sizeof(char));
    }
    //合并两个串到 a1 中
    for (int i=lengthA1; i <  lengthA1+ lengthA2; i++) {
        a1[i]=a2[i - lengthA1];
    }
    //串的末尾要添加\0,避免出错
    a1[lengthA1+ lengthA2]='\0';
    printf("% s", a1);
    //使用完动态数组要立即释放
    free(a1);
    free(a2);
    return 0;
}
```

程序运行结果如下:

```
data structure
```

注意:程序中给 a1 和 a2 赋值时,使用了 strcpy 复制函数。这里不能直接用 a1="data",程序编译会出错,报错信息为“没有 malloc 的空间不能 free”。因为 strcpy 函数是将字符串复制到申请的存储空间中,而直接赋值是字符串存储在别的内存空间(本身是一个常量,放在数据区)中,更改了指针 a1 和 a2 的指向,也就是说,虽然之前动态申请了存储空间,但结果还没用就丢失了。因此在实际操作的时候,应该注意堆空间的分配问题。

4.4 串的链式存储结构

4.4.1 链式存储结构

串的块链存储,指的是使用链表存储字符串。

串的块链存储使用的是无头节点的单链表。根据实际需要,也可以自行决定所用链表的结构(是双链表还是单链表,是无头节点还是有头节点)。

我们知道,单链表中的“单”强调的仅仅是链表的各个节点只能有一个指针,并没有限制

数据域中存储数据的具体个数。因此在设计链表节点的结构时，可以令各节点存储多个数据。

例如，图 4-5 所示的是使用链表存储字符串 shujujiegou，该链表各节点仅存储 1 个字符。

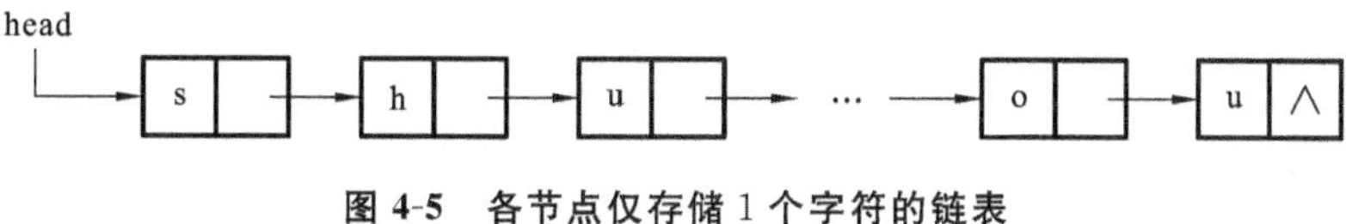

图 4-5　各节点仅存储 1 个字符的链表

同样，图 4-6 设置的链表各节点可存储 4 个字符。

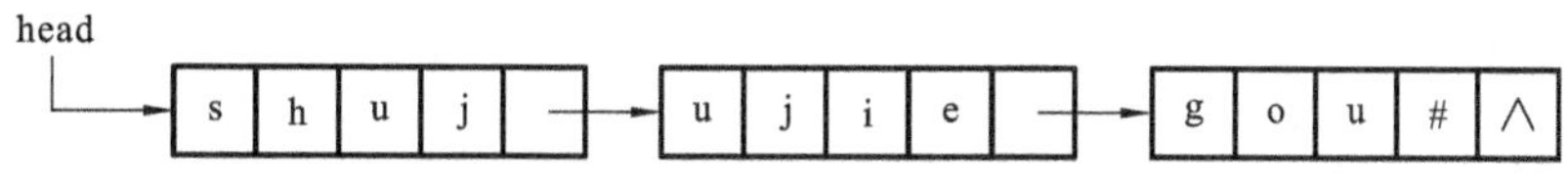

图 4-6　各节点可存储 4 个字符的链表

从图 4-6 可以看到，使用链表存储字符串，其最后一个节点的数据域不一定会被字符串全部占满，对于这种情况，通常会用'＃'或其他特殊字符(能与字符串区分开就行)将最后一个节点填满。

那么使用块链结构存储字符串时，如何确定链表中节点存储数据的个数呢？

链表各节点存储数据个数的多少可参考以下几个因素。

(1) 串的长度和存储空间的大小：若串包含的数据量很大，且链表申请的存储空间有限，此时应尽可能让各节点存储更多的数据，提高空间的利用率(每多一个节点，就要多申请一个指针域的空间)；反之，如果串不是特别长，或者存储空间足够，就需要再结合其他因素综合考虑。

(2) 程序实现的功能：如果实际场景中需要对存储的串做大量的插入或删除操作，则应尽可能减少各节点存储数据的数量；反之，就需要再结合其他因素。

以上两点仅是目前想到影响节点存储数据个数的因素，在实际场景中，还需结合实际环境综合分析。

4.4.2　链式结构上的基本操作

下面通过一个实现串的块链存储的 C 语言程序，加深对字符串块链存储方式的认识：

```
# include< stdio.h>
# include< stdlib.h>
# include< string.h>
# define linkNum 3                    //全局设置链表中节点存储数据的个数
typedef struct Link {
    char a[linkNum];                  //数据域可存放 linkNum 个数据
    struct Link * next;               //代表指针域指向直接后继元素
}link;                                //link 为节点名,每个节点都是一个 link 结构体
link * initLink(link * head,char * str);
void displayLink(link * head);
```

```
int main()
{
    link * head=NULL;
    head=initLink(head,"data structure");
    displayLink(head);
    return 0;
}
//初始化链表,其中 head 为头指针,str 为存储的字符串
link * initLink(link * head, char * str) {
    int length=strlen(str);
    //根据字符串的长度计算出链表中使用节点的个数
    int num=length/linkNum;
    if (length% linkNum) {
        num+ + ;
    }
    //创建并初始化首元节点
    head=(link* )malloc(sizeof(link));
    head->next=NULL;
    link * temp=head;
    //初始化链表
    for (int i=0; i< num; i++)
    {
        int j=0;
        for (; j< linkNum; j++)
        {
            if (i* linkNum+ j < length) {
                temp->a[j]=str[i* linkNum+ j];
            }
            else
                temp->a[j]='# ';
        }
        if (i* linkNum+ j < length)
        {
            link * newlink=(link* )malloc(sizeof(link));
            newlink->next=NULL;
            temp->next=newlink;
            temp=newlink;
        }
    }
    return head;
}
//输出链表
void displayLink(link * head) {
    link * temp=head;
```

```
        while (temp) {
            for (int i=0; i <  linkNum; i++) {
                printf("% c",temp->a[i]);
            }
            temp=temp->next;
        }
    }
```

程序输出结果如下：

```
data structure
```

4.5　字符串的应用算法

子串的定位操作通常称为串的模式匹配(其中模式串通常用 T 表示)，是各种串处理系统中最重要的操作之一。

实现串的模式匹配算法主要有以下两种。

(1) 普通模式匹配算法。

(2) 快速模式匹配算法。

普通模式匹配算法即 BF 算法前面已经介绍，下面介绍快速模式匹配(KMP)算法的实现。

4.5.1　KMP 算法原理

快速模式匹配算法，简称 KMP 算法，是在 BF 算法基础上得到改进的算法。BF 算法的实现过程就是“傻瓜式”地使用模式串(假定为子串的串)与主串中的字符一一匹配，算法执行效率不高。

KMP 算法不同，它的实现过程接近人为进行模式匹配的过程。例如，对主串 A(“ABCABCE”)和模式串 B(“ABCE”)进行模式匹配，如果人为去判断，仅需匹配 2 次。

第 1 次人为模式匹配如图 4-7 所示。虽然最终匹配失败，但在本次匹配过程中，可以获得一些信息，模式串中“ABC”都和主串对应的字符相同，而模式串中字符“A”与“B”和“C”不同。

因此进行下次模式匹配时，没有必要让串 B 中的“A”与主串中的字符“B”和“C”一一匹配(它们绝不可能相同)，而是直接去匹配失败位置处的字符“E”。第 2 次人为模式匹配如图 4-8 所示。

若使用 BF 算法，则此模式匹配过程需要进行 4 次。由此可以看出，每次匹配失败后模式串移动的距离不一定是 1，某些情况下 1 次可移动多个位置，这就是 KMP 算法。那么，如何判断匹配失败后模式串向后移动的距离呢?

1. 模式串移动距离的判断

每次模式匹配失败后，计算模式串向后移动的距离是 KMP 算法中的核心部分。其实，

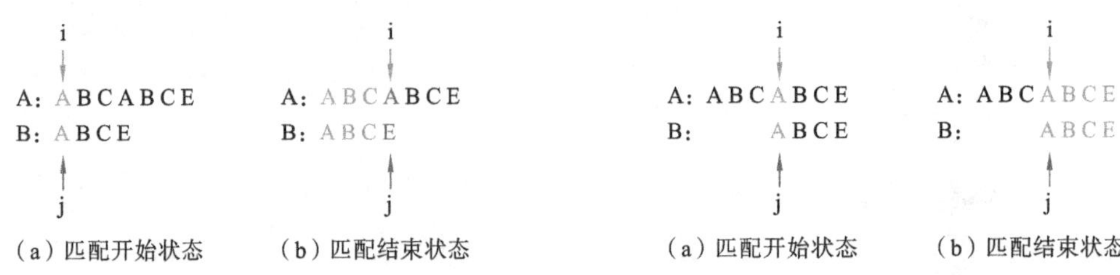

（a）匹配开始状态　（b）匹配结束状态

图 4-7　第 1 次人为模式匹配

（a）匹配开始状态　（b）匹配结束状态

图 4-8　第 2 次人为模式匹配至此，匹配成功

匹配失败后模式串移动的距离和主串没有关系，只与模式串本身有关系。例如，将前面的模式串 B 改为“ABCAE”，则在第 1 次模式匹配失败时，由于匹配失败位置模式串中字符“E”前面有两个字符“A”，因此，第 2 次模式匹配应改为如图 4-9 所示的位置。

结合图 4-7、图 4-8 和图 4-9 不难看出，模式串移动的距离只与自身有关，与主串无关。换句话说，不论主串如何变换，只要给定模式串，匹配失败后移动的距离就已确定。不仅如此，模式串中任何一个字符都可能导致匹配失败，因此串中每个字符都应该对应一个数字，用来表示匹配失败后模式串移动的距离。注意，这里要转换一下思想，模式串后移等价于指针 j 前移，如图 4-10 中的(a)和(b)所示，换句话说，模式串后移相当于对指针 j 重定位。

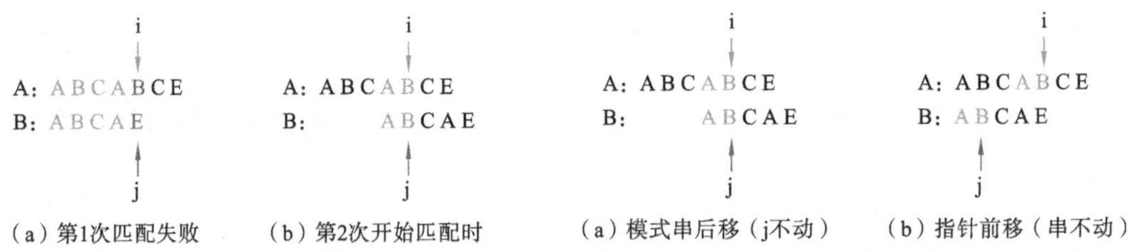

（a）第1次匹配失败　（b）第2次开始匹配时

图 4-9　第 2 次模式匹配过程示意图

（a）模式串后移（j不动）　（b）指针前移（串不动）

图 4-10　模式串后移等价于对指针 j 重定位

因此，可以给每个模式串配备一个数组（例如 next[]），用于存储模式串中每个字符对应指针 j 重定位的位置（也就是存储模式串的数组下标），比如 j=3，则该字符匹配失败后指针 j 指向模式串中第 3 个字符。

模式串中各字符对应 next 值的计算方式为：取该字符前面的字符串（不包含自己），其前缀字符串和后缀字符串相同字符的最大个数再加 1 就是该字符对应的 next 值。

前缀字符串指的是位于模式串起始位置的字符串，例如模式串“ABCD”，则“A”、“AB”、“ABC”以及“ABCD”都属于前缀字符串；后缀字符串指的是位于串结尾处的字符串，还是拿模式串“ABCD”来说，“D”、“CD”、“BCD”和“ABCD”为后缀字符串。

注意：模式串中第 1 个字符对应的值为 0，第 2 个字符对应的值为 1，这是固定不变的。因此，图 4-9 的模式串“ABCAE”中各字符对应的 next 值如图 4-11 所示。

从图 4-11 中的数据可以看出，当字符“E”匹配失败时，指针 j 指向模式串数组中的第 2 个字符，即“B”，同之前讲解的图 4-9 不谋而合。

B: A B C A E
next: 0 1 1 1 2

图 4-11　模式串“ABCAE”中各字符对应的 next 值

以上介绍的 next 数组的实现方式是为了让大家对此数组的功能有一个初步认识。接下来学习如何用编程的思想实现 next 数组。编程实现 next 数组要解决的主要问题依然是“如何计算每个字符前面的前缀字符串和后缀字符串的相同个数”。

仔细观察图 4-11，为什么字符“C”对应的 next 值为 1？因为字符串“AB”前缀字符串和后缀字符串的相同个数为 0，即 0＋1＝1。那么，为什么字符“E”的 next 值为 2？因为紧挨着该字符之前的“A”与模式串开头字符“A”相等，即 1＋1＝2。

如果图 4-11 中模式串为“ABCABE”，则对应的 next 数组应为［0，1，1，1，2，3］，为什么字符“E”的 next 值为 3？因为紧挨着该字符前面的“AB”与开头的“AB”相等，即 2＋1＝3。

因此，可以设计这样一个算法，刚开始时令 j 指向模式串中第 1 个字符，i 指向第 2 个字符。接下来对每个字符执行如下操作：如果 i 和 j 指向的字符相等，则 i 后面第 1 个字符的 next 值为 j＋1，同时 i 和 j 执行自加 1 操作，为求下一个字符的 next 值做准备，如图 4-12 所示。

从图 4-12 中可以看到，字符“a”的 next 值为 j＋1＝2，同时 i 和 j 都执行了加 1 操作。当计算字符“c”的 next 值时，还是判断 i 和 j 指向的字符是否相等。显然相等，因此令该字符串的 next 值为 j＋1＝3，同时 i 和 j 自加 1（此次 next 值的计算使用了上一次 j 的值），如图 4-13所示。

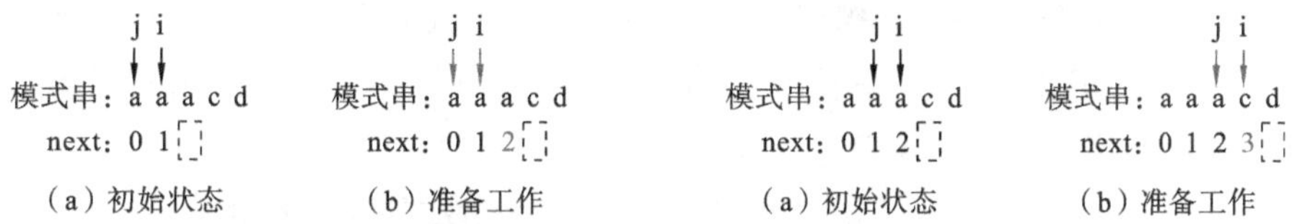

图 4-12　i 和 j 指向字符相等　　**图 4-13　i 和 j 指向字符仍相等**

如图 4-13 所示，计算字符“d”的 next 值时，i 和 j 指向的字符不相等，这表明最长的前缀字符串“aaa”和后缀字符串“aac”不相等。接下来要判断次长的前缀字符串“aa”和后缀字符串“ac”是否相等，这一步的实现可以用 j＝next[j]来实现，如图 4-14 所示。

从图 4-14 可以看到，i 和 j 指向的字符又不相同，因此继续执行 j＝next[j]的操作，如图 4-15 所示。

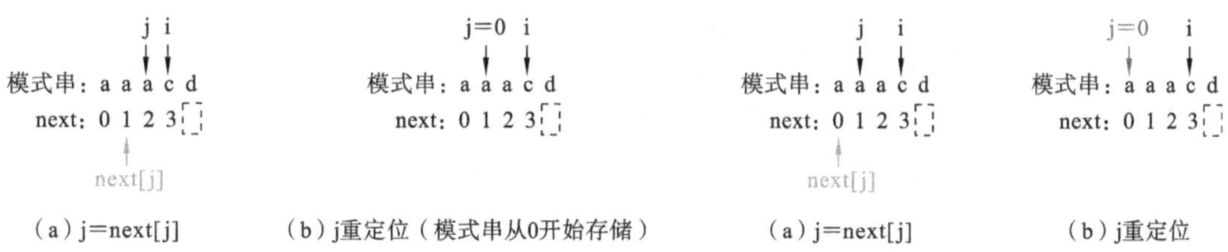

图 4-14　执行 j＝next[j]操作　　**图 4-15　继续执行 j＝next[j]的操作**

从图 4-15 可以看到，j＝0 表明字符“d”前的前缀字符串和后缀字符串的相同个数为 0，因此，如果字符“d”导致了模式匹配失败，则模式串移动的距离只能是 1。

由此可以得到使用上述思想实现 next 数组的 C 语言代码如下：

```
void Next(char* T,int * next)
{
    next[1]=0;
    next[2]=1;
```

```
    int i=2;
    int j=1;
    while (i<strlen(T))
    {
    if (j==0||T[i-1]==T[j-1])
        {
      i++;
      j++;
      next[i]=j;
    }
  else
    {
    j=next[j];
    }
  }
}
```

以上代码中,j=next[j]的运用可以这样理解,每个字符对应的 next 值都可以表示为该字符前同后缀字符串相同的前缀字符串的最后一个字符所在的位置,因此在每次匹配失败后,都可以轻松地找到次长前缀字符串的最后一个字符与该字符进行比较。

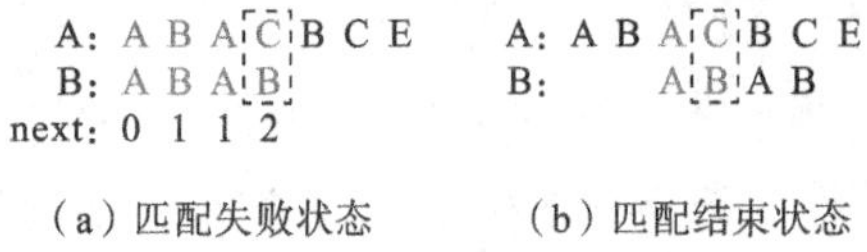

A: A B A C B C E
B: A B A B
next: 0 1 1 2

(a) 匹配失败状态

A: A B A C B C E
B: A B A B

(b) 匹配结束状态

图 4-16 Next 函数的缺陷

2. Next 函数的缺陷和改进

在图 4-16(a)中,当匹配失败时,Next 函数会由 4-16(b)开始继续进行模式匹配,但是从图 4-16(b)中可以看到,这样做是没有必要的,纯属浪费时间。

出现这种多余的操作,问题在当 T[i-1]==T[j-1]成立时,没有继续对 i++和j++后的 T[i-1]和 T[j-1]的值进行判断。改进后的 Next 函数的代码如下:

```
void Next(char* T,int * next)
{
    next[1]=0;
    next[2]=1;
    int i=2;
    int j=1;
    while (i< strlen(T))
    {
    if (j==0||T[i-1]==T[j-1])
      {
      i++;
      j++;
      if (T[i-1]!=T[j-1])
      {
      next[i]=j;
```

```
            }
          else
            {
            next[i]=next[j];
            }
        }
        else
        {
        j=next[j];
        }
      }
    }
```

使用精简过后的 next 数组在解决例如模式串为“aaaaaaab”这类的问题上会大大提高效率，精简前为 next1，精简后为 next2，如图 4-17 所示。

模式串：a a a a a a a b
next1：0 1 2 3 4 5 6 7
next2：0 0 0 0 0 0 0 7

图 4-17　改进后的 Next 函数

4.5.2　KMP 算法实现

根据串的 KMP 算法原理，假设主串 A 为“ababcabcacbab”，模式串 B 为“abcac”，则 KMP 算法执行过程如下。

- 第 1 次匹配如图 4-18 所示，匹配结果失败，指针 j 移动至 next[j]的位置。
- 第 2 次匹配如图 4-19 所示，匹配结果失败，依旧执行 j=next[j]操作。

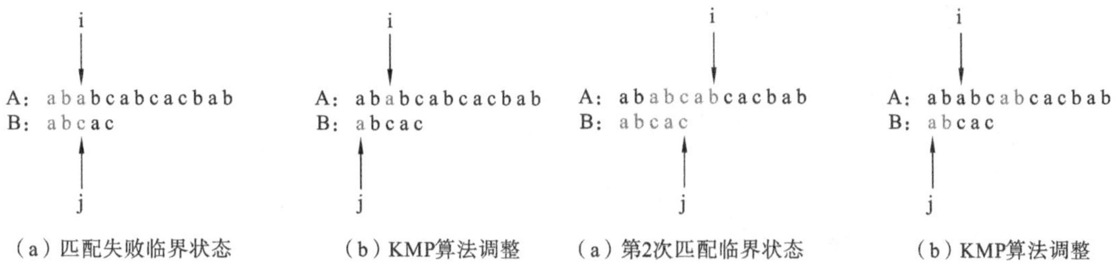

图 4-18　第 1 次匹配示意图　　**图 4-19　第 2 次匹配示意图**

- 第 3 次匹配成功，如图 4-20 所示。

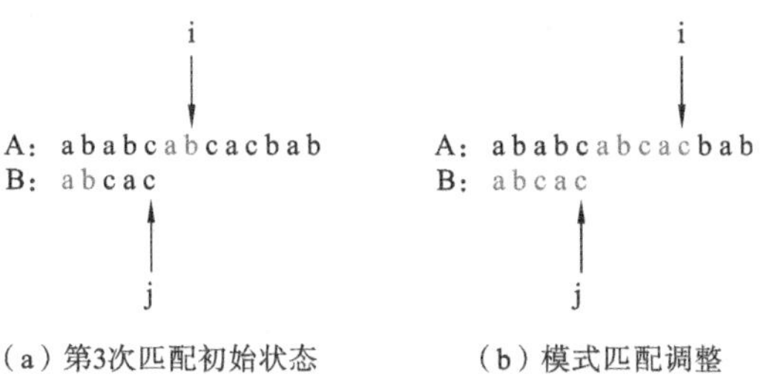

图 4-20　第 3 次匹配示意图

很明显，使用 KMP 算法只需匹配 3 次，而同样的问题使用 BF 算法则需匹配 6 次才能完成。

KMP 算法的完整 C 语言实现代码如下：

```
void Next(char * T,int * next)
{
int i=1;
next[1]=0;
int j=0;
while(i< strlen(T))
    { if(j==0||T[i-1]==T[j-1])
        {
        i+ + ;
        j+ + ;
        next[i]=j;
        }
        else
        {
        j=next[j];
        }
    }
}
```

调用 Next 函数的主体 KMP 算法函数代码如下：

```
int KMP(char * S,char * T)
{
int next[10];
Next(T,next);          //根据模式串 T,初始化 next 数组
int i=1;
int j=1;
while(i<=strlen(S)&&j<=strlen(T))
    {
    //j==0 代表模式串的第 1 个字符和当前测试的字符不相等;S[i-1]==T[j-1],如果对应位
置字符相等,则两种情况下指向当前测试的两个指针下标 i 和 j 都向后移
    if(j==0||S[i-1]==T[j-1])
      {
        i+ + ;
        j+ + ;
      }
    else
    {
    j=next[j];     //如果测试的两个字符不相等,i 不动,j 变为当前测试字符串的 next 值
    }
  }
if(j> strlen(T))
```

```
        {                   //如果条件为真,说明匹配成功
        return i-(int)strlen(T);
        }
    return -1;
    }
    int main()
    {
    int i=KMP("ababcabcacbab","abcac");
    printf("% d",i);
    return 0;
    }
```

程序运行结果如下:

6

4.5　小结

串是一种数据元素受限的线性表,它的数据元素只能是一个一个的字符。

线性表的操作大多以单个数据元素为操作对象,而串操作通常以串的整体或子串为操作对象。空串和空格串是两个不同的概念,空串的长度为 0,且不包含任何字符;而空格串是由一个或多个空格组成的串,串长不为 0。

串相等的判断标准是指两个串长度相同且它们对应位置上的字符相同。

假设有两个串 S 和 T,求串 T 在串 S 中首次出现的位置的运算,称为模式匹配,其中串 S 称为目标串,串 T 称为模式串。

习题 4

一、填空题

1. 设 s="a teacher",串 s 的长度是(　　　　)。
2. 串的存储方式有 3 种,分别是(　　　　)、(　　　　)、(　　　　)。
3. 空串和空格串的区别是(　　　　)。
4. 串是由(　　　　)个字符组成的有限序列。0 个字符的串称为(　　　　)。
5. 满足两个串是兄弟串的充要条件是(　　　　)。

二、选择题

6. 下列关于串的说法中,不正确的是(　　)。

A. 空串是由空格组成的串

B. 串是字符的有限序列

C. 模式匹配是串的一种重要运算

D. 串既可以采用顺序存储,也可以采用链式存储

7. 串是任意有限个(　　)。

A. 符号构成的集合　　　　B. 符号构成的序列
C. 字符构成的集合　　　　D. 字符构成的序列
8. Substr(s,i,j)是从串 s 中求子串,返回函数值为(　　)。
A. 串 s 中从第 j 个字符起到第 i 个字符的序列
B. 串 s 中从第 j 个字符起,长度为 i 的字符序列
C. 串 s 中从第 i 个字符起,长度为到 j 的字符序列
D. 串 s 中从第 i 个字符起到第 j 个字符的序列
9. 设 a="Wuhan",b="der"concat(substr(a,3,3),b)=(　　)。
A. Wuder　　B. hander　　C. hader　　D. Wuhander
10. 串是一种线性表,其特殊性体现在(　　)。
A. 数据元素是一个字符　　B. 数据元素可以是多个字符
C. 数据元素可以顺序存储　　D. 数据元素可以链式存储
11. 以下判断正确的是(　　)。
A. ""是空串," "是空格串　　B. "BEIJING"是"BEI JING"的子串
C. "something"<"Something"　　D. "BIT"=="BITE"
12. 设串 S="abcd",insert(S,2,"mn")的结果串为(　　)。
A. abcdmn　　B. mnabcd　　C. amnbcd　　D. abmncd
13. 串 S1="abcdefg",S2="pqrst",则 concat(subs(S1,2,len(S2)),subs(S1,len(S2),2))的结果是(　　)。
A. bcdef　　B. bcdefg　　C. bcpqrst　　D. bcdefef
14. 设有两个串 p 和 q,求串 q 在串 p 中首次出现的位置的运算称为(　　)。
A. 连接　　B. 模式匹配　　C. 求子串　　D. 求串长

三、操作题

写出以下操作结果,若操作无法实施,则返回 False 值,例如,当前串 s 为"abcdefghi"。

15. Delete(s,i,len):删除当前串中从序号 i 开始,总长度为 len 的子串,并返回操作结果。

Delete(s,3,3)=________
Delete(s,0,9)=________
Delete(s,8,1)=________
Delete(s,3,10)=________

16. Substr(s,i,len):截取当前串中从序号 i 开始,总长度为 len 的子串并返回其值。

Substr(s,3,3)=________
Substr(s,0,9)=________
Substr(s,8,1)=________
Substr(s,9,1)=________

17. Insert(s,i,t):将串 t 插入当前串中的第 i 个字符的前面,并返回操作结果。

Insert(s,3,"#**")=________
Insert(s,0,"#**")=________
Insert(s,6,"#**")=________

三、算法设计题

18. 若 s 和 t 都是用节点大小为 1 的单链表存储的两个串，试设计一个算法，找出 s 中的第 1 个不在 t 中出现的字符。

19. 删除顺序存储的串 S 中从第 i 个位置开始连续 j 个字符的子串，并输出操作后的顺序串。

第 5 章　二维数组及广义表的结构分析

5.1　二维数组的行存储和列存储

数组是一种线性数据结构，一维数组即是一个线性表；二维数组可以看成是每个数据元素都为相同类型的一维数组的一维数组，即一维数组的线性表；三维数组可以看成是每个数据元素都为相同类型的二维数组的一维数组。n 维数组可以看成是 n－1 维数组的线性表。

对于一个 m 行 n 列的二维数组 $A_{m\times n}$，可表示为：

$$A_{m\times n}=\begin{pmatrix} a_{0,0},a_{0,1},\cdots,a_{0,n-1} \\ a_{1,0},a_{1,1},\cdots,a_{1,n-1} \\ a_{m-1,0},a_{m-1,1},\cdots,a_{m-1,n-1} \end{pmatrix}$$

可以认为 $A_{m\times n}=A$，A 可以看成是每个数据元素为一个一维数组：

$$A=(a_0,a_1,\cdots,a_{m-1})$$

其中：$a_i=(a_{i,0},a_{i,1},\cdots,a_{i,n-1})$　$(i=0,1,\cdots,m-1)$。

$A_{m\times n}$也可以看成是一个由 m 行 n 列(共 m×n 个)元素构成的矩阵。

由于计算机存储器是由顺序排列的存储单元组成的一维结构，因此，要使用一维结构来表示多维数组，就必须按照某种次序将数组元素排列成一个线性序列，再将这个线性序列顺序存放在存储器中。

由于对数组一般不执行插入和删除操作，所以结构中的元素关系就不再发生变化，一般采用顺序存储的方法来表示数组。

数组元素在内存中可采用以下两种顺序存储方式。

1. 以行为主序(低下标优先)

将数组元素按行向量排列，先存储第 0 行，接着存储第 1 行，最后存储第 m－1 行。因此，二维数组按行优先顺序存储的线性序列为：

$a_{0,0},a_{0,1},\cdots,a_{0,n-1},a_{1,0},a_{1,1},\cdots,a_{1,n-1},\cdots,a_{m-1,0},a_{m-1,1},\cdots,a_{m-1,n-1}$

例如，以行为主序的存储映像如下：

二维数组

$a_{0,0}$	$a_{0,1}$	$a_{0,2}$
$a_{1,0}$	$a_{1,1}$	$a_{1,2}$

存储结构

$a_{0,0}$	$a_{0,1}$	$a_{0,2}$	$a_{1,0}$	$a_{1,1}$	$a_{1,2}$

二维数组 A 中任一元素 $a_{i,j}$的存储位置为：

$LOC(a_{i,j})=LOC(a_{0,0})+(i\times n+j)\times L$

其中：$LOC(a_{0,0})$称为基地址；L 表示每个元素所占用的存储空间。

在内存中，数组的 $a_{i,j}$ 元素表示已存放了 i 行(即已存放了 $i\times n$ 个数据元素，占用了 $i\times n\times L$ 个内存单元)和 j 列(即已存放了 j 个数据元素，占用了 $j\times L$ 个内存单元)；该数组从基地址 $LOC(a_{0,0})$ 开始存放，所以数组元素的内存地址为上述 3 部分之和。同理可推出以列为主序的计算机系统存储地址。

2. 以列为主序(高下标优先)

将数组元素按列向量排列，先存储第 0 列，接着存储第 1 列，最后存储第 n－1 列。因此，二维数组按列优先顺序存储的线性序列为：

$a_{0,0},a_{1,0},\cdots,a_{m-1,0},a_{0,1},\cdots,a_{m-1,1},\cdots,a_{0,n-1},\cdots,a_{m-1,n-1}$

例如，以列为主序的存储映像如下：

存储结构

$a_{0,0}$	$a_{1,0}$	$a_{0,1}$	$a_{1,1}$	$a_{0,2}$	$a_{1,2}$

二维数组 A 中任一元素 $a_{i,j}$ 的存储位置为：

$LOC(a_{i,j})=LOC(a_{0,0})+(j\times m+i)\times L$

其中：$LOC(a_{0,0})$称为基地址；L 表示每个元素所占用的存储空间。

同样，三维数组 A[p][m][n]按“行优先顺序”存储，每个元素占有 L 个存储单元，其存储地址为：

$LOC(a_{i,j,k})=LOC(a_{0,0,0})+(i\times m\times n+j\times n+k)\times L$

推广到一般情况，可得到 n 维数组数据元素存储位置的映像关系如下：

$LOC(j_1,j_2,\cdots,j_n)=LOC(0,0,\cdots,0)+\sum c_i j_i$

其中：$c_n=L,c_{i-1}=b_i\times c_i(1<i\leqslant n)$称为 n 维数组的映像函数。数组元素的存储位置是其下标的线性函数。

在高级语言中，计算地址任务的问题已由编译系统解决，可以通过多维数组的下标直接存取元素，例如 A[2,5,8]。

【例 5-1】 对二维数组 int a[5][4]，计算数组 a 中的元素个数。若数组 a[0][0]的起始地址为 1000，每个元素占用的存储空间为 2 个字节，求数组 a[3][2]的内存地址。

解 (1) 由于 C 语言中数组的下界下标从 0 开始，所以行上界为 5－1＝4，列上界为 4－1＝3，数组元素个数为 5×4＝20(个)。

(2) 采用以行为主序的存储方式，有：

$$\begin{aligned}Loc(a_{3,2})&=LOC(a_{0,0})+(i\times n+j)\times L\\&=1000+(3\times 4+2)\times 4\\&=1056\end{aligned}$$

5.2　矩阵的压缩存储

矩阵运算也是许多科学和工程计算中常遇到的问题。通常使用高级程序设计语言求解矩阵，并使用二维数组存储矩阵元素。

在数值分析中，经常会有一些高阶矩阵包含许多数值为零的元素。假设值相同的元素或零元素在矩阵中的分布有一定的规律，则称它为特殊矩阵；否则称为稀疏矩阵。

5.2.1 特殊矩阵的压缩存储

1. 对称矩阵

在一个 n 阶方阵中，若元素满足特性 $a_{ij}=a_{ji}(i,j=0,1,\cdots,n-1)$，则称其为对称矩阵。图 5-1 所示的是一个 4 阶对称矩阵。

$$\begin{bmatrix}1 & 5 & 1 & 3\\5 & 0 & 8 & 0\\1 & 8 & 9 & 2\\3 & 0 & 2 & 5\end{bmatrix}$$

图 5-1　4 阶对称矩阵

对称矩阵中的元素关于主对角线对称，为了节约存储空间，故只存储矩阵中上三角或下三角中的元素，使每个对称的元素共享一个存储空间。按“行优先顺序”存储主对角线以下的元素，第 i 行有 i+1 个元素，元素总数为

$$\sum_{i=0}^{n-1} i+1 = n(n+1)/2$$

按“行优先顺序”将主对角线以下的元素依次存放在一个向量 sa[0..n(n+1)/2−1]中，为了访问对称矩阵中的元素，必须在 a_{ij} 和 sa[k]之间找到一个对应的关系。

若 $i\geqslant j$，则 a_{ij} 在下三角矩阵中，a_{ij} 之前的 i 行(从第 0 行到第 i−1 行)一共有 $1+2+\cdots+i=i\times(i+1)/2$ 个元素，在第 i 行上，a_{ij} 之前有 j 个元素($a_{i0},a_{i1},\cdots,a_{i,j-1}$)，因此有：

$$k=i\times(i+1)/2+j \quad (0\leqslant k<n(n+1)/2)$$

若 $i<j$，则 a_{ij} 在上三角矩阵中，因为 $a_{ij}=a_{ji}$，所以只要交换上述对应关系式中的 i 和 j 即可得到：

$$k=j\times(j+1)/2+i \quad (0\leqslant k<n(n+1)/2)$$

令 $I=\max(i,j)$，$J=\min(i,j)$，则 k 和 i、j 的对应关系可统一为：

$$k=I\times(I+1)/2+J \quad (0\leqslant k<n(n+1)/2)$$

因此，a_{ij} 的地址可用下式计算：

$$\begin{aligned}LOC(a_{i,j})&=LOC(sa[k])=LOC(sa[0])+k\times L\\&=LOC(sa[0])+[I\times(I+1)/2+J]\times L\end{aligned}$$

所以，a_{31} 和 a_{13} 的存储位置为：

$$k=I\times(I+1)/2+J=3\times(3+1)/2+1=7$$

即存储在 sa[7]中。

一维数组 sa[n(n+1)/2]为 n 阶对称矩阵 A 的压缩存储。对称矩阵的存储对应关系如表 5-1 所示。

表 5-1　对称矩阵的存储对应关系

k	0	1	2	3	…	n(n−1)/2	…	n(n+1)/2−1
sa[k]	a_{00}	a_{10}	a_{11}	a_{20}	…	$a_{n-1,1}$	…	$a_{n-1,n-1}$
隐含元素		a_{01}		a_{02}	…	$a_{1,n-1}$	…	

2. 三角矩阵

以主对角线划分，三角矩阵有上三角矩阵和下三角矩阵，上三角矩阵如图 5-2(a)所示，它的上三角(不包括主对角线)中的元素均为常数 c。下三角矩阵正好相反，它的主对角线下方均为常数 c，如图 5-2(b)所示。常数 c 通常为零。

$$\begin{bmatrix} 3 & c & c & c & c \\ 6 & 2 & c & c & c \\ 4 & 8 & 1 & c & c \\ 7 & 4 & 6 & 0 & c \\ 8 & 2 & 9 & 5 & 7 \end{bmatrix} \qquad \begin{bmatrix} 3 & 4 & 8 & 1 & 0 \\ c & 2 & 9 & 4 & 6 \\ c & c & 1 & 5 & 7 \\ c & c & c & 0 & 8 \\ c & c & c & c & 7 \end{bmatrix}$$

(a) 上三角矩阵　　(b) 下三角矩阵

图 5-2　三角矩阵

三角矩阵中的常数 c 可共享一个存储空间，其余元素有 $n(n+1)/2$ 个，可压缩存储到向量 sa[0..n(n+1)/2]中，c 存放在最后一个分量中。

上三角矩阵中，主对角线之上的第 p 行 n－p 个元素，按行优先顺序存放上三角矩阵中的元素 a_{ij}时，a_{ij}之前的第 0 行到第 i 行一共有 $\sum_{p=0}^{i-1}(n-p)=i(2n-i+1)/2$ 个元素，在第 i 行上，元素 a_{ij}在本行所处的位置之前恰有 j－i 个元素：$a_{i,j}, a_{i,j-1}, \cdots, a_{i,j-i+1}$。因此，sa[k]和 a_{ij}的对应关系是：

$$k=\begin{cases} i\times\dfrac{(2n-i+1)}{2}+j-i & (\text{当 } i\leqslant j) \\ n\times\dfrac{(n+1)}{2} & (\text{当 } i>j) \end{cases}$$

下三角矩阵中，sa[k]和 a_{ij}的对应关系是：

$$k=\begin{cases} i\times\dfrac{(i+1)}{2}+j & (\text{当 } i\geqslant j) \\ n\times\dfrac{(n+1)}{2} & (\text{当 } i<j) \end{cases}$$

3. 对角矩阵

若一个 n 阶方阵满足其所有非零元素都集中在以主对角线为中心的带状区域中，则称其为 n 阶对角矩阵。图 5-3 给出了一个对角矩阵，非零元素仅出现在主对角线区域。将对角矩阵以行为主序压缩存储在一维数组 B[3n－2]中，如图 5-4 所示，按下标变换公式得到：

$$k=[3(i-1)-1]+(j-i+2)-1=2i+j-3 \quad (|i-j|\leqslant 1)$$

$$A=\begin{bmatrix} a_{11} & a_{12} & 0 & 0 & 0 \\ a_{21} & a_{22} & a_{23} & 0 & 0 \\ 0 & a_{32} & a_{33} & a_{34} & 0 \\ 0 & 0 & a_{43} & a_{44} & a_{45} \\ 0 & 0 & 0 & a_{54} & a_{55} \end{bmatrix} \qquad B=\begin{bmatrix} a_{11} & a_{12} & 0 \\ a_{21} & a_{22} & a_{23} \\ a_{32} & a_{33} & a_{34} \\ a_{43} & a_{44} & a_{45} \\ a_{54} & a_{55} & 0 \end{bmatrix}$$

(a) w＝3 的 5 阶对角矩阵　　(b) 压缩为 5×3 的矩阵

图 5-3　对角矩阵

<table>
<tr><td rowspan="2">C=</td><td>0</td><td>1</td><td>2</td><td>3</td><td>4</td><td>5</td><td>6</td><td>7</td><td>8</td><td>9</td><td>10</td><td>11</td><td>12</td></tr>
<tr><td>a_{11}</td><td>a_{12}</td><td>a_{21}</td><td>a_{22}</td><td>a_{23}</td><td>a_{32}</td><td>a_{33}</td><td>a_{34}</td><td>a_{43}</td><td>a_{44}</td><td>a_{45}</td><td>a_{54}</td><td>a_{55}</td></tr>
</table>

图 5-4 压缩为向量存储

5.2.2 稀疏矩阵的压缩存储

假设在 m×n 的矩阵中，有 s 个非零元素，若 s 远远小于矩阵元素的总数，则称为稀疏矩阵。为了节省存储空间，稀疏矩阵只存储非零元素。而非零元素的分布没有一定的规律，为了确定非零元素在矩阵中的存储位置，需将非零元素的值和它所在的行号、列号作为一个节点放在一起，可用三元组(i,j,a_{ij})来表示。稀疏矩阵进行压缩存储时通常有顺序存储和链式存储。

1. 三元组表

若将表示稀疏矩阵的非零元素的三元组按行优先(或列优先)的顺序排列，则得到一个节点均是三元组的线性表的顺序存储结构，称为三元组表。

三元组表的数据结构可定义如下：

```
# define MAXSIZE 10000             //定义矩阵中非零元素的最多个数
typedef int ElemType;              //由用户定义元素类型
typedef struct{
int i,j;                           //该非零元素的行下标和列下标
ElemType e;                        //该非零元素的元素值
}Triple;
typedef struct{
Triple data[MAXSIZE+1];            //非零元素的三元组表
int mu,nu,tu;                      //矩阵的行数、列数和非零元素个数
}TSMatrix;
```

假设有一个 6×7 的稀疏矩阵 M，矩阵 M 中的元素如图 5-5(a)所示；矩阵 M 的转置矩阵 T 如图 5-5(b)所示。对应的三元组线性表为：((0,2,11),(0,4,17),(1,1,25),(3,0,19),(4,3,37),(5,6,50))。

$$M_{6\times7}=\begin{bmatrix}0&0&11&0&17&0&0\\0&25&0&0&0&0&0\\0&0&0&0&0&0&0\\19&0&0&0&0&0&0\\0&0&0&37&0&0&0\\0&0&0&0&0&0&50\end{bmatrix}$$

(a) 稀疏矩阵 M

$$T_{7\times6}=\begin{bmatrix}0&0&0&19&0&0\\0&25&0&0&0&0\\11&0&0&0&0&0\\0&0&0&0&37&0\\17&0&0&0&0&0\\0&0&0&0&0&0\\0&0&0&0&0&50\end{bmatrix}$$

(b) 矩阵 M 的转置矩阵 T

图 5-5 稀疏矩阵示例

稀疏矩阵这种表示方法是否有效主要是看运算是否方便。矩阵运算通常包括矩阵转

置、矩阵加、矩阵减、矩阵乘、矩阵求逆等。下面以矩阵转置的算法进行讨论。

对于一个 $m \times n$ 的矩阵 M，其转置矩阵 T 是一个 $n \times m$ 的矩阵，且 $T(j,i)=M(i,j)(0 \leqslant i < m, 0 \leqslant j < n)$，即矩阵 M 的行是矩阵 T 的列。假设分别用二维数组表示，则由矩阵 M 转置为矩阵 T 的算法如下：

```
void transpose(ElemType M[][],ElemType T[][])
{ //M转置为T
  for(col=1;col<=n;+ + col)
     for(row=1;row<=m;+ + row)
        T[col][row]=M[row][col];
}
```

这个算法的时间复杂度为 $O(m \times n)$。

当用三元组表表示稀疏矩阵时，根据矩阵 M 的三元组表求矩阵 T 的三元组表。图 5-6 分别列出了矩阵 M 的三元组表和矩阵 T 的三元组表。转换时只要简单地将非零元素的行、列值 M. data[]与 T. data[]相互调换即可，由于三元组序列中的元素是以行为主序的顺序排列的，而行、列互换后的 T. data[]中的元素将是按列优先顺序存储的。要得到如图 5-6(b)所示的按行优先顺序存储的 T. data[]，必须重新排列三元组的顺序。

	i	j	v
0	0	2	11
1	0	4	17
2	1	1	25
3	3	0	19
4	4	3	37
5	5	6	50

(a) 矩阵 M 的三元组表

	i	j	v
0	0	3	19
1	1	1	25
2	2	0	11
3	3	4	37
4	4	0	17
5	6	5	50

(b) 矩阵 T 的三元组表

图 5-6　稀疏矩阵示例

由于矩阵 M 的列是矩阵 T 的行，按 M. data[]的列序转置，得到的三元组表 T. data[]必定是按行优先存放的。算法思想：按矩阵 M 的列号顺序依次从 M. data[]中找出元素进行行列互换之后插入 T. data[]中，即对矩阵 M 的每一列从头至尾扫描一遍三元组表 M. data[]，找出所有列号等于 col 的那些三元组，将它们的行列互换后按列号递增依次放入 T. data[]中，可得到 T. data[]按列号递增顺序排列的按行优先的压缩存储表示。例如，以图 5-6 为例，设 col=0，则扫描 M. data[]找到列号为 0 的三元组(3,0,19)，交换行列号后为(0,3,19)，为矩阵 T 中第 0 行非零元在三元组表 T. data[]中应有的存储次序，依次对 col=0,1,…,n−1 执行类似操作，即依次互换(1,1,25)、(0,2,11)、(4,3,37)、(0,4,17)、(5,6,50)，可得到 T. data[]。

【算法 5-1】 将三元组矩阵 M 转置为矩阵 T，代码如下：

```
void TransMatrix(TSMatrix M[][],TSMatrix T[][])
```

```
{ //三元组矩阵 M 转置为矩阵 T
  int p,q,col;
  T.m=M.n; T.n=M.m;                        //矩阵 M 和 T 的行列总数互换
   T.t=M.t;                                //非零元的总数
   if(T.t<=0)  return false;               //矩阵 M 中为非零元,退出
   q=0;
   for(col=0;col< M.n;col++)               //对 A 的每一列
     for(p=0;p< M.t;p++)                   //扫描 A 的三元组表
        if(M.data[p].j==col)               //找到列号为 col 的三元组
        T.data[q].i=M.data[p].j;
        T.data[q].j=M.data[p].i;
        T.data[q].v=M.data[p].v;
        q+ + ;
  }
}
```

该算法的时间主要耗费在 col 和 p 的二重循环上，则执行的时间复杂度为 $O(n\times t)$，其中 n 为矩阵 M 的列数，t 为矩阵 M 中的非零元素的数目。由二维数组存储一个 m 行 n 列的矩阵时，其转置算法的时间复杂度为 $O(m\times n)$。当矩阵中的非零元素的个数 t 满足 $t\leqslant m\times n$ 时，可采用三元组顺序表存储结构。

2. 三元组十字链表

当矩阵中非零元素的个数和位置在运算过程中变化较大时，会引起元素移动操作。这种情况下，采用链表结构类表示稀疏矩阵三元组序列更为合适。

十字链表为稀疏矩阵的每一行设置一个单独链表，同时也为每一列设置一个单独链表。每一个非零元素同时包含在所在行的行链表和所在列的列链表中，为了方便查找，可降低算法的时间复杂度。

每个非零元素可设计成包含 5 个域的一个节点表示，i、j、e 3 个域分别表示在三元组中的非零元素所在的行号、列号和元素值，rnext 和 cnext 分别指向同一行和同一列中下一个非零元节点。节点结构如图 5-7 所示。对稀疏矩阵的每个非零元素，既是某行链表中的一个节点，又是某列链表中的一个节点，整个矩阵就构成了一个十字交叉链表，称为“十字链表”，可用两个分别存储各个行链表头指针和列链表头指针的一维数组表示。在如图 5-8 所示的稀疏矩阵 A 的十字链表中插入一个节点或删除一个节点时，不仅要修改行链表中的指针，还要修改相应列链表中的指针。

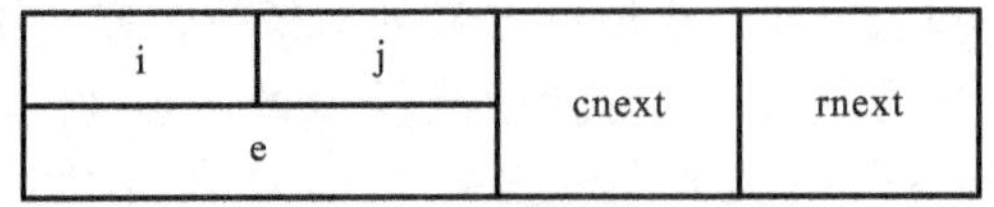

图 5-7　节点结构

通过图 5-7 和图 5-8 可以知道，每个节点不只要存放 i、j、e，还要存放它横向的下一个节点的地址以及纵向的下一个节点的地址，形成一个类似十字链表的结构。

十字链表的类型定义如下：

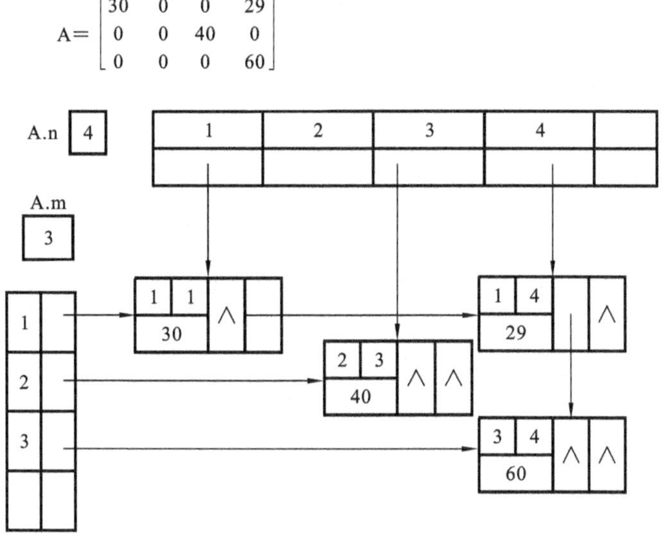

图 5-8　稀疏矩阵 A 的十字链表

```
typedef struct OLNode {
    int i, j;          //该非零元素的行和列的下标
    ElemType e;
    struct OLNode * rnext, * cnext;
//rnext 指向同一行中下一个非零元素节点的后继链域,cnext 指向同一列中下一个非零元素节点的后继链域
} OLNode;* OLink;
```

节点的插入与删除要修改两个指针域。为了方便对节点的操作,要创建头指针或者头节点。至于到底是创建头指针呢还是创建头节点呢?

虽然可以创建 OLNode 结构的节点形成一段连续的地址空间来指向某一行或者某一列中的节点,但会浪费大量的空间;或者创建指针数组,数组元素中存放的地址就是某一行或者某一列的第一个节点的地址,这种方法可节省空间;或者采用动态内存分配的方法在用户输入了行数与列数之后分配相应的一段地址连续的空间,这种方法更灵活。

```
typedef struct {
    OLink * rhead, * chead;     //行和列链表头指针向量基址在建立存储结构时分配
    int mu, nu, tu;             //稀疏矩阵的行数、列数和非零元素的个数
} CrossList;                    //十字链表类型
```

注意 row_head 与 col_head 的类型,它们是指向定义的 OLNode 结构的节点的指针的指针。

【算法 5-2】　采用十字链表存储结构创建稀疏矩阵,代码如下:

```
int CreateSMatrix(CrossList * M)
{
int i, j, m, n, t;
```

```
int k, flag;
ElemType e;
OLNode * p, * q;
if (M->rhead)
DestroySMatrix(M);
/* 采用十字链表存储结构创建稀疏矩阵 M* /
do {
    flag=1;
    printf("输入需要创建的矩阵的行数、列数以及非零元素的个数");
    scanf("% d% d% d", &m, &n, &t);
    if (m< 0 || n< 0 || t< 0 || t> m* n)
    flag=0;
}while (! flag);
M->mu=m;
M->nu=n;
M->tu=t;
//创建行链表头数组
M->rhead=(OLink * )malloc((m+ 1) *  sizeof(OLink));  //强制类型转换为 OLink*
if(! M->rhead)
    exit(OVERFLOW);
//创建列链表头数组
M->chead=(OLink * )malloc((n+ 1) *  sizeof(OLink));//强制类型转换为 OLink*
if(! (M->chead))
     exit(OVERFLOW);
for(k=1;k<=m;k++)        //初始化行头指针向量,各行链表为空链表
    M->rhead[k]=NULL;
for(k=1;k<=n;k++)        //初始化列头指针向量,各列链表为空链表
    M->chead[k]=NULL;
//输入各节点
for (k=1; k<=t;+ + k)
{
  do {
     flag=1;
     printf("输入第% d个节点的行号、列号以及值", k);
     scanf("% d% d% d", &i, &j, &e);
     if (i<=0 || j<=0)
     flag=0;
  }while (! flag); p=(OLink) malloc (sizeof(OLNode));
  if (NULL==p)
       exit(-1);
  p->i=i;
  p->j=j;
  p->e=e;                    /* 生成节点* /
  if(NULL==M->rhead[i] || M->rhead[i]->j> j)
```

```
        {
         //p 插在该行的第一个节点处
         //M->rhead[i]始终指向它的下一个节点
         p->rnext=M->rhead[i];
         M->rhead[i]=p;
        }
        else /* 寻找行表中的插入位置* /
        {
         //从该行的行链表头开始,直到找到
         for(q=M->rhead[i]; q->rnext && q->rnext ->j <  j; q=q->rnext)
         ;/* 空循环体* /
         p->rnext=q->rnext;  //完成行插入
         q->rnext=p;
        }
      if(NULL==M->chead[j] || M->chead[j]->i> i)
        {
         p->cnext=M->chead[j];
         M->chead[j]=p;
        }
        else /* 寻找列表中的插入位置* /
        {
         //从该列的列链表头开始,直到找到
         for(q=M->chead[j]; q->cnext && q->cnext ->i <  i; q=q->cnext)
         ;/* 空循环体* /
         p->cnext=q->cnext;    //完成列插入
         q->cnext=p;
        }
      } return 1;
      }
```

分析上述算法,当创建好 M 用户输入 mu,nu,tu 的值时,对用户的输入进行检查,看是否符合要求。首先,mu,nu,tu 的值都不能小于 0,并且 mu,nu 的值不能等于 0(假设行号与列号都是从 1 开始的,所以不能等于 0),tu 的值的范围必须在 0 与 mu * nu 之间。当用户输入正确的值后,就创建头指针的数组。m+1 与 n+1 是为了方便下标从 1 开始执行操作。连续创建 m+1 个头指针的数组,每一个都指向 OLink 类型的变量,所以它存放的是一个指向 OLNode 类型的指针的地址。创建完数组后必须初始化,插入一个判断条件并赋予它们的值为 NULL,即该行或者该列中没有节点。创建 t 个节点,每创建一个节点都要修改它的两个指针域以及链表头数组。可以分两次来修改,第一次修改行的指针域,第二次修改列的指针域。根据输入的行号 i 确定插入的行;根据判断条件 NULL==M->Rhead[i]来判断这一行是否有节点,如果这一行中没有节点,那么直接插入,否则插入正确的位置。新创建的 p 节点要插入现有的 A 节点的后面,那么 p 的列号必定是大于 A 的列号。需要找到第一个大于比 p 的列号大的节点 B,然后插入 B 节点之前。如果现有的节点没有一个节点列号是大于 p 节点的列号的,则应该插入最后一个节点之后。

5.3 广义表的概念

广义表是推广的线性表，由 n(n≥0)个数据元素 $a_1,a_2,\cdots,a_n$组成的有限序列。广义表的元素仅限于不可分割的原子项，可以是一个数或一个结构，也可以是一个广义表，通常记为：

$LS=(a_1,a_2,\cdots,a_n)$

其中：LS 为广义表的名字；n 为广义表的长度，若 a_i是广义表，则称它为 LS 的子表。

通常用圆括号将广义表括起来，用逗号分隔其中的元素，用大写字母表示广义表，用小写字母表示原子，若广义表非空，则 a_1为表头，其余元素称为表尾。广义表是递归定义的。

5.3.1 广义表常用表示

下列为广义表的例子：

```
F=(A,B,C,D,E)            //F的长度为5,5个元素都是子表
E=()                     //E是一个空表,其长度为0
M=(a,b)                  //M是长度为2的广义表,它的两个元素都是原子,它是一个线性表
A=(x,M)=(x,(a,b))        //A是长度为2的广义表,第一个元素是原子x,第二个元素是子表M
B=(A,y)=((x,(a,b)),y)   //B是长度为2的广义表,第一个元素是子表A,第二个元素是原
                             子y
C=(A,B)=((x,(a,b)),((x,(a,b)),y))    //C的长度为2,两个元素都是子表
D=(a,D)=(a,(a,(a,(…))))              //D的长度为2,第一个元素是原子,第二个元素
                                         是D自身,展开后它是一个无限的广义表
```

5.3.2 广义表的深度

表的深度是指表展开后所含括号的层数，例如，M、A、B、C 的深度分别为 1、2、3、4，则表 D 的深度为∞。空表的深度为 1，原子的深度为 0。

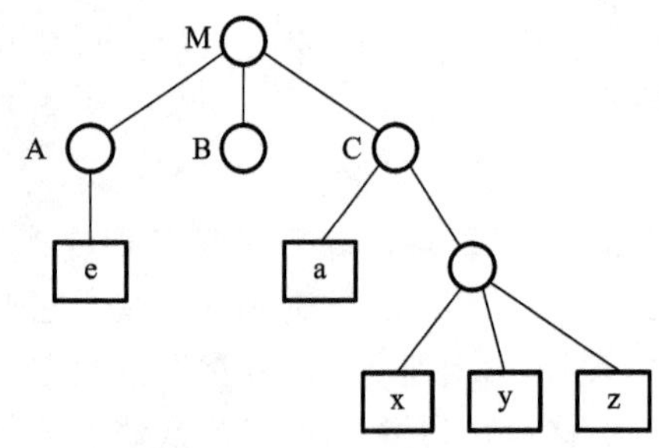

图 5-9 广义表 M 的图形表示

广义表也是一种多层次结构，可以用图形表示，图 5-9 所示的是广义表 M 的图形表示，广义表由 3 个子表 A、B 和 C 组成，C 又由 1 个原子 a 和 1 个子表(x,y,z)构成，广义表 M 的深度为 3，C 的深度为 2。

M=(A,B,C)

A=(e)

B=()

C=(a,(x,y,z))

广义表可为其他表共享，如广义表 C 为广义表 M 的子表，通过子表名称引用，可以减少存储结构中的数据冗余，节省存储空间。

5.3.3　广义表的基本运算

广义表的大部分运算与数据结构上的运算类似。广义表有两个特殊的运算：取表头和取表尾。

任何一个非空广义表均可分解为表头和表尾两部分，对于广义表：

$LS=(a_1,a_2,\cdots,a_n)$

广义表的表头为表中的第一个元素，可以是表头，也可以是子表，$Head(LS)=a_1$；其表尾必定是子表，$Tail(LS)=(a_2,\cdots,a_n)$，例如前面的广义表的表头与表尾如下：

```
Head(M)=A     Tail(A)=(C)          //表尾是广义表 C
Head(C)=a     Tail(C)=(x,y,z)
Head(A)=e     Tail(A)=()           //表尾是空表
```

对于非空表，可以继续进行分解。广义表()和(())不同，前者表示长度为 0 的空表，不能执行求表头和表尾的运算；而后者是长度为 1 的非空表，通过分解得到表头和表尾均为空表()。

5.3.4　广义表的存储结构

由于广义表$(a_1,a_2,\cdots,a_n)$中的数据元素具有不同的结构，可以是原子，可以是广义表，因此，很难用顺序存储结构表示，通常采用链式存储结构，每个数据元素用一个节点表示。一个表节点可由三个域组成：标志域、指示表头的指针域和指示表尾的指针域；而原子节点只需标志域和值域两个域。广义表的节点结构如图 5-10 所示。

Tag=1	hp	tp

表节点

Tag=0	data

原子节点

图 5-10　广义表的节点结构

广义表的存储结构(见图 5-11)具有以下几个特点。

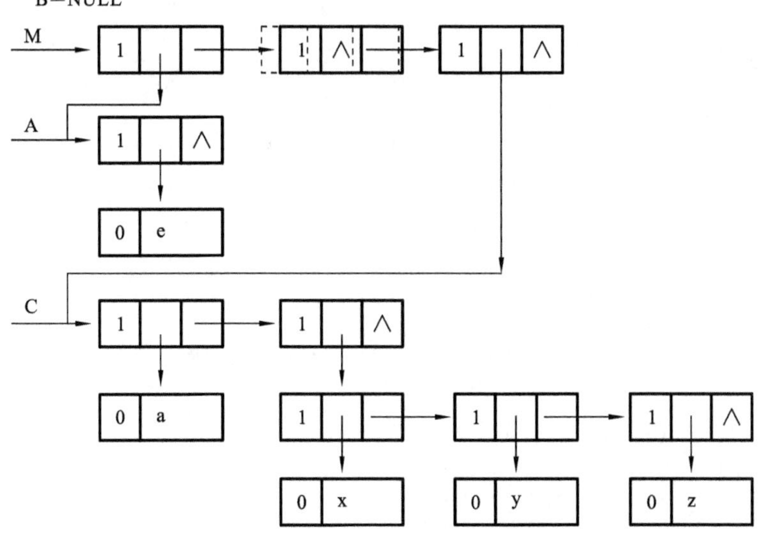

图 5-11　广义表的存储结构

(1) 除空表的表头指针为空外，对于任何非空列表，其表头指针均指向一个表节点，且该节点中的 hp 域指向列表表头，tp 域指向列表表尾(除非表尾为空，则指针为空，否则必为表节点)。

(2) 容易分清列表中原子和子表所在的层次。

(3) 最高层的表节点个数即为列表的长度。

实现代码如下：

```
typedef enum {
ATOM, LIST                   //ATOM==0:原子, LIST==1:子表
} ElemTag;
typedef struct GLNode {
ElemTag  tag;                //标志域、公共部分用于区分原子部分和表节点
     union{                  //原子部分和表节点的联合部分
        AtomType data;       //data 为原子节点的数据域,AtomType 由用户定义
        struct {struct GLNode * hp, * tp;} ptr;
//ptr 是表节点的指针域,ptr.hp 和 ptr.tp 分别指向表头和表尾
     };
} * Glist                    //广义表类型
```

5.4 矩阵的应用算法

【算法 5-3】 如果矩阵 A 中存在这样一个元素 A[i][j]并满足下列条件：A[i][j]既是第 i 行中值最小的元素，又是第 j 列中值最大的元素，则称其为该矩阵的一个马鞍点。假设以二维数组存储矩阵 $A_{m\times n}$，请编写求矩阵中马鞍点的算法，并分析算法的时间复杂度。

代码如下：

```
void SaddlePoint(int A[m][n])
{
    int i,j,tag=0;
    int min=[m],max[n];
    for(i=0;i<m;i++)              //计算出每行的最小值元素,放入 min[m]中
    {
        min[i]=A[i][0];
        for (j=1;j<n;j++)
            if(A[i][j]<min[i])  min[i]=A[i][j];
    }
    for(j=0;j<n;j++)              //计算出每列的最大值元素,放入 max[m]中
    {
        max[j]=A[0][j];
        for (i=1;i<m;i++)
            if(A[i][j]>max[j])  max[j]=A[i][j];
    }
    for(i=0; i<m; i++)            //判断是否为马鞍点
```

```
{
    for( j=0; j<n; j++)
    if(min[i]==max[j])
{
        printf("(%d,%d):%d\n",i , j ,A[i][j]);  //显示马鞍点
            flag=1;
}
if(flag==0)
    printf("此矩阵没有马鞍点\n");
}
```

5.5　小结

本章主要介绍了数组和广义表的相关知识。其中数组重点介绍了矩阵压缩存储的方式,并在此基础上学习矩阵的转置、乘法和加法运算;广义表重点介绍了采用递归的思想来求广义表的深度。介绍了二维数组的行列存储方式,行列存储可以由以行为主序或以列为主序进行存储。也介绍了数据结构中提供针对某些特殊矩阵的压缩存储结构。这里所说的特殊矩阵,主要分为两类:含有大量相同数据元素的矩阵,比如对称矩阵;含有大量零元素的矩阵,比如稀疏矩阵、上(下)三角矩阵。针对这两类矩阵,压缩存储的主要思想是:矩阵中的相同数据元素(包括零元素)只存储一个元素。还介绍了广义表。广义表又称列表,也是一种线性存储结构。广义表中既可以存储不可再分的元素,也可以存储广义表。由于广义表的结构特征,其结构中既可存储原子(不可再分的数据元素),也可以存储子表,因此很难使用顺序存储结构表示,通常广义表的存储结构采用链式存储结构实现。可在其存储上实现相关的算法操作,如求表头和表尾。可以由二维数组表达矩阵的相关应用算法,如求矩阵的转置和矩阵的马鞍点等。

习题 5

一、填空题

1. 设矩阵 A 是一个 m×n 的整数矩阵(一个整数占 2 个字节),若该矩阵以行为主序连续存放在计算机内存中,如果矩阵 A 的第一个数据 a[0][0]的存放地址为 d,则元素 a[i][j]的存放首地址为(　　)。

2. 设二维数组 A[1..9][0..19],其每一个元素占 2 个字节,数组按列优先顺序存储,第一个元素的存储地址为 100,则元素 A[6][6]的存储地址为(　　)。

3. 对称矩阵 A[N][N],A[1][1]为首元素,将下三角(包括主对角线)元素以行优先顺序存储到一维数组元素 T[1]至 T[N(N+1)/2]中,则任一上三角元素 A[i][j]存放在 T[k]中,下标 k 的值为(　　)。

4. 已知对角矩阵 A[9][10]的每个元素占 2 个单元,现将其三条对角线上的元素逐行存储在起始地址为 1000 的连续的内存单元中,则此对角矩阵中元素 A[6][7]的地址

是(　　)。

二、画出下列广义表的十字链表存储结构

5. ((a),b),((d,e)),f);

6. D(A(),B(e),C(a,f,(b,c,d)))。

三、分析运行结果

7. 求下列广义表的运算结果。

(1) head((a,b,c));

(2) tail((s,t,y, g));

(3) head(((a,b),(c,d)));

(4) tail(((s),(t)));

(5) head(tail(((a,b),( ),(c,d)));

(6) tail(head(((s,( ),t),(n),f))。

8. 阅读下列算法：

```
void f32(int A[],int n)
{
  int i,j,m=1,t;
  for (i=0; i<n-1&&m; i++)
  {
      for (j=0; j<n; j++)
        printf("%d", A[j]);
      printf("\n");
      m=0:
      for (j=1; j<n-i; j++)
        if (A[j-1]>A[j])
        {
          t=A[j-1];
          A[j-1]=A[j];
          A[j]=t;
          m=1;
        }
    }
}
```

已知整型数组 A[ ]={34,26,15,89,42},写出执行函数调用 f32(A, 5)后的输出结果。

9. 阅读下列算法：

```
void f30(int A[], int n)
{
    int i, j, m;
    for (i=1; i<n; i++)
        for (j=0; j<I; j++)
        {
```

```
                m=A[i*n+j];
                A[i*n+j]=A[j*n+i];
                A[j*n+i]=m;
            }
    }
```

已知矩阵 $B=\begin{pmatrix}1 & 2 & 3\\ 4 & 5 & 6\\ 7 & 8 & 9\end{pmatrix}$，将其按行优先存放在一维数组 A 中，写出执行函数调用 f30(A,3)后矩阵 B 的值。

四、算法设计题

10. 假设有二维数组 A[4][4]，试编写算法输出数组中的元素并求出两条对角线元素的乘积。

11. 已知 A 和 B 为两个 $n\times n$ 阶的对称矩阵，只输入下三角元素存入一维数组中，请编写一个用于计算对称矩阵 A 和 B 的乘积的算法函数。

第 6 章　树和二叉树

前面介绍了几种常用的线性结构，本章会讨论树结构。树结构属于非线性结构，常用的树结构有树和二叉树。线性结构可以表示元素或节点之间的一对一关系；而在树结构中，一个节点可以与多个节点相对应，因此能够表示元素或节点之间的一对多关系。树是数据结构中比较重要也是比较难理解的一类存储结构。本章主要围绕二叉树来对树的存储以及遍历进行详细介绍，同时还会涉及有关树的实际应用，例如构建哈夫曼编码等。

6.1　树的定义和术语

6.1.1　树的定义

之前介绍的所有的数据结构都是线性存储结构。本章介绍的树结构是一种非线性存储结构，存储的是具有“一对多”关系的数据元素的集合。

图 6-1(a)是使用树结构存储的集合{A,B,C,D,E,F,G,H,I,J,K,L,M}的示意图。对于数据 A 来说，与数据 B、C、D 有关系；对于数据 B 来说，与 E、F 有关系。这就是“一对多”的关系。

将具有“一对多”关系的集合中的数据元素按照图 6-1(a)所示的形式进行存储，整个存储形状从逻辑结构上来看类似于实际生活中倒着的树（见图 6-1(b)），所以称这种存储结构为“树形”存储结构。

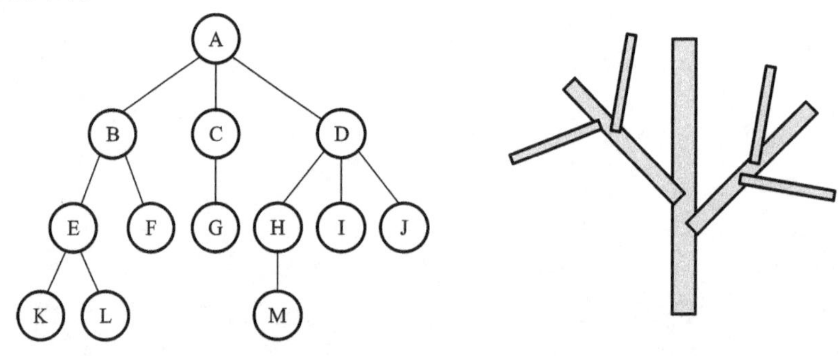

(a) 使用树结构存储的集合　　(b) 倒着的树

图 6-1　“树形”存储结构

树是由 n(n≥0)个节点组成的有限集合。其中，如果 n=0，则它是一棵空树；如果 n>0，则这 n 个节点中存在（且仅存在）一个节点为树的根节点（简称为根(root)），其余节点可分为 m(m≥0)个互不相交的有限集 $T_1,T_2,\cdots,T_m$，其中每个子集本身又是一棵符合本定义的树，称其为根的子树。

由此可见，树的定义本身也是递归的，因为在树的定义中，其子树又用到了树的定义。

树描述了树的固有特性，即一棵树由若干棵互不相交的子树构成，而子树又由更小的若干棵子树构成。

树是一种非线性存储结构，具有以下特点：它的每个节点可以有零个或多个后继节点，但有且只有一个前驱节点（根节点除外）；这些节点按分支层次关系组织起来，清晰地反映了数据元素之间的非线性层次关系。树结构中的数据元素之间存在一对多的逻辑关系。

6.1.2　树的逻辑表示方法

树的逻辑表示方法有多种，这些表示方法都可以正确地反映出树中的数据元素之间的层次关系。这种树的逻辑表示方法有以下几种。

(1) 节点分支表示法：节点分支表示法用一个带符号的圆圈表示一个节点，圆圈内的符号代表该节点的数据信息，节点之间的关系通过连线表示。连线的上方节点是下方节点的前驱节点，相应的下方节点是上方节点的后继节点。它的直观形象是一棵倒长的树（树根在上，树枝朝下），如图 6-2 所示。

(2) 文氏图表示法（嵌套集合表示法）：每棵树对应一个圆圈，圆圈内包含根节点并嵌套包含子树的圆圈，同一个根节点下各子树对应的圆圈是不相交的。这种表示方法中，节点之间的关系是通过圆圈所代表的集合的嵌套关系来表示的，如图 6-3 所示。

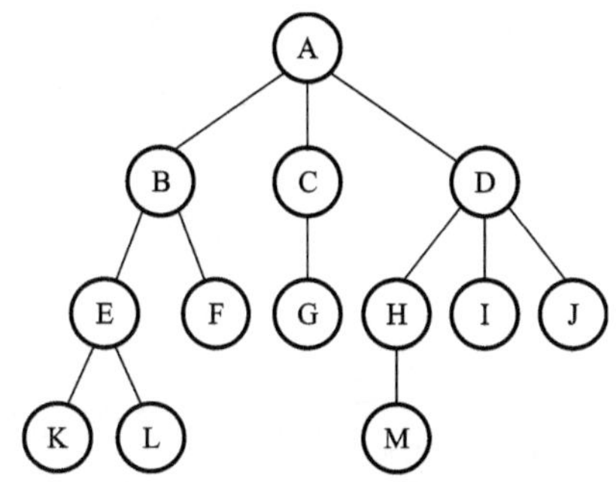

图 6-2　树的节点分支表示法

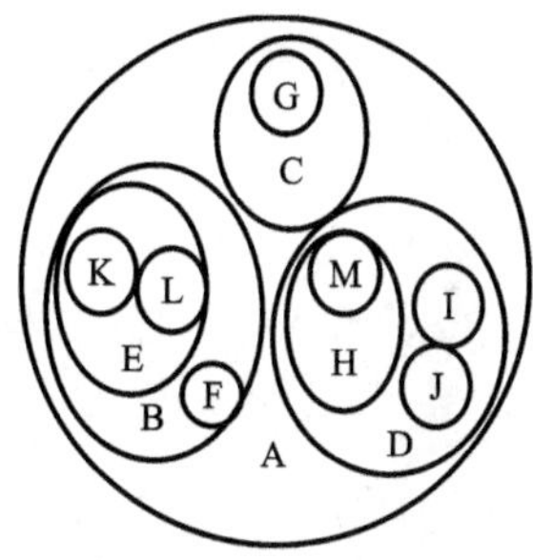

图 6-3　树的文氏图表示法

(3) 广义表表示法：每棵树对应一个由根作为名字的表，根作为由子树组成的表的名字写在表的最左边，表由在一个括号里的各子树对应的表组成，各子树对应的表之间用逗号分开。采用这种方法表示的树中，节点之间的关系是通过括号的嵌套表示的。上述树结构图中所反映的是同一棵树，采用广义表表示法为：

(A(B(E(K,L),F),C(G),D(H(M),I,J)))

6.1.3　树的基本术语

1. 节点

使用树结构存储的每个数据元素都被称为节点。例如，图 6-4(a)中的数据元素 A 就是一个节点。

2. 分支

分支是表示树中两个节点之间的关系，通常用直线或弧线表示。

3. 父节点(双亲节点)、子节点和兄弟节点

对于图 6-4(b)中的节点 A、B、C、D 来说，节点 A 是节点 B、C、D 的父节点(也称双亲节点)，而节点 B、C、D 都是节点 A 的子节点(也称孩子节点)。对于 B、C、D 来说，它们都有相同的父节点，所以它们互为兄弟节点。

两个节点的父节点虽不相同，但是它们的父节点处在同一层次上，那么这两个节点互为堂兄弟。例如，图 6-4(b)中，节点 G 和 E、F、H、I、J 的父节点都在第二层，所以它们之间为堂兄弟的关系。

4. 祖先

祖先是指从根节点到该节点所经分支上的所有节点。例如，在图 6-4(b)所示的树中，节点 M 的祖先为 H、D、A。

5. 子孙

某一节点的子女，以及这些子女的下一层子节点都是该节点的子孙。例如，在图 6-4(b)所示的树中，节点 D 的子孙为 H、I、J、M。

6. 树根节点

树根节点简称根节点，即每棵非空树都有且只有一个称为根的节点。例如，在图 6-4(a)所示的树中，节点 A 既是唯一的节点，又是根节点。在图 6-4(b)中，节点 A 就是整棵树的根节点。树根的判断依据为：如果一个节点没有父节点，那么这个节点就是整棵树的根节点。

7. 叶子节点

如果节点没有任何子节点，那么此节点称为叶子节点(叶节点)。例如，在图 6-4(b)中，节点 K、L、F、G、M、I、J 都是这棵树的叶子节点。

8. 子树

在图 6-4(b)中，整棵树的根节点为节点 A。但如果单看由节点 B、E、F、K、L 组成的部分，也是一棵树，而且节点 B 为这棵树的根节点。所以称由 B、E、F、K、L 这几个节点组成的树为整棵树的子树；同样，由节点 E、K、L 构成的也是一棵子树，根节点为 E。因此根据递归的思想来看，单个节点也是一棵树，只不过根节点就是它本身，例如图 6-4(a)中的节点 A；再例如图 6-4(b)中，节点 K、L、F 等都是树，且都是整棵树的子树。

知道了子树的概念后，树也可以这样定义，即树是由根节点和若干棵子树构成的。

9. 空树

如果集合本身为空，那么构成的树就称为空树。空树中没有节点。

在树结构中，对于具有同一个根节点的各棵子树，相互之间不能有交集。例如，在图6-4(b)中，除了根节点 A，其余元素又各自构成 3 棵子树，根节点分别为 B、C、D，这 3 棵子树之间没有相同的节点。如果有，就破坏了树的结构，不能算做是一棵树。

一个节点所拥有的子树数(即节点有多少个分支)称为节点的度(degree)。例如，在图 6-4(b)中，根节点 A 下分出了 3 棵子树，所以，节点 A 的度为 3。

一棵树的度是树内各节点的度的最大值。在图 6-4(b)所示的树中，各个节点的度的最大值为 3，所以，整棵树的度的值是 3。

10. 节点的层次

从一棵树的树根开始，树根所在层为第一层，根的孩子节点所在的层为第二层，依此类推。对于图 6-4(b)来说，A 节点为第一层，B、C、D 节点为第二层，E、F、G、H、I、J 节点为第三层，K、L、M 节点为第四层。

一棵树的深度(高度)是树中节点所在的最高的层次。图 6-4(b)树的深度为 4。

如果树中节点的子树从左向右看，谁在左边，谁在右边，是有规定的，则称这棵树为有序树；反之称为无序树。

在有序树中，一个节点最左边的子树称为“第一个孩子”，最右边的子树称为“最后一个孩子”。

以图 6-4(b)为例，如果其本身是一棵有序树，则以节点 B 为根节点的子树为整棵树的第一个孩子，以节点 D 为根节点的子树为整棵树的最后一个孩子。

由 m(m⩾0)棵互不相交的树组成的集合称为森林。如果删除一棵非空树的根节点，树就分解成森林；反之，若增加一个根节点，让森林中每棵树的根节点都变成它的子女，森林就成为一棵树。例如，在图 6-4(b)中，去除根节点 A 后，分别以 B、C、D 为根节点的 3 棵子树就可以构成森林。

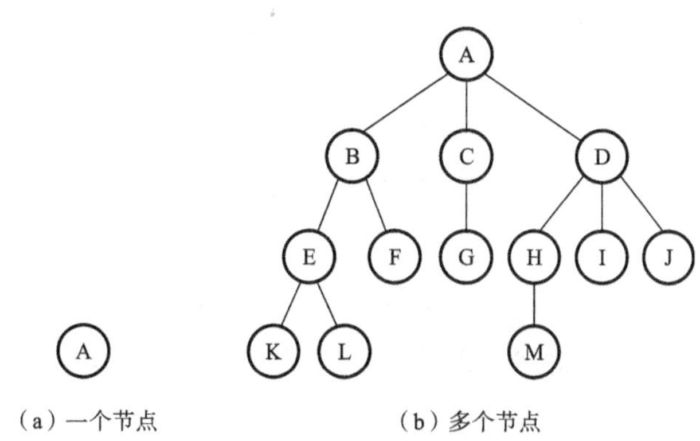

(a) 一个节点　　　　(b) 多个节点

图 6-4　树结构

6.2　二叉树

通过第 6.1 节的学习，我们了解了一些树结构的基本知识。在树结构中，每个节点可以有任意一个后继节点，但在二叉树中，每个节点最多只有两个后继节点，因此二叉树的存储和操作更易于实现。

6.2.1　二叉树的定义和性质

1. 二叉树的定义

二叉树(binary tree)是一种特殊的树，简单来说，能满足以下两个条件的树就是二叉树。

(1) 本身是有序树。

(2) 树中包含的各个节点的度不能超过 2,即只能是 0、1 或 2。

例如,图 6-5(a)就是一棵二叉树,而图 6-5(b)则是一棵非二叉树。

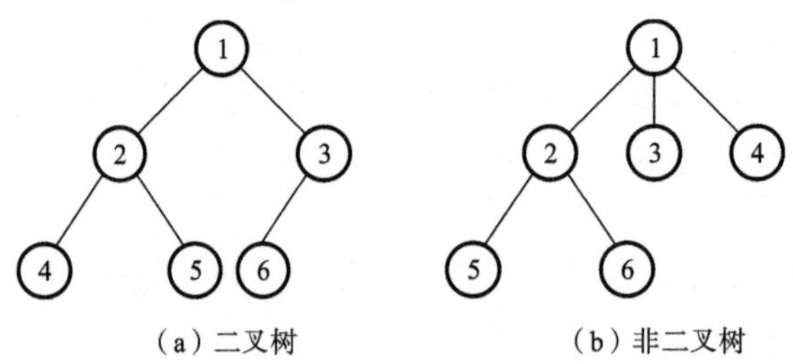

图 6-5　二叉树和非二叉树

二叉树是由 n(n⩾0)个节点构成的有限集合。它可以为空,称为空二叉树;若不为空,则它由一个根节点,以及称为根的左子树和根的右子树两个互不相交的节点集合构成,其左子树、右子树本身又是二叉树。

由二叉树的定义可知,二叉树有 5 种基本形态,如图 6-6 所示。

图 6-6　二叉树的 5 种基本形态

2. 二叉树的性质

二叉树固有的结构特点使得它具有以下 5 个明显的性质。

性质 1:二叉树中,第 i 层最多有 2^{i-1} 个节点。

性质 2:如果二叉树的深度为 K,那么此二叉树最多有 2^K-1 个节点。

性质 3:二叉树中,终端节点数(叶子节点数)为 n_0,度为 2 的节点数为 n_2,则 $n_0=n_2+1$。

性质 3 的计算方法为:对于一棵二叉树来说,除了度为 0 的叶子节点和度为 2 的节点,剩下的就是度为 1 的节点(设为 n_1),那么总节点 $n=n_0+n_1+n_2$。

同时,每一个节点都是由其父节点分支表示的,假设树中的分支数为 B,那么总节点数为 n=B+1。而分支数是可以通过 n_1 和 n_2 表示的,即 $B=n_1+2\times n_2$。所以,n 用另外一种方式表示就是 $n=n_1+2\times n_2+1$。

两种方式得到的 n 值组成一个方程组,就可以得出 $n_0=n_2+1$。

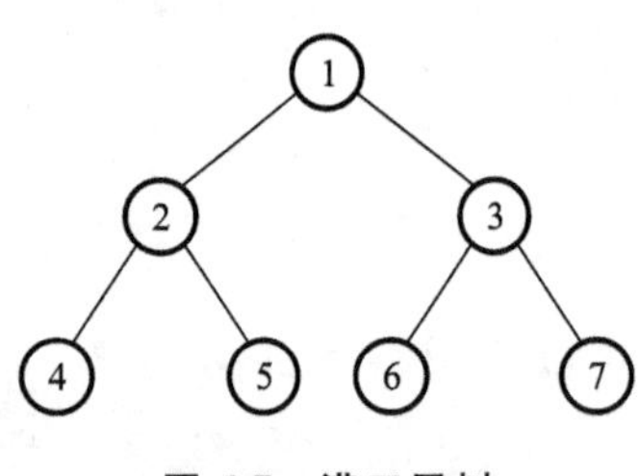

图 6-7　满二叉树

前面介绍的二叉树的 3 个性质适用于所有二叉树。下面介绍的 2 个性质只适用于二叉树的 2 个子集,该子集中的二叉树均为特殊的二叉树——完全二叉树及满二叉树。

性质 4:如果二叉树中除了叶子节点,每个节点的度都为 2,则称此二叉树为满二叉树,如图 6-7 所示。

满二叉树除了满足普通二叉树的性质,还具有以下性质。

(1) 满二叉树中第 i 层的节点数为 2^{n-1} 个。

(2) 深度为 k 的满二叉树必有 2^k-1 个节点，叶子数为 2^{k-1} 个。

(3) 满二叉树中不存在度为 1 的节点，每个分支点中都有 2 棵深度相同的子树，且叶子节点都在最底层。

(4) 有 n 个节点的满二叉树的深度为 $\log_2(n+1)$。

性质 5：如果二叉树中除去最后一层节点为满二叉树，且最后一层的节点依次从左向右分布，则称此二叉树为完全二叉树。

图 6-8(a)所示的是一棵完全二叉树，图 6-8(b)由于最后一层的节点没有按照从左向右的规律分布，因此只能算成是普通的二叉树。

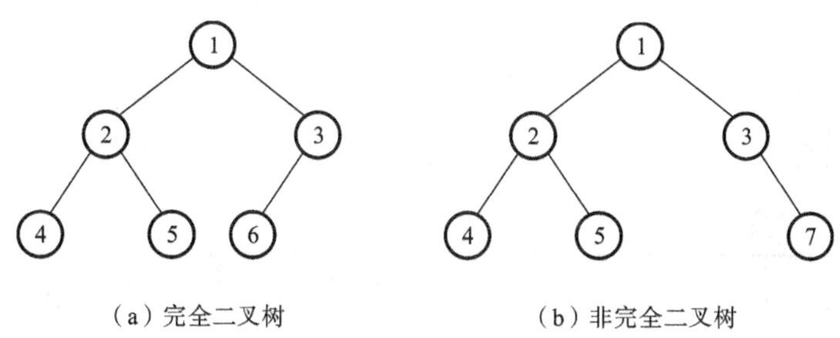

(a) 完全二叉树　　(b) 非完全二叉树

图 6-8　完全二叉树和非完全二叉树

完全二叉树除了具有普通二叉树的性质外，它自身也具有一些独特的性质，比如，n 个节点的完全二叉树的深度为$\lfloor \log_2 n \rfloor+1$。$\lfloor \log_2 n \rfloor$表示取小于 $\log_2 n$ 的最大整数。例如，$\lfloor \log_2 4 \rfloor=2$，而$\lfloor \log_2 5 \rfloor$的结果也是 2。

对于任意一棵完全二叉树来说，如果将含有的节点按照层次从左到右依次标号(见图 6-8(a))，对于任意一个节点 i，完全二叉树还有以下几个结论成立。

(1) 当 $i>1$ 时，父节点为节点[i/2]($i=1$ 时，表示的是根节点，无父节点)。

(2) 如果 $2\times i>n$(总节点的个数)，则节点 i 肯定没有左孩子(为叶子节点)；否则其左孩子是节点 $2\times i$。

(3) 如果 $2\times i+1>n$，则节点 i 肯定没有右孩子；否则其右孩子是节点 $2\times i+1$。

6.2.2　二叉树的存储结构

二叉树的存储结构有两种，分别为顺序存储结构和链式存储结构。本节先介绍二叉树的顺序存储结构。

1. 二叉树的顺序存储结构

二叉树的顺序存储，指的是使用顺序表(数组)存储二叉树。需要注意的是，顺序存储只适用于完全二叉树。换句话说，只有完全二叉树才可以使用顺序表存储。因此，如果想顺序存储普通二叉树，需要提前将普通二叉树转化为完全二叉树。

有读者会说，满二叉树也可以使用顺序存储。要知道，满二叉树也是完全二叉树，因为它满足完全二叉树的所有特征。

普通二叉树转化为完全二叉树的方法很简单，只需给二叉树额外添加一些节点，将其

“拼凑”成完全二叉树即可，如图 6-9 所示。

图 6-9 中，左侧是普通二叉树，右侧是转化后的完全(满)二叉树。

解决了二叉树的转化问题后，接下来学习如何顺序存储完全(满)二叉树。

完全二叉树的顺序存储，只需从根节点开始，按照层次依次将树中的节点存储到数组即可。例如，图 6-10 所示的是完全二叉树，其存储状态如图 6-11 所示。

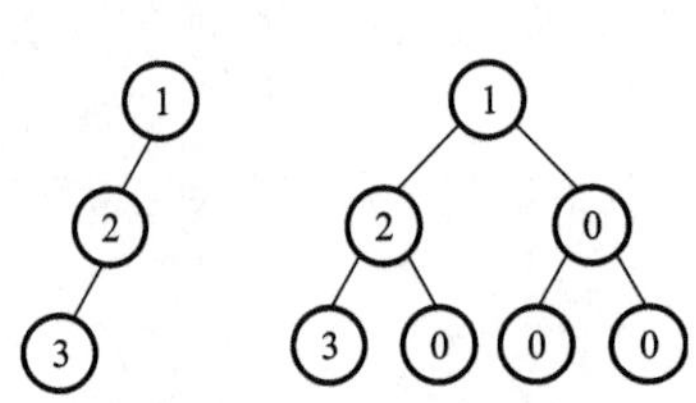

图 6-9　普通二叉树的转化

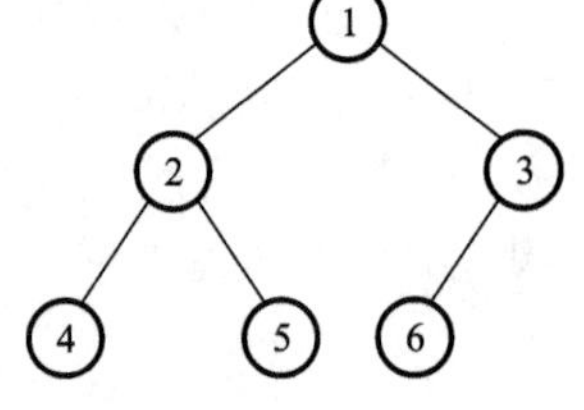

图 6-10　完全二叉树示意图

同样，存储由普通二叉树转化而来的完全二叉树也是如此。例如，图 6-10 中的普通二叉树的数组存储状态如图 6-12 所示。

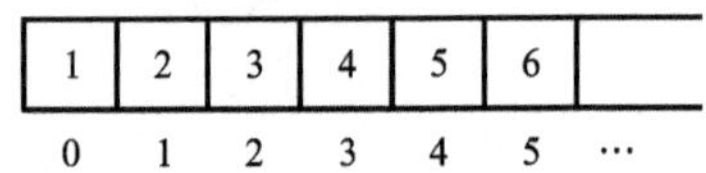

图 6-11　完全二叉树的存储状态

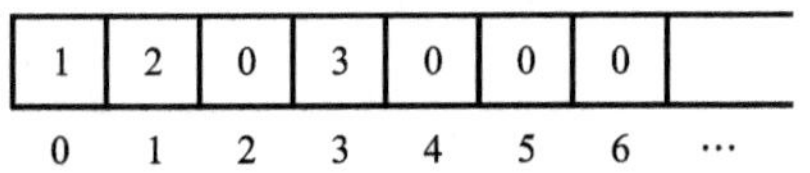

图 6-12　普通二叉树的数组存储状态

由此，我们就实现了完全二叉树的顺序存储。

不仅如此，从顺序表中还原完全二叉树也很简单。我们知道，完全二叉树具有这样的性质，将树中的节点按照层次从左到右依次标号(1，2，3……)，若节点 i 有左、右孩子，则其左孩子节点为 $2\times i$，右孩子节点为 $2\times i+1$。此性质可用于还原数组中存储的完全二叉树，也就是实现由图 6-10 到图 6-11 的转变。

2. 二叉树的链式存储结构

上面介绍了二叉树的顺序存储结构，通过学习会发现，其实二叉树并不适合用数组存储，因为并不是每棵二叉树都是完全二叉树，普通二叉树使用顺序表存储或多或少会存在空间浪费的现象，例如单支树的存储空间采用顺序存储，尤其是右单支树，会浪费大量的存储单元。如果能根据二叉树中实际节点的个数分配相应的存储单元，则可有效节省存储空间。

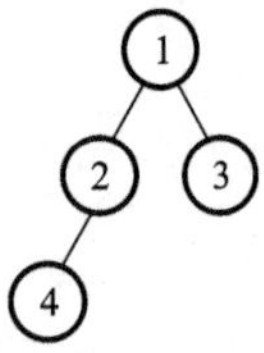

图 6-13　一棵普通的二叉树

本节将认识二叉树的另一种存储方式：链式存储结构。图 6-13 所示的为一棵普通的二叉树，若将其采用链式存储，则只需从树的根节点开始，将各个节点及其左、右孩子使用链表存储即可。因此，图 6-13 对应的链式存储结构如图 6-14 所示。

由图 6-14 可知，采用链式存储二叉树时，其节点结构由 3 部分构成(见图 6-15)。

- 指向左孩子节点的指针(Lchild)。
- 节点存储的数据(data)。
- 指向右孩子节点的指针(Rchild)。

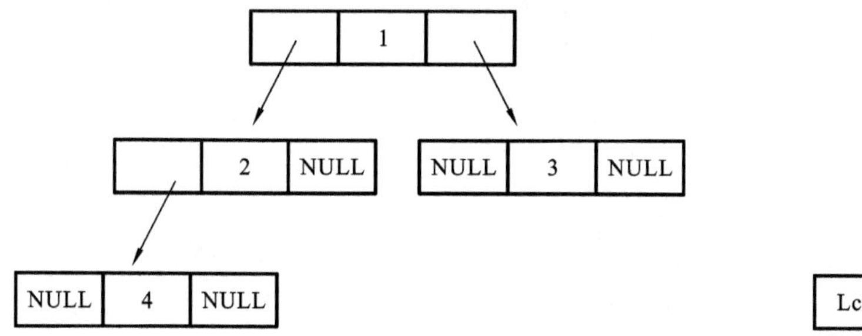

图 6-14　二叉树对应的链式存储结构示意图

Lchild	data	Rchild

图 6-15　二叉树节点结构

表示二叉树节点结构的 C 语言代码如下：

```
typedef struct BiTNode{
    TElemType data;                             //数据域
    struct BiTNode * lchild,* rchild;           //左、右孩子指针
    struct BiTNode * parent;
}BiTNode,* BiTree;
```

图 6-14 中的链式存储结构对应的 C 语言代码如下：

```
# include < stdio.h>
# include < stdlib.h>
# define TElemType int
typedef struct BiTNode{
    TElemType data;                               //数据域
    struct BiTNode * lchild,* rchild;             //左、右孩子指针
}BiTNode,* BiTree;
void CreateBiTree(BiTree * T){
    * T=(BiTNode* )malloc(sizeof(BiTNode));
    (* T)->data=1;
    (* T)->lchild=(BiTNode* )malloc(sizeof(BiTNode));
    (* T)->lchild->data=2;
    (* T)->rchild=(BiTNode* )malloc(sizeof(BiTNode));
    (* T)->rchild->data=3;
    (* T)->rchild->lchild=NULL;
    (* T)->rchild->rchild=NULL;
    (* T)->lchild->lchild=(BiTNode* )malloc(sizeof(BiTNode));
    (* T)->lchild->lchild->data=4;
    (* T)->lchild->rchild=NULL;
    (* T)->lchild->lchild->lchild=NULL;
    (* T)->lchild->lchild->rchild=NULL;
}
int main() {
    BiTree Tree;
    CreateBiTree(&Tree);
```

```
    printf("% d",Tree->lchild->lchild->data);
    return 0;
}
```

以上程序的输出结果如下：

4

二叉树的链式存储结构远不止图 6-14 所示的这一种。例如，在某些实际场景中，可能会执行“查找某个节点的父节点”的操作，这时可以在节点结构中再添加一个指针域，用于各个节点指向其父节点，如图 6-16 所示，这样的链表结构，通常称为三叉链表。

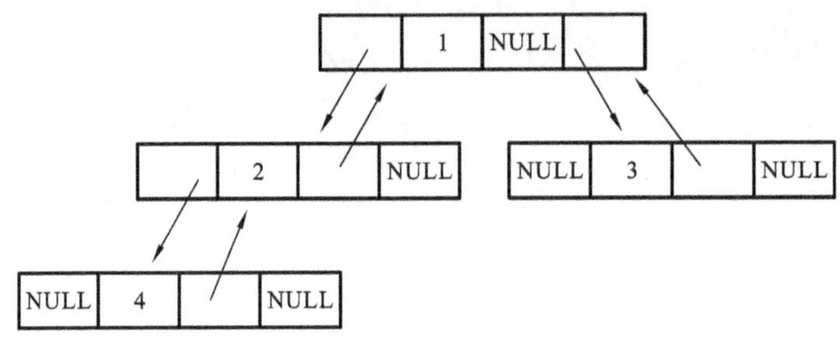

图 6-16　三叉链表

利用图 6-16 所示的三叉链表，可以很轻松地找到各节点的父节点。因此，在解决实际问题时，用合适的链表结构存储二叉树，可以达到事半功倍的效果。

6.3　二叉树的遍历

遍历二叉树可以算是对树存储结构执行得最多的操作，既是重点，也是难点。

图 6-17 是一棵二叉树，对于初学者而言，遍历二叉树有以下两种方式。

1. 层次遍历

前面讲过，树是有层次的，以图 6-17 来说，该二叉树的层次为 3 层。通过对树中各层的节点从左到右依次遍历，即可实现对整棵二叉树的遍历，此种方式称为层次遍历。

比如，对图 6-17 所示的二叉树进行层次遍历，遍历过程如图 6-18 所示。

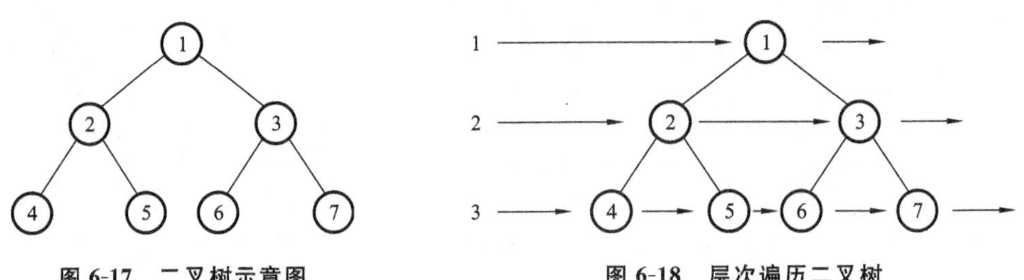

图 6-17　二叉树示意图　　**图 6-18　层次遍历二叉树**

2. 普通遍历

还有一种更普通的遍历二叉树的方式，即按照“从上到下，从左到右”的顺序遍历整棵二叉树。还以图 6-17 中的二叉树为例，其遍历过程如图 6-19 所示。

以上仅从初学者的角度对遍历二叉树的过程进行了分析。接下来从程序员的角度对以上两种遍历方式进行剖析。

这里，我们要达成一个共识，即成功遍历二叉树的标志是能够成功访问到二叉树中所有的节点。

首先观察图 6-18 中的层次遍历，整个遍历过程只经过各个节点一次，因此在层次遍历过程中，每经过一个节点，都必须立刻访问该节点，否则将错失良机，后续无法再对其进行访问。

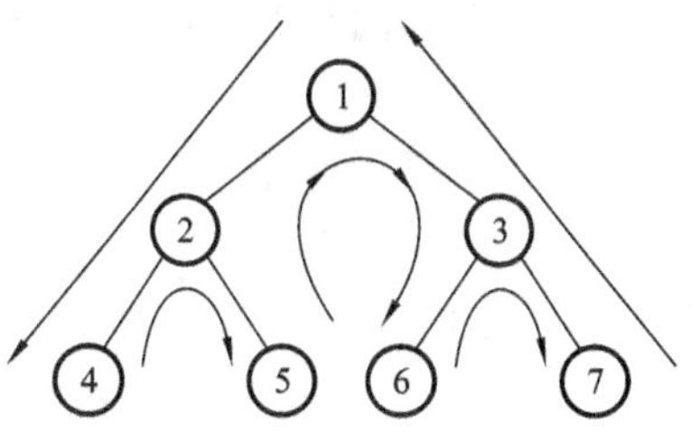

图 6-19　普通遍历二叉树

若对图 6-17 中的二叉树进行层次遍历，则访问树中节点的次序为：1 2 3 4 5 6 7。

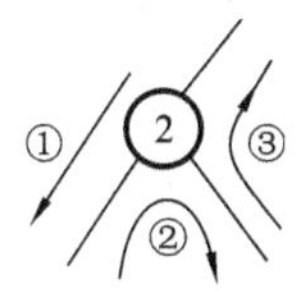

图 6-20　遍历节点 2 的过程

而普通遍历方式则不同，通过观察图 6-19 可以看到，整个遍历二叉树的过程中，每个节点都经过了 3 次（虽然叶子节点看似只经过了 2 次，但实际上可以看成是 3 次）。以图 6-19 中的节点 2 为例，它经过了 3 次，如图 6-20 所示。

因此，编程实现时，可以设定真正访问各个节点的时机，换句话说，既可以在第 1 次经过各节点时访问程序，也可以在第 2 次经过各节点时访问程序，甚至可以在最后一次经过各节点时访问程序。

这也就引出了以下 3 种遍历二叉树的算法。

(1) 先序遍历：每遇到一个节点，先访问，然后再遍历其左、右子树（对应图 6-20 中的①）。

(2) 中序遍历：第 1 次经过时不访问，等遍历完左子树之后再访问，然后遍历右子树（对应图 6-20 中的②）。

(3) 后序遍历：第 1 次和第 2 次经过时都不访问，等遍历完该节点的左、右子树之后，最后访问该节点（对应图 6-20 中的③）。

以图 6-17 中的二叉树为例，其先序遍历算法访问节点的先后次序为：1 2 4 5 3 6 7。

中序遍历算法访问节点的先后次序为：4 2 5 1 6 3 7。

后序遍历算法访问节点的先后次序为：4 5 2 6 7 3 1。

以上就是二叉树 3 种遍历算法的由来，其各个算法的具体实现过程及其代码实现后面章节会详细介绍。

6.3.1　二叉树的递归遍历算法

1. 二叉树的先序遍历

二叉树先序遍历的实现思想是：先访问根节点，然后访问当前节点的左子树，若当前节点无左子树，则访问当前节点的右子树。

以图 6-17 为例，采用先序遍历该二叉树的过程如下。

(1) 访问该二叉树的根节点，找到节点 1。

(2) 访问节点 1 的左子树，找到节点 2。

(3) 访问节点 2 的左子树，找到节点 4。

(4) 由于访问节点 4 左子树失败，且没有右子树，因此以节点 4 为根节点的子树遍历完成。但节点 2 还没有遍历其右子树，现在开始遍历，即访问节点 5。

(5) 由于节点 5 无左、右子树，因此节点 5 遍历完成，并且以节点 2 为根节点的子树也遍历完成。现在回到节点 1，开始遍历该节点的右子树，即访问节点 3。

(6) 访问节点 3 的左子树，找到节点 6。

(7) 由于节点 6 无左、右子树，因此节点 6 遍历完成，回到节点 3 并遍历其右子树，找到节点 7。

(8) 节点 7 无左、右子树，因此以节点 3 为根节点的子树遍历完成，同时回到节点 1。由于节点 1 的左、右子树全部遍历完成，因此整个二叉树遍历完成。

图 6-17 中的二叉树采用先序遍历得到的序列为：1 2 4 5 3 6 7。

二叉树的先序遍历采用的是递归的思想，因此可以递归实现。其 C 语言实现代码如下：

```
# include < stdio.h>
# include < string.h>
# define TElemType int
//构造节点的结构体
typedef struct BiTNode{
    TElemType data;//数据域
    struct BiTNode * lchild,* rchild;                //左、右孩子指针
}BiTNode,* BiTree;
//初始化树的函数
void CreateBiTree(BiTree * T){
    * T=(BiTNode* )malloc(sizeof(BiTNode));
    (* T)->data=1;
    (* T)->lchild=(BiTNode* )malloc(sizeof(BiTNode));
    (* T)->rchild=(BiTNode* )malloc(sizeof(BiTNode));

    (* T)->lchild->data=2;
    (* T)->lchild->lchild=(BiTNode* )malloc(sizeof(BiTNode));
    (* T)->lchild->rchild=(BiTNode* )malloc(sizeof(BiTNode));
    (* T)->lchild->rchild->data=5;
    (* T)->lchild->rchild->lchild=NULL;
    (* T)->lchild->rchild->rchild=NULL;
    (* T)->rchild->data=3;
    (* T)->rchild->lchild=(BiTNode* )malloc(sizeof(BiTNode));
    (* T)->rchild->lchild->data=6;
    (* T)->rchild->lchild->lchild=NULL;
    (* T)->rchild->lchild->rchild=NULL;
    (* T)->rchild->rchild=(BiTNode* )malloc(sizeof(BiTNode));
    (* T)->rchild->rchild->data=7;
    (* T)->rchild->rchild->lchild=NULL;
    (* T)->rchild->rchild->rchild=NULL;
```

```
        (* T)->lchild->lchild->data=4;
        (* T)->lchild->lchild->lchild=NULL;
        (* T)->lchild->lchild->rchild=NULL;
    }

    //模拟操作节点元素的函数,输出节点本身的数值
    void displayElem(BiTNode* elem){
        printf("% d ",elem->data);
    }
    //先序遍历
    void PreOrderTraverse(BiTree T){
        if (T) {
            displayElem(T);                        //调用操作节点数据的函数方法
            PreOrderTraverse(T->lchild);           //访问该节点的左孩子
            PreOrderTraverse(T->rchild);           //访问该节点的右孩子
        }
        //如果节点为空,则返回上一层
        return;
    }
    int main() {
        BiTree Tree;
        CreateBiTree(&Tree);
        printf("先序遍历: \n");
    }
```

以上程序的运行结果如下:

先序遍历:

1 2 4 5 3 6 7

2. 二叉树的中序遍历

二叉树中序遍历的实现思想是:先访问当前节点的左子树,然后访问根节点,最后访问当前节点的右子树。

以图 6-17 为例,采用中序遍历的思想遍历该二叉树的过程如下。

(1) 访问该二叉树的根节点,找到节点 1。

(2) 遍历节点 1 的左子树,找到节点 2。

(3) 遍历节点 2 的左子树,找到节点 4。

(4) 由于节点 4 无左子树,因此访问节点 4,并遍历节点 4 的右子树。

(5) 由于节点 4 无右子树,因此节点 2 的左子树遍历完成,访问节点 2。

(6) 遍历节点 2 的右子树,找到节点 5。

(7) 由于节点 5 无左子树,因此访问节点 5。又因为节点 5 没有右子树,因此节点 1 的左子树遍历完成,访问节点 1,并遍历节点 1 的右子树,找到节点 3。

(8) 遍历节点 3 的左子树,找到节点 6。

(9) 由于节点 6 无左子树,因此访问节点 6。又因为该节点无右子树,因此节点 3 的左

子树遍历完成，开始访问节点 3，并遍历节点 3 的右子树，找到节点 7。

(10) 由于节点 7 无左子树，因此访问节点 7。又因为该节点无右子树，因此节点 1 的右子树遍历完成，即整棵树遍历完成。

因此，图 6-17 所示的二叉树采用中序遍历得到的序列为：4 2 5 1 6 3 7。

二叉树的中序遍历采用的是递归的思想，因此可以递归实现。其 C 语言实现代码如下：

```
# include < stdio.h>
# include < string.h>
# define TElemType int
//构造节点的结构体
typedef struct BiTNode{
    TElemType data;                           //数据域
    struct BiTNode * lchild,* rchild;         //左、右孩子指针
}BiTNode,* BiTree;
//初始化树的函数
void CreateBiTree(BiTree * T){
    * T=(BiTNode* )malloc(sizeof(BiTNode));
    (* T)->data=1;
    (* T)->lchild=(BiTNode* )malloc(sizeof(BiTNode));
    (* T)->rchild=(BiTNode* )malloc(sizeof(BiTNode));

    (* T)->lchild->data=2;
    (* T)->lchild->lchild=(BiTNode* )malloc(sizeof(BiTNode));
    (* T)->lchild->rchild=(BiTNode* )malloc(sizeof(BiTNode));
    (* T)->lchild->rchild->data=5;
    (* T)->lchild->rchild->lchild=NULL;
    (* T)->lchild->rchild->rchild=NULL;
    (* T)->rchild->data=3;
    (* T)->rchild->lchild=(BiTNode* )malloc(sizeof(BiTNode));
    (* T)->rchild->lchild->data=6;
    (* T)->rchild->lchild->lchild=NULL;
    (* T)->rchild->lchild->rchild=NULL;
    (* T)->rchild->rchild=(BiTNode* )malloc(sizeof(BiTNode));
    (* T)->rchild->rchild->data=7;
    (* T)->rchild->rchild->lchild=NULL;
    (* T)->rchild->rchild->rchild=NULL;
    (* T)->lchild->lchild->data=4;
    (* T)->lchild->lchild->lchild=NULL;
    (* T)->lchild->lchild->rchild=NULL;
}

//模拟操作节点元素的函数，输出节点本身的数值
void displayElem(BiTNode*  elem){
```

```
        printf("% d",elem->data);
    }
    //中序遍历
    void INOrderTraverse(BiTree T){
        if (T) {
            INOrderTraverse(T->lchild);         //遍历左孩子
            displayElem(T);                     //调用操作节点数据的函数方法
            INOrderTraverse(T->rchild);         //遍历右孩子
        }
        //如果节点为空,则返回上一层
        return;
    }

    int main() {
        BiTree Tree;
        CreateBiTree(&Tree);
        printf("中序遍历算法:\n");
        INOrderTraverse(Tree);
    }
```

以上程序的运行结果如下：

中序遍历算法为：

4 2 5 1 6 3 7

3. 二叉树的后序遍历

二叉树后序遍历的实现思想是：从根节点出发，依次遍历各节点的左、右子树，直到当前节点左、右子树遍历完成，才访问该节点元素。

以图 6-17 中，对二叉树进行后序遍历的操作过程如下。

(1) 从根节点 1 开始，遍历该节点的左子树(以节点 2 为根节点)。

(2) 遍历节点 2 的左子树(以节点 4 为根节点)。

(3) 由于节点 4 既没有左子树，也没有右子树，此时访问该节点中的元素 4，并回到节点 2，遍历节点 2 的右子树(以 5 为根节点)。

(4) 由于节点 5 无左、右子树，因此可以访问节点 5，并且此时节点 2 的左、右子树也遍历完成，可以访问节点 2。

(5) 此时回到节点 1，开始遍历节点 1 的右子树(以节点 3 为根节点)。

(6) 遍历节点 3 的左子树(以节点 6 为根节点)。

(7) 由于节点 6 无左、右子树，因此访问节点 6，并回到节点 3，开始遍历节点 3 的右子树(以节点 7 为根节点)。

(8) 由于节点 7 无左、右子树，因此访问节点 7，并且节点 3 的左、右子树也遍历完成，可以访问节点 3；节点 1 的左、右子树也遍历完成，可以访问节点 1。

(9) 至此，整棵树的遍历完成。

因此，对图 6-17 中的二叉树进行后序遍历的结果为：4 5 2 6 7 3 1。

二叉树的后序遍历的递归实现代码如下：

```
# include < stdio.h>
# include < string.h>
# define TElemType int
//构造节点的结构体
typedef struct BiTNode{
    TElemType data;                          //数据域
    struct BiTNode * lchild,* rchild;        //左、右孩子指针
}BiTNode,* BiTree;
//初始化树的函数
void CreateBiTree(BiTree * T){
    * T=(BiTNode* )malloc(sizeof(BiTNode));
    (* T)->data=1;
    (* T)->lchild=(BiTNode* )malloc(sizeof(BiTNode));
    (* T)->rchild=(BiTNode* )malloc(sizeof(BiTNode));

    (* T)->lchild->data=2;
    (* T)->lchild->lchild=(BiTNode* )malloc(sizeof(BiTNode));
    (* T)->lchild->rchild=(BiTNode* )malloc(sizeof(BiTNode));
    (* T)->lchild->rchild->data=5;
    (* T)->lchild->rchild->lchild=NULL;
    (* T)->lchild->rchild->rchild=NULL;
    (* T)->rchild->data=3;
    (* T)->rchild->lchild=(BiTNode* )malloc(sizeof(BiTNode));
    (* T)->rchild->lchild->data=6;
    (* T)->rchild->lchild->lchild=NULL;
    (* T)->rchild->lchild->rchild=NULL;
    (* T)->rchild->rchild=(BiTNode* )malloc(sizeof(BiTNode));
    (* T)->rchild->rchild->data=7;
    (* T)->rchild->rchild->lchild=NULL;
    (* T)->rchild->rchild->rchild=NULL;
    (* T)->lchild->lchild->data=4;
    (* T)->lchild->lchild->lchild=NULL;
    (* T)->lchild->lchild->rchild=NULL;
}

//模拟操作节点元素的函数,输出节点本身的数值
void displayElem(BiTNode*  elem){
    printf("% d",elem->data);
}
//后序遍历
void PostOrderTraverse(BiTree T){
    if (T) {
        PostOrderTraverse(T->lchild);        //遍历左孩子
```

```
        PostOrderTraverse(T->rchild);       //遍历右孩子
        displayElem(T);                     //调用操作节点数据的函数方法
    }
    //如果节点为空,则返回上一层
    return;
}
int main() {
    BiTree Tree;
    CreateBiTree(&Tree);
    printf("后序遍历:\n");
    PostOrderTraverse(Tree);
}
```

以上程序的运行结果如下：

后序遍历为：

4 5 2 6 7 3 1

6.3.2　二叉树的非递归遍历算法

1. 先序遍历的非递归算法

先序遍历的非递归算法的 C 语言实现代码如下：

```
# include < stdio.h>
# include < string.h>
# define TElemType int
int top=- 1;                       //top 变量时刻表示栈顶元素所在的位置
//构造节点的结构体
typedef struct BiTNode{
    TElemType data;                //数据域
    struct BiTNode * lchild,* rchild;  //左、右孩子指针
}BiTNode,* BiTree;
//初始化树的函数
void CreateBiTree(BiTree * T){
    * T=(BiTNode* )malloc(sizeof(BiTNode));
    (* T)->data=1;
    (* T)->lchild=(BiTNode* )malloc(sizeof(BiTNode));
    (* T)->rchild=(BiTNode* )malloc(sizeof(BiTNode));
    (* T)->lchild->data=2;
    (* T)->lchild->lchild=(BiTNode* )malloc(sizeof(BiTNode));
    (* T)->lchild->rchild=(BiTNode* )malloc(sizeof(BiTNode));
    (* T)->lchild->rchild->data=5;
    (* T)->lchild->rchild->lchild=NULL;
    (* T)->lchild->rchild->rchild=NULL;
    (* T)->rchild->data=3;
    (* T)->rchild->lchild=(BiTNode* )malloc(sizeof(BiTNode));
```

```
        (* T)->rchild->lchild->data=6;
        (* T)->rchild->lchild->lchild=NULL;
        (* T)->rchild->lchild->rchild=NULL;
        (* T)->rchild->rchild=(BiTNode* )malloc(sizeof(BiTNode));
        (* T)->rchild->rchild->data=7;
        (* T)->rchild->rchild->lchild=NULL;
        (* T)->rchild->rchild->rchild=NULL;
        (* T)->lchild->lchild->data=4;
        (* T)->lchild->lchild->lchild=NULL;
        (* T)->lchild->lchild->rchild=NULL;
}
//先序遍历使用的入栈函数
void push(BiTNode* * a,BiTNode* elem){
    a[++top]=elem;
}
//弹栈函数
void pop(){
    if (top==-1) {
        return ;
    }
    top--;
}
//模拟操作节点元素的函数,输出节点本身的数值
void displayElem(BiTNode* elem){
    printf("%d",elem->data);
}
//拿到栈顶元素
BiTNode* getTop(BiTNode**a){
    return a[top];
}
//先序遍历的非递归算法
void PreOrderTraverse(BiTree Tree){
    BiTNode* a[20];                     //定义一个顺序栈
    BiTNode* p;                         //临时指针
    push(a, Tree);                      //根节点入栈
    while (top!=-1) {
        p=getTop(a);                    //取栈顶元素
        pop();//弹栈
        while (p) {
            displayElem(p);             //调用节点的操作函数
            //如果该节点有右孩子,则右孩子入栈
            if (p->rchild) {
                push(a,p->rchild);
            }
```

```
            p=p->lchild;                //一直指向根节点的最后一个左孩子
        }
    }
}
int main(){
    BiTree Tree;
    CreateBiTree(&Tree);
    printf("先序遍历：\n");
    PreOrderTraverse(Tree);
}
```

以上程序的运行结果如下：

先序遍历为：

1 2 4 5 3 6 7

2. 中序遍历的非递归算法

中序遍历的非递归算法实现思想是：从根节点开始，先遍历左孩子，同时压栈，当遍历结束时，说明当前遍历的节点没有左孩子，从栈中取出来调用操作函数，然后访问该节点的右孩子，重复以上操作。

除此之外，中序遍历还有另外一种实现思想：中序遍历过程中，只需将每个节点的左子树压栈即可，右子树不需要压栈。当节点的左子树遍历完成时，只需要以栈顶节点的右孩子为根节点，继续循环遍历即可。

两种非递归算法实现二叉树中序遍历的代码如下：

```
#include <stdio.h>
#include <string.h>
#define TElemType int
int top=-1;                             //top 变量时刻表示栈顶元素所在的位置
//构造节点的结构体
typedef struct BiTNode{
    TElemType data;                     //数据域
    struct BiTNode *lchild,*rchild;  //左、右孩子指针
}BiTNode,*BiTree;
//初始化树的函数
void CreateBiTree(BiTree *T){
    *T=(BiTNode*)malloc(sizeof(BiTNode));
    (*T)->data=1;
    (*T)->lchild=(BiTNode*)malloc(sizeof(BiTNode));
    (*T)->rchild=(BiTNode*)malloc(sizeof(BiTNode));
    (*T)->lchild->data=2;
    (*T)->lchild->lchild=(BiTNode*)malloc(sizeof(BiTNode));
    (*T)->lchild->rchild=(BiTNode*)malloc(sizeof(BiTNode));
    (*T)->lchild->rchild->data=5;
    (*T)->lchild->rchild->lchild=NULL;
```

```
    (* T)->lchild->rchild->rchild=NULL;
    (* T)->rchild->data=3;
    (* T)->rchild->lchild=(BiTNode* )malloc(sizeof(BiTNode));
    (* T)->rchild->lchild->data=6;
    (* T)->rchild->lchild->lchild=NULL;
    (* T)->rchild->lchild->rchild=NULL;
    (* T)->rchild->rchild=(BiTNode* )malloc(sizeof(BiTNode));
    (* T)->rchild->rchild->data=7;
    (* T)->rchild->rchild->lchild=NULL;
    (* T)->rchild->rchild->rchild=NULL;
    (* T)->lchild->lchild->data=4;
    (* T)->lchild->lchild->lchild=NULL;
    (* T)->lchild->lchild->rchild=NULL;
}
//先序遍历和中序遍历使用的入栈函数
void push(BiTNode* * a,BiTNode* elem){
    a[++top]=elem;
}
//弹栈函数
void pop(){
    if (top==-1) {
        return ;
    }
    top--;
}
//模拟操作节点元素的函数,输出节点本身的数值
void displayElem(BiTNode* elem){
    printf("%d",elem->data);
}
//拿到栈顶元素
BiTNode* getTop(BiTNode**a){
    return a[top];
}
//中序遍历的非递归算法
void InOrderTraverse1(BiTree Tree){
    BiTNode* a[20];                 //定义一个顺序栈
    BiTNode* p;                     //临时指针
    push(a, Tree);                  //根节点入栈
    while (top!=-1) {               //top!=-1,说明栈内不为空,程序继续运行
        while ((p=getTop(a)) &&p){  //取栈顶元素,且不能为NULL
            push(a, p->lchild);     //将该节点的左孩子入栈,如果没有左孩子,则
                                      NULL入栈
        }
        pop();                      //跳出循环,栈顶元素肯定为NULL,将NULL
```

```
                                                弹栈
        if (top!=- 1) {
            p=getTop(a);                //取栈顶元素
            pop();                      //栈顶元素弹栈
            displayElem(p);
            push(a,p->rchild);          //将 p 指向的节点的右孩子入栈
        }
    }
}
//中序遍历实现的另外一种算法
void InOrderTraverse2(BiTree Tree){
    BiTNode*  a[20];                    //定义一个顺序栈
    BiTNode*  p;                        //临时指针
    p=Tree;
    //当 p 为 NULL 或者栈为空时,表明树遍历完成
    while (p||top!=-1) {
        //如果 p 不为 NULL,则将其压栈并遍历其左子树
        if (p) {
            push(a, p);
            p=p->lchild;
        }
        //如果 p==NULL,表明左子树遍历完成,需要遍历上一层节点的右子树
        else{
            p=getTop(a);
            pop();
            displayElem(p);
            p=p->rchild;
        }
    }
}
int main(){
    BiTree Tree;
    CreateBiTree(&Tree);
    printf("\n 中序遍历算法 1:\n");
    InOrderTraverse1(Tree);
    printf("\n 中序遍历算法 2:\n");
    InOrderTraverse2(Tree);
}
```

以上程序的运行结果如下：

中序遍历算法 1：

4 2 5 1 6 3 7

中序遍历算法 2：

4 2 5 1 6 3 7

3. 后序遍历的非递归算法

后序遍历是在遍历完当前节点的左、右孩子之后才调用操作函数，所以需要在操作节点入栈时，为每个节点配备一个标志位。当遍历该节点的左孩子时，设置当前节点的标志位为0，入栈；当要遍历该节点的右孩子时，设置当前节点的标志位为1，入栈。

这样，当遍历完成、该节点弹栈时，查看该节点的标志位的值：如果是0，表示该节点的右孩子还没有遍历；如果是1，说明该节点的左、右孩子都遍历完成，可以调用操作函数。

后序遍历的非递归算法的完整实现代码如下：

```
# include < stdio.h>
# include < string.h>
# define TElemType int
int top=- 1;                              //top 变量时刻表示栈顶元素所在的位置
//构造节点的结构体
typedef struct BiTNode{
    TElemType data;                       //数据域
    struct BiTNode * lchild,* rchild;     //左、右孩子指针
}BiTNode,* BiTree;
//初始化树的函数
void CreateBiTree(BiTree * T){
    * T=(BiTNode* )malloc(sizeof(BiTNode));
    (* T)->data=1;
    (* T)->lchild=(BiTNode* )malloc(sizeof(BiTNode));
    (* T)->rchild=(BiTNode* )malloc(sizeof(BiTNode));
    (* T)->lchild->data=2;
    (* T)->lchild->lchild=(BiTNode* )malloc(sizeof(BiTNode));
    (* T)->lchild->rchild=(BiTNode* )malloc(sizeof(BiTNode));
    (* T)->lchild->rchild->data=5;
    (* T)->lchild->rchild->lchild=NULL;
    (* T)->lchild->rchild->rchild=NULL;
    (* T)->rchild->data=3;
    (* T)->rchild->lchild=(BiTNode* )malloc(sizeof(BiTNode));
    (* T)->rchild->lchild->data=6;
    (* T)->rchild->lchild->lchild=NULL;
    (* T)->rchild->lchild->rchild=NULL;
    (* T)->rchild->rchild=(BiTNode* )malloc(sizeof(BiTNode));
    (* T)->rchild->rchild->data=7;
    (* T)->rchild->rchild->lchild=NULL;
    (* T)->rchild->rchild->rchild=NULL;
    (* T)->lchild->lchild->data=4;
    (* T)->lchild->lchild->lchild=NULL;
    (* T)->lchild->lchild->rchild=NULL;
}
//弹栈函数
```

```
void pop(){
    if (top==-1) {
        return;
    }
    top--;
}
//模拟操作节点元素的函数,输出节点本身的数值
void displayElem(BiTNode* elem){
    printf("%d",elem->data);
}

//后序遍历的非递归算法
typedef struct SNode{
    BiTree p;
    int tag;
}SNode;
//后序遍历使用的入栈函数
void postpush(SNode * a,SNode sdata){
    a[++top]=sdata;
}
//后序遍历函数
void PostOrderTraverse(BiTree Tree){
    SNode a[20];                    //定义一个顺序栈
    BiTNode* p;                     //临时指针
    int tag;
    SNode sdata;
    p=Tree;
    while (p||top!=-1) {
        while (p) {
            //为该节点入栈做准备
            sdata.p=p;
            sdata.tag=0;            //由于遍历是左孩子,所以设置标志位为 0
            postpush(a, sdata);     //压栈
            p=p->lchild;            //以该节点为根节点,遍历左孩子
        }
        sdata=a[top];               //取栈顶元素
        pop();                      //栈顶元素弹栈
        p=sdata.p;
        tag=sdata.tag;
        //如果 tag==0,则说明该节点还没有遍历它的右孩子
        if (tag==0) {
            sdata.p=p;
            sdata.tag=1;
            postpush(a, sdata);     //更改该节点的标志位,重新压栈
```

```
            p=p->rchild;                    //以该节点的右孩子为根节点,重复此操作
        }
        //如果取出来的栈顶元素的 tag==1,说明此节点左、右子树都遍历完成,可以调用操
作函数了
        else{
            displayElem(p);
            p=NULL;
        }
    }
}
int main(){
    BiTree Tree;
    CreateBiTree(&Tree);
    printf("后序遍历:\n");
    PostOrderTraverse(Tree);
}
```

以上程序的运行结果如下：

后序遍历：

4 5 2 6 7 3 1

6.3.3 二叉树的层次遍历算法

前面介绍了二叉树的先序、中序和后序的遍历算法，运用了栈的数据结构，主要思想就是按照先左子树后右子树的顺序依次遍历树中的各个节点。

本节介绍另外一种遍历算法：按照二叉树中的层次从左到右依次遍历每一层中的节点。具体实现思路是：通过使用队列的数据结构，从树的根节点开始，依次将其左孩子和右孩子入队。而后每次队列中一个节点出队，都将其左孩子和右孩子入队，直到树中的所有节点都出队，出队节点的先后顺序就是层次遍历的最终结果。

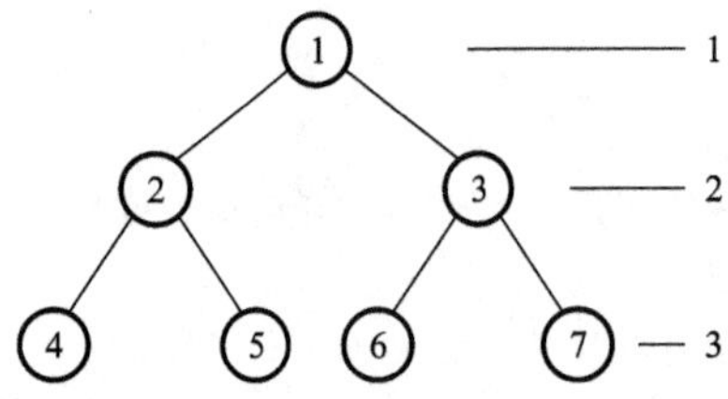

图 6-21　层次遍历二叉树

1. 层次遍历的实现过程

下面以图 6-21 中所示的层次遍历二叉树为例：首先，根节点 1 入队；其次，根节点 1 出队，出队的同时，将左孩子 2 和右孩子 3 分别入队；然后，队头节点 2 出队，出队的同时，将节点 2 的左孩子 4 和右孩子 5 依次入队；再次，队头节点 3 出队，出队的同时，将节点 3 的左孩子 6 和右孩子 7 依次入队；最后，不断地循环，直至队列内为空。

2. 算法实现

二叉树层次遍历算法实现的代码如下：

```
# include < stdio.h>
# define TElemType int
```

```
//初始化队头指针和队尾指针开始时都为 0
int front=0,rear=0;

typedef struct BiTNode{
    TElemType data;                          //数据域
    struct BiTNode * lchild,* rchild;        //左、右孩子指针
}BiTNode,* BiTree;
void CreateBiTree(BiTree * T){
    * T=(BiTNode* )malloc(sizeof(BiTNode));
    (* T)->data=1;
    (* T)->lchild=(BiTNode* )malloc(sizeof(BiTNode));
    (* T)->rchild=(BiTNode* )malloc(sizeof(BiTNode));

    (* T)->lchild->data=2;
    (* T)->lchild->lchild=(BiTNode* )malloc(sizeof(BiTNode));
    (* T)->lchild->rchild=(BiTNode* )malloc(sizeof(BiTNode));
    (* T)->lchild->rchild->data=5;
    (* T)->lchild->rchild->lchild=NULL;
    (* T)->lchild->rchild->rchild=NULL;

    (* T)->rchild->data=3;
    (* T)->rchild->lchild=(BiTNode* )malloc(sizeof(BiTNode));
    (* T)->rchild->lchild->data=6;
    (* T)->rchild->lchild->lchild=NULL;
    (* T)->rchild->lchild->rchild=NULL;

    (* T)->rchild->rchild=(BiTNode* )malloc(sizeof(BiTNode));
    (* T)->rchild->rchild->data=7;
    (* T)->rchild->rchild->lchild=NULL;
    (* T)->rchild->rchild->rchild=NULL;

    (* T)->lchild->lchild->data=4;
    (* T)->lchild->lchild->lchild=NULL;
    (* T)->lchild->lchild->rchild=NULL;
}
//入队函数
void EnQueue(BiTree * a,BiTree node){
    a[rear++]=node;
}
//出队函数
BiTNode* DeQueue(BiTNode* * a){
    return a[front++];
}
//输出函数
```

```
void displayNode(BiTree node){
    printf("%d",node->data);
}
int main() {
    BiTree tree;
    //初始化二叉树
    CreateBiTree(&tree);
    BiTNode*  p;
    //采用顺序队列,初始化并创建队列数组
    BiTree a[20];
    //根节点入队
    EnQueue(a, tree);
    //当队头节点和队尾节点相等时,表示队列为空
    while(front<rear) {
        //队头节点出队
        p=DeQueue(a);
        displayNode(p);
        //将队头节点的左、右孩子依次入队
        if (p->lchild! =NULL) {
            EnQueue(a, p->lchild);
        }
        if (p->rchild! =NULL) {
            EnQueue(a, p->rchild);
        }
    }
    return 0;
}
```

以上程序的运行结果如下:

1 2 3 4 5 6 7

6.4 二叉树遍历算法的应用

在二叉树的遍历算法中,不管采用的是哪一种遍历方式,在执行操作的过程中,都会沿着二叉树中的每个分支访问到其所有的节点。因此,可以利用遍历算法的操作特性,添加适当的处理条件,可以对二叉树中的某些特征节点进行筛选,查询到某些特征节点。

6.4.1 查找数据元素

在二叉树中,我们经常会遇到需要查询某个特征值的节点操作,如果此节点在二叉树中,则可对其进行输出;如果此节点不在二叉树中,则返回查询节点失败的信息。

如图 6-22 所示的二叉树,其节点值存储在二叉链表结构中。设计一个可从键盘输入某个字符的算法,查询此字符是否在二叉链表结构中,并输出查询成功与否的信息。

算法分析：可以选用任意一种遍历二叉树算法作为搜索策略，例如以先序递归遍历算法方式进行搜索，并在算法访问每个节点的操作中添加查询判断条件，以实现查找节点的功能。

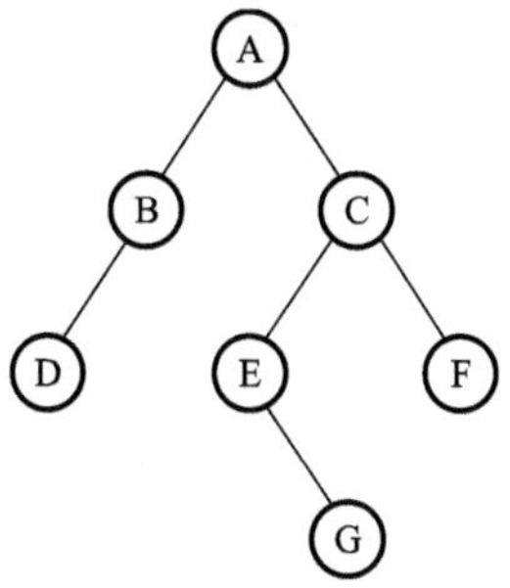

完整代码如下：

```
# include <stdio.h>
# include <string.h>
# define TElemType int
//构造节点的结构体
typedef struct BiTNode{
    TElemType data;                        //数据域
    struct BiTNode * lchild,* rchild;     //左、右孩子指针
}BiTNode,* BiTree;
int flag=0;//全局变量代表查找成功与否,若初始值为 0,表示尚未查找成功
//初始化二叉树的函数,按顺序数组输入的符号来建立二叉树
BiTree createtree(TElemType node[],int n)
{ BiTree T;
if(node[n]=='# '||n>16) return NULL;
else
    {
    T=(BiTNode* )malloc(sizeof(BiTNode));
    T->data=node[n];
    T->lchild=createtree(node,2* n);
    T->rchild=createtree(node,2* n+1);
    return T;
    }
}
//模拟操作节点元素的函数,输出节点本身的数值
void displayElem(BiTNode*  elem){
    printf("查找到的节点为:%c",elem->data);
}
//先序遍历路径
void FindElemType(BiTree T,TElemType e){
    if (T) {
        if(T->data==e)
        {
            flag=1;
            displayElem(T);            //调用操作节点数据的函数方法
        }
        FindElemType(T->lchild,e);     //遍历左孩子
        FindElemType(T->rchild,e);     //遍历右孩子
    }
    //如果节点为空,则返回上一层
```

图 6-22　节点值存储在二叉链表结构中的二叉树

```
    return;
}

int main(){
    BiTree B;
    TElemType ch;
    TElemType tree[16];
    int i;
    printf("请依次输入字母代表二叉树中的节点:");
    for(i=1;i<=15;i++)
        scanf("%c",&tree[i]);
    B=createtree(tree,1);
    printf("请输入要查找的节点名称:");
    scanf("%c",&ch);
    FindElemType(B,ch);
    if(flag==1)
        printf("查找成功");
    else
        printf("查找失败");
    return 0;
}
```

以上程序的运行结果如下：

请依次输入字母代表二叉树中的节点：

ABCD＃EF＃＃＃＃＃G

请输入要查找的节点名称:F

查找到的节点为:F 查找成功

再次测试,若输入要查找的节点名称:M

则查找反馈的信息为:查找失败

6.4.2 统计叶子节点的数目

查找一棵二叉树中叶子节点的个数,同样可以根据遍历过程中沿途所经历的节点适当进行判断,输出所有的叶子。例如,图 6-22 所示的二叉树可以采用这种思路,利用先序遍历算法添加判断叶子节点特征的条件,查找所有的叶子节点并输出。

完整代码如下：

```
# include < stdio.h>
# include < string.h>
# define TElemType int
//构造节点的结构体
typedef struct BiTNode{
    TElemType data;                          //数据域
    struct BiTNode * lchild,* rchild;        //左、右孩子指针
```

```
}BiTNode,* BiTree;
//初始化二叉树的函数,按顺序数组输入的符号来建立二叉树
BiTree createtree(TElemType node[],int n)
{BiTree T;
if(node[n]=='# '||n> 16) return NULL;
else
{
    T=(BiTNode* )malloc(sizeof(BiTNode));
    T->data=node[n];
    T->lchild=createtree(node,2* n);
    T->rchild=createtree(node,2* n+ 1);
return T;
}
}
//模拟操作节点元素的函数,输出节点本身的数值
void displayElem(BiTNode*  elem){
    printf("% c",elem->data);
}
//先序遍历路径
void FindLeafNode(BiTree T){
        if (T) {
            if(T->lchild==NULL&& T->rchild==NULL)  //判断叶子节点的特征
            {
            displayElem(T);                        //调用操作节点数据的函数方法
            }
        FindLeafNode(T->lchild);                   //遍历左孩子
        FindLeafNode(T->rchild);                   //遍历右孩子
    }
    //如果节点为空,则返回上一层
    return;
}

int main() {
    BiTree B;
    TElemType ch;
    TElemType tree[16];
    int i;
    printf("请依次输入字母代表二叉树中的节点:");
    for(i=1;i<=15;i++)
    scanf("% c",&tree[i]);
    B=createtree(tree,1);
    printf("此二叉树中的叶子节点名称为:");
    FindLeafNode(B);
    return 0;
```

```
}
```

以上程序的运行结果如下：

请依次输入字母代表二叉树中的节点：

ABCD#EF#####G

此二叉树中的叶子节点名称为:D G F

6.4.3 求二叉树深度

对二叉树进行遍历路径的过程中，可充分利用递归算法求解二叉树的某些特征信息。例如求二叉树的深度(也称二叉树的高度)，可以通过递归遍历方式很好地解决此类算法的求解。

图 6-22 所示的二叉树通过递归遍历算法的中间过程，可以循环记录每轮递归当前的左、右分支深度，经过条件表达式的对比，可以得出深度较高的左或右分支的值，最后将此值作为信息返回，即可代表此形态整棵二叉树的深度(高度)。

完整代码如下：

```
# include < stdio.h>
# include < string.h>
# define TElemType int
//构造节点的结构体
typedef struct BiTNode{
    TElemType data;                              //数据域
    struct BiTNode * lchild,* rchild;            //左、右孩子指针
}BiTNode,* BiTree;
//初始化二叉树的函数,按顺序数组输入的符号来建立二叉树
BiTree createtree(TElemType node[],int n)
{BiTree T;
if(node[n]=='# '||n> 16) return NULL;
else
{
    T=(BiTNode* )malloc(sizeof(BiTNode));
    T->data=node[n];
    T->lchild=createtree(node,2* n);
    T->rchild=createtree(node,2* n+ 1);
return T;
}
}
//后序遍历路径,设计函数 BiTreeHeight 求二叉树的高度(递归方式)
int BiTreeHeight(BiTree T){
    int deep=0;
    if (T){
            int Ldeep=BiTreeHeight(T->lchild);  //遍历左孩子
            int Rdeep=BiTreeHeight(T->rchild);  //遍历右孩子
            deep=(Ldeep> Rdeep? Ldeep+ 1:Rdeep+ 1);
            }
      return deep;
```

```
        }
        return;
    }

    int main() {
        BiTree B;
        TElemType ch;
        TElemType tree[16];
        int i;
        int height;
        printf("请依次输入字母代表二叉树中的节点:");
        for(i=1;i<=15;i++)
        scanf("% c",&tree[i]);
        B=createtree(tree,1);
        printf("此二叉树的高度为:");
        BiTreeHeight(B);
        return 0;
    }
```

以上程序的运行结果如下：

请依次输入字母代表二叉树中的节点：

ABCD＃EF＃＃＃＃＃G

此二叉树的高度为：

基于二叉树的遍历算法，还可以衍生出很多其他算法，如统计二叉树中节点的总数、查找单孩子节点的信息、判断两棵二叉树是否完全相同等，都可以通过递归遍历算法的基本思想来实现。

6.5　线索二叉树

通过二叉树的学习，我们已了解了二叉树本身是一种非线性结构，采用任何一种遍历二叉树的方法，都可以得到树中所有节点的一个线性序列。在这个序列中，除第一个节点外，每个节点都有自己的直接前驱；除最后一个节点外，每个节点都有一个直接后继。

例如，以图 6-7 所示的满二叉树为例，采用先序遍历的方式得到的节点序列为：1，2，4，5，3，6，7，在这个序列中，节点 2 的直接前驱节点为 1，直接后继节点为 4。

6.5.1　线索二叉树的定义及结构

1. 线索二叉树的定义

如果算法中多次涉及对二叉树的遍历，普通二叉树就需要使用栈结构执行重复性的操作。

线索二叉树不需要如此，在遍历的同时，使用二叉树中空闲的内存空间记录某些节点的前驱和后继元素的位置（不是全部）。这样，在算法后期需要遍历二叉树时，就可以利用保存的节点信息，提高了遍历的效率。使用这种方法构建的二叉树，即为线索二叉树。

2. 线索二叉树的节点结构

如果在二叉树中想保存每个节点前驱和后继所在的位置信息，最直接的想法就是改变节点的结构，即添加两个指针域，分别指向该节点的前驱和后继。但是这种方式会降低树存储结构的存储密度(存储密度指的是数据本身所占的存储空间和整个节点结构所占的存储量之比)，而对于二叉树来讲，其本身还有很多未利用的空间。

每一棵二叉树上，很多节点都含有未使用的指向 NULL 的指针域。除度为 2 的节点、度为 1 的节点外，还有一个空的指针域；叶子节点的两个指针域都为 NULL。其存储结构的规律是：在有 n 个节点的二叉链表中必定存在 n+1 个空指针域。

线索二叉树实际上就是使用这些空指针域来存储节点之间前驱和后继关系的一种特殊的二叉树。

线索二叉树中，如果节点有左子树，则 lchild 指针域指向左孩子，否则 lchild 指针域指向该节点的直接前驱；同样，如果节点有右子树，则 rchild 指针域指向右孩子，否则 rchild 指针域指向该节点的直接后继。

为了避免指针域指向的节点的意义混淆，需要改变节点本身的结构，增加两个标志域，如图 6-23 所示。

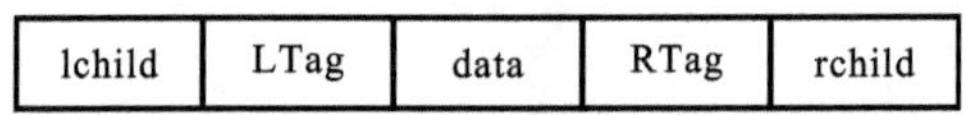

图 6-23 线索二叉树中的节点结构

图 6-23 中，LTag 和 RTag 为标志域，实际上就是两个布尔类型的变量。

- LTag 值为 0 时，表示 lchild 指针域指向的是该节点的左孩子；LTag 值为 1 时，表示指向的是该节点的直接前驱节点。
- RTag 值为 0 时，表示 rchild 指针域指向的是该节点的右孩子；RTag 值为 1 时，表示指向的是该节点的直接后继节点。

节点结构代码实现如下：

```
# define TElemType int                              //宏定义,节点中数据域的类型

//枚举,Link 为 0,Thread 为 1
typedef enum PointerTag{Link,Thread}PointerTag;
//节点的结构构造
typedef struct BiThrNode{
    TElemType data;                                 //数据域
    struct BiThrNode*  lchild,* rchild;             //左孩子、右孩子指针域
    PointerTag Ltag,Rtag;                           //标志域,枚举类型
}BiThrNode,* BiThrTree;
```

表示二叉树时，可以使用图 6-23 所示的节点结构构成的二叉链表，称为线索链表；构建的二叉树称为线索二叉树。线索链表中的“线索”，指的是链表中指向节点前驱和后继的指针。二叉树经过某种遍历方法转化为线索二叉树的过程称为线索化。

6.5.2　线索二叉树的基本操作及算法实现

1. 二叉树进行线索化的方式

将二叉树转化为线索二叉树，实质上是在遍历二叉树的过程中，将二叉链表中的空指针改为指向直接前驱或者直接后继的线索。线索化的过程即为在遍历的过程中修改空指针的过程。

在遍历过程中，如果当前节点没有左孩子，则需要将该节点的 lchild 指针指向遍历过程中的前一个节点，所以在遍历过程中，设置一个指针(名为 pre)，时刻指向当前访问节点的前一个节点。

代码实现(以中序遍历为例)如下：

```
//中序对二叉树进行线索化
void InThreading(BiThrTree p){
    //如果当前节点存在
    if (p){
    InThreading(p->lchild);         //递归当前节点的左子树,进行线索化
    //如果当前节点没有左孩子,左标志位设为 1,左指针域指向上一节点 pre
    if (! p->lchild) {
    p->Ltag=Thread;
    p->lchild=pre;
    }
    //如果 pre 没有右孩子,右标志位设为 1,右指针域指向当前节点
    if (! pre->rchild) {
    pre->Rtag=Thread;
    pre->rchild=p;
    }
    pre=p;                          //线索化完左子树后,让 pre 指针指向当前节点
    InThreading(p->rchild);         //递归右子树进行线索化
    }
```

注意：中序对二叉树进行线索化的过程中，在两个递归函数中间运行程序的作用与前面介绍的中序遍历二叉树的输出函数的作用是相同的。

将中间函数移到两个递归函数之前，就变成先序对二叉树进行线索化的过程；后序线索化同样如此。

2. 使用线索二叉树实现遍历

图 6-24 所示的是一个按照中序遍历建立的线索二叉树。其中，实线表示指针，指向的是左孩子或者右孩子。虚线表示线索，指向的是该节点的直接前驱或者直接后继。

使用线索二叉树时，经常会遇到一个问题，在图 6-24 中，节点 b 的直接后继节点通过指针域获得，为节点 *；而由于节点 * 的度为 2，所以无法利用指针域指向后继节点，整个链表断掉了。遍历过程中，遇到这种问题的解决办法是：寻找先序遍历、中序遍历、后序遍历的规律，找到下一个节点。

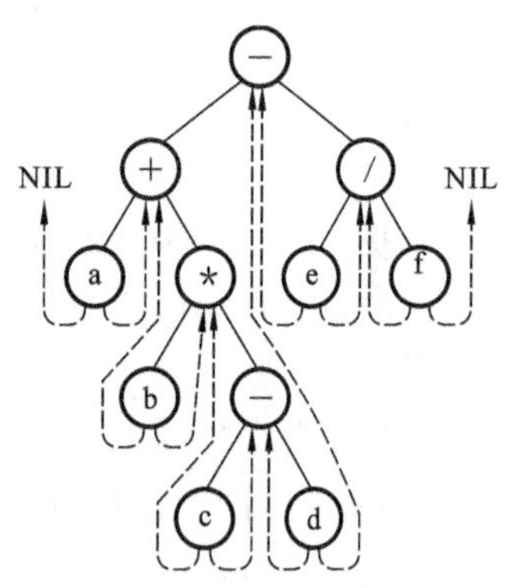

图 6-24 按照中序遍历建立的线索二叉树

在先序遍历过程中，如果节点有左孩子，则后继节点是其左孩子；否则，就一定是右孩子。以图 6-24 为例，节点＋的后继节点是其左孩子节点 a，如果节点 a 不存在，就是节点 ＊。

在中序遍历过程中，节点的后继是遍历其右子树时访问的第一个节点，也就是右子树中位于最左下的节点。如图 6-24 中的节点 ＊，后继节点为节点 c，是其右子树中位于最左边的节点。反之，节点的前驱是左子树最后访问的那个节点。

在后序遍历中查找后继节点需要分以下 3 种情况。

(1) 如果该节点是二叉树的根，则后继节点为空。

(2) 如果该节点是父节点的右孩子(或者是左孩子，但是父节点没有右孩子)，则后继节点是父节点。

(3) 如果该节点是父节点的左孩子，且父节点有右子树，则后继节点为父节点的右子树在后序遍历中列出的第一个节点。

使用后序遍历建立的线索二叉树，在真正使用过程中遇到链表的断点时，需要访问父节点，所以在初步建立二叉树时，宜采用三叉链表做存储结构。

遍历线索二叉树非递归代码如下：

```
    //中序遍历线索二叉树
    void InOrderThraverse_Thr(BiThrTree p)
while(p)
      {
      //一直查找左孩子，最后一个在中序序列中排第一
      while(p->Ltag==Link){
      p=p->lchild;
      }
      printf("% c",p->data);          //操作节点数据
      //当节点右标志位为 1 时，直接找到其后继节点
      while(p->Rtag==Thread && p->rchild ! =NULL){
      p=p->rchild;
      printf("% c",p->data);
      }
      //否则，按照中序遍历的规律，查找其右子树中最左下的节点，即继续循环遍历
    p=p->rchild;
    }
```

3. 线索化二叉树遍历的完整算法

通过建立线索化二叉树的存储结构，实现二叉树的中序遍历的完整算法代码如下：

```
# include < stdio.h>
# include < stdlib.h>
```

```
# define TElemType char                          //宏定义,节点中数据域的类型
//枚举,Link 为 0,Thread 为 1
typedef enum {
    Link,
    Thread
}PointerTag;
//节点的结构构造
typedef struct BiThrNode{
    TElemType data;                             //数据域
    struct BiThrNode* lchild,* rchild;          //左孩子、右孩子指针域
    PointerTag Ltag,Rtag;                       //标志域,枚举类型
}BiThrNode,* BiThrTree;
BiThrTree pre=NULL;
//采用先序初始化二叉树
//中序和后序只需改变赋值语句的位置即可
void CreateTree(BiThrTree * tree){
    char data;
    scanf("% c",&data);
    if (data! ='# '){
    if (! ((* tree)=(BiThrNode* )malloc(sizeof(BiThrNode)))){
    printf("申请节点空间失败");
    return;
    }else{
    (* tree)->data=data;                        //采用先序遍历方式初始化二叉树
    CreateTree(&((* tree)->lchild));            //初始化左子树
    CreateTree(&((* tree)->rchild));            //初始化右子树
    }
    }else{
    * tree=NULL;
    }
}
//中序对二叉树进行线索化
void InThreading(BiThrTree p){
    //如果当前节点存在
    if (p){
    InThreading(p->lchild);                     //递归当前节点的左子树,进行线索化
    //如果当前节点没有左孩子,则左标志位设为 1,左指针域指向上一节点 pre
    if (! p->lchild) {
    p->Ltag=Thread;
    p->lchild=pre;
    }
    //如果 pre 没有右孩子,则右标志位设为 1,右指针域指向当前节点
    if (pre&&! pre->rchild) {
    pre->Rtag=Thread;
```

```
        pre->rchild=p;
        }
        pre=p;                                 //pre 指向当前节点
        InThreading(p->rchild);                //递归右子树进行线索化
        }
    }
    //中序遍历线索二叉树
    void InOrderThraverse_Thr(BiThrTree p)
    {
        while(p)
        {
        //一直查找左孩子,最后一个在中序序列中排第一
        while(p->Ltag==Link){
        p=p->lchild;
        }
        printf("% c",p->data);                 //操作节点数据
        //当节点右标志位为 1 时,直接找到其后继节点
        while(p->Rtag==Thread && p->rchild ! =NULL)
        {
        p=p->rchild;
        printf("% c",p->data);
        }
        //否则,按照中序遍历的规律,查找其右子树中最左下的节点,即继续循环遍历
        p=p->rchild;
        }
        int main() {
        BiThrTree t;
        printf("输入先序二叉树:\n");
        CreateTree(&t);
        InThreading(t);
        printf("输出中序序列:\n");
        InOrderThraverse_Thr(t);
        return 0;
    }
```

以上程序的运行结果如下：

输入先序二叉树:124＃＃＃35＃＃6＃＃

输出中序序列:4 2 1 5 3 6

6.6　树的存储结构

前面介绍了二叉树的顺序存储和链式存储，本节学习如何存储具有普通树结构的数据。

图 6-25 所示的是一棵普通的树。该如何存储呢？通常，存储普通树结构数据的方法有 3 种：双亲表示法、孩子表示法和孩子兄弟表示法。

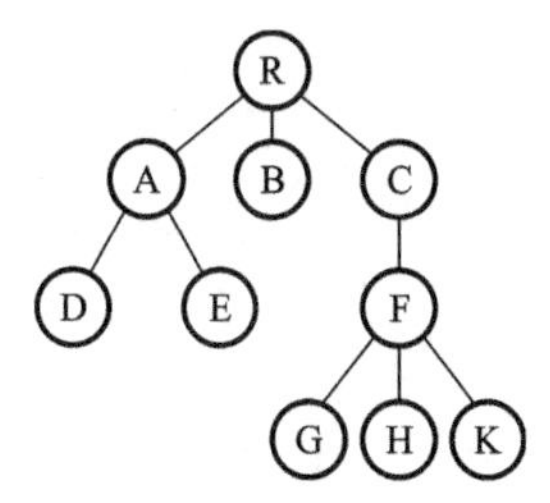

图 6-25　普通树的存储结构

6.6.1　树的双亲表示法

双亲表示法采用顺序表（也就是数组）存储普通树，其实现的核心思想是：顺序存储各节点的同时，给各节点附加一个记录其父节点位置的变量。注意，根节点没有父节点（父节点又称双亲节点），因此根节点记录父节点位置的变量通常置为 −1。

数组下标	data	parent
0	R	−1
1	A	0
2	B	0
3	C	0
4	D	1
5	E	1
6	F	3
7	G	6
8	H	6
9	K	6

图 6-26　采用双亲表示法存储普通树

例如，采用双亲表示法存储图 6-25 所示的普通树，其存储状态如图 6-26 所示。

图 6-26 存储普通树的过程转化为 C 语言代码如下：

```
# define MAX_SIZE 100//宏定义树中节点的最大数量
typedef char ElemType;          //宏定义树结构中的数据类型
typedef struct Snode{
    TElemType data;//树中节点的数据类型
    int parent;//节点的父节点在数组中的位置下标
}PTNode;
typedef struct {
    PTNode tnode[MAX_SIZE];    //存放树中所有的节点
    int n;//根的位置下标和节点数
}PTree;
```

因此，图 6-25 存储普通树的 C 语言实现代码如下：

```
# include< stdio.h>
# include< stdlib.h>
# define MAX_SIZE 20
typedef char ElemType;          //宏定义树结构中的数据类型
typedef struct Snode            //节点结构
{
    ElemType data;
    int parent;
}PNode;

typedef struct                  //树结构
{
    PNode tnode[MAX_SIZE];
    int n;                      //节点个数
}PTree;

PTree InitPNode(PTree tree)
```

```
{
    int i,j;
    char ch;
    printf("请输出节点个数:\n");
    scanf("% d",&(tree.n));

    printf("请输入节点的值,其双亲位于数组中的位置下标:\n");
    for(i=0;i< tree.n;i++)
    {
        fflush(stdin);
        scanf("% c % d",&ch,&j);
        tree.tnode[i].data=ch;
        tree.tnode[i].parent=j;
    }
    return tree;
}

void FindParent(PTree tree)
{
    char a;
    int isfind=0;
    printf("请输入要查询的节点值:\n");
    fflush(stdin);
    scanf("% c",&a);
    for(int i=0;i< tree.n;i++){
        if(tree.tnode[i].data==a){
            isfind=1;
            int ad=tree.tnode[i].parent;
            printf("% c的父节点为% c,存储位置下标为% d",a,tree.tnode[ad].data,ad);
            break;
        }
    }
    if(isfind==0){
        printf("树中无此节点");
    }
}
int main()
{
    PTree tree;
    tree=InitPNode(tree);
    FindParent(tree);
    return 0;
}
```

程序的运行结果如下：

请输出节点个数：

10

请输入节点的值，其双亲位于数组中的位置下标：

R－1

A 0

B 0

C 0

D 1

E 1

F 3

G 6

H 6

K 6

请输入要查询的节点值：

C

C 的父节点为 R，存储位置下标为 0

6.6.2 树的孩子表示法

前面学习了如何使用双亲表示法存储普通树，本节再学习一种存储普通树的方法——孩子表示法。

孩子表示法存储普通树采用的是“顺序表＋链表”的组合结构，其存储过程是：从树的根节点开始，使用顺序表依次存储树中的各个节点。需要注意的是，与双亲表示法不同，孩子表示法会给各个节点配备一个链表，用于存储各节点的孩子节点位于顺序表中的位置。如果节点没有孩子节点（叶子节点），则该节点的链表为空链表。

例如，图 6-27(a)所示的是使用孩子表示法存储普通树，其最终存储状态如图 6-27(b)所示。

图 6-27 使用孩子表示法存储普通树的过程转化为 C 语言代码如下：

```
# include< stdio.h>
# include< stdlib.h>
# define MAX_SIZE 20
# define TElemType char
//孩子表示法
typedef struct CTNode{
    int child;  //链表中每个节点存储的不是数据本身，而是数据在数组中存储的位置下标
    struct CTNode *  next;
}ChildPtr;
typedef struct {
    TElemType data;                //节点的数据类型
    ChildPtr*  firstchild;         //孩子链表的头指针
```

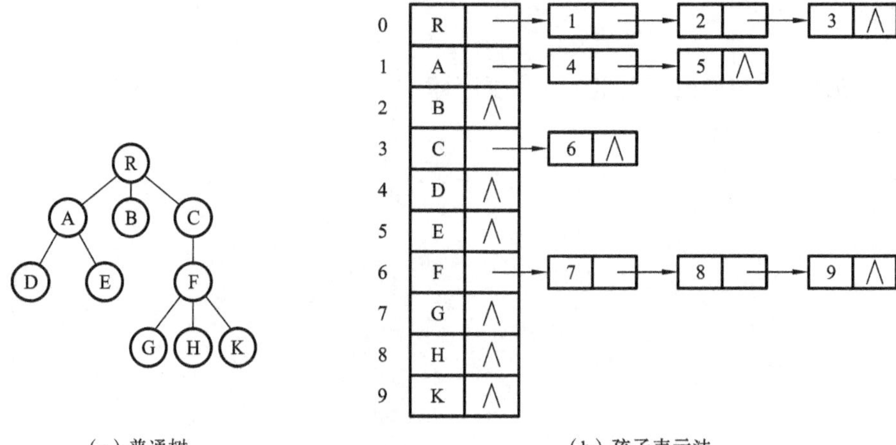

图 6-27　使用孩子表示法存储普通树示意图

```
}CTBox;
typedef struct{
    CTBox nodes[MAX_SIZE];              //存储节点的数组
    int n,r;                            //节点数量和树根的位置
}CTree;
//使用孩子表示法存储普通树
CTree initTree(CTree tree){
    printf("输入节点的数量:\n");
    scanf("% d",&(tree.n));
    for(int i=0;i< tree.n;i++){
        printf("输入第% d个节点的值:\n",i+ 1);
        fflush(stdin);
        scanf("% c",&(tree.nodes[i].data));
        tree.nodes[i].firstchild=(ChildPtr* )malloc(sizeof(ChildPtr));
        tree.nodes[i].firstchild->next=NULL;

        printf("输入节点% c的孩子节点数量:\n",tree.nodes[i].data);
        int Num;
        scanf("% d",&Num);
        if(Num! =0){
            ChildPtr *  p=tree.nodes[i].firstchild;
            for(int j=0 ;j< Num;j++){
                ChildPtr *  newEle=(ChildPtr* )malloc(sizeof(ChildPtr));
                newEle->next=NULL;
                printf("输入第% d个孩子节点在顺序表中的位置",j+ 1);
                scanf("% d",&(newEle->child));
                p->next=newEle;
                p=p->next;
            }
```

```
            }
        }
        return tree;
    }
    void findKids(CTree tree,char a){
        int hasKids=0;
        for(int i=0;i< tree.n;i++){
            if(tree.nodes[i].data==a){
                ChildPtr * p=tree.nodes[i].firstchild->next;
                while(p){
                    hasKids=1;
                    printf("% c ",tree.nodes[p->child].data);
                    p=p->next;
                }
                break;
            }
        }
        if(hasKids==0){
            printf("此节点为叶子节点");
        }
    }
    int main()
    {
        CTree tree;
        tree=initTree(tree);
        //默认根节点位于数组 notes[0]处
        tree.r=0;
        printf("找出节点 F 的所有孩子节点:");
        findKids(tree,'F');
        return 0;
    }
```

程序的运行结果如下：

输入节点数量：

10

输入第 1 个节点的值：

R

输入节点 R 的孩子节点数量：

3

输入第 1 个孩子节点在顺序表中的位置 1

输入第 2 个孩子节点在顺序表中的位置 2

输入第 3 个孩子节点在顺序表中的位置 3

输入第 2 个节点的值：

```
A
输入节点 A 的孩子节点数量：
2
输入第 1 个孩子节点在顺序表中的位置 4
输入第 2 个孩子节点在顺序表中的位置 5
输入第 3 个节点的值：
B
输入节点 B 的孩子节点数量：
0
输入第 4 个节点的值：
C
输入节点 C 的孩子节点数量：
1
输入第 1 个孩子节点在顺序表中的位置 6
输入第 5 个节点的值：
D
输入节点 D 的孩子节点数量：
0
输入第 6 个节点的值：
E
输入节点 E 的孩子节点数量：
0
输入第 7 个节点的值：
F
输入节点 F 的孩子节点数量：
3
输入第 1 个孩子节点在顺序表中的位置 7
输入第 2 个孩子节点在顺序表中的位置 8
输入第 3 个孩子节点在顺序表中的位置 9
输入第 8 个节点的值：
G
输入节点 G 的孩子节点数量：
0
输入第 9 个节点的值：
H
输入节点 H 的孩子节点数量：
0
输入第 10 个节点的值：
```

K

输入节点 K 的孩子节点数量：

0

找出节点 F 的所有孩子节点:G H K

使用孩子表示法存储的树结构，正好与双亲表示法的树结构相反，适用于查找某个节点的孩子节点，不适合查找其父节点。

其实，还可以将双亲表示法和孩子表示法合二为一，如图 6-27(a)所示的普通树的存储效果如图 6-28 所示。

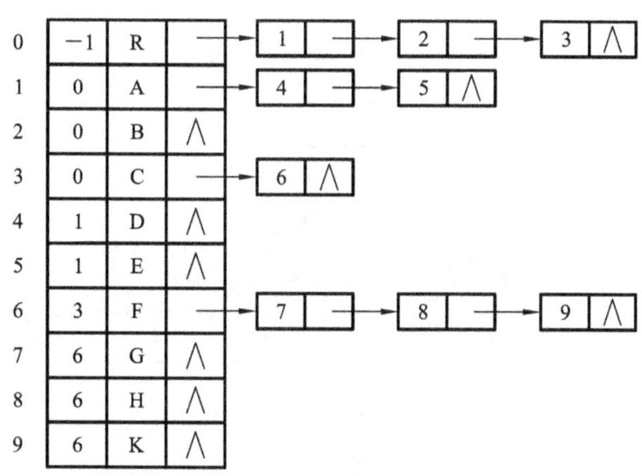

图 6-28　双亲孩子表示法

使用图 6-28 结构存储普通树，既能快速找到指定节点的父节点，又能快速找到指定节点的孩子节点。该结构的实现方法很简单，只需整合第 6.6.1 节和第 6.6.2 节的代码即可，此处不再赘述。

6.6.3　树的孩子兄弟表示法

前面介绍了存储普通树的双亲表示法和孩子表示法，本节讲解最后一种常用方法——孩子兄弟表示法。

树结构中，位于同一层的节点之间互为兄弟节点。例如，图 6-27(a)所示的普通树中，节点 A、B 和 C 互为兄弟节点，而节点 D、E 和 F 也互为兄弟节点。

孩子兄弟表示法，采用的是链式存储结构，其存储树的实现思想是：从树的根节点开始，依次用链表存储各个节点的孩子节点和兄弟节点。

因此，链表中的节点应包含 3 部分内容，即孩子指针域、数据域和兄弟指针域，如图 6-29 所示。

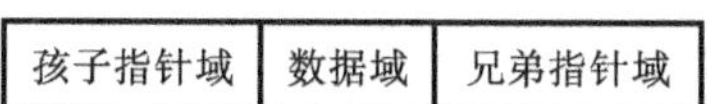

孩子指针域	数据域	兄弟指针域

图 6-29　孩子兄弟表示法采用链式存储结构

用 C 语言代码表示节点结构如下：

```
# define ElemType char
typedef struct CSNode{
    ElemType data;
    struct CSNode *  firstchild,* nextsibling;
}CSNode,* CSTree;
```

以图 6-27(a)为例,使用孩子兄弟表示法进行存储的结果如图 6-30 所示。由图 6-30 可以看到,节点 R 无兄弟节点,其孩子节点是 A;节点 A 的兄弟节点分别是 B 和 C,其孩子节点为 D,依此类推。

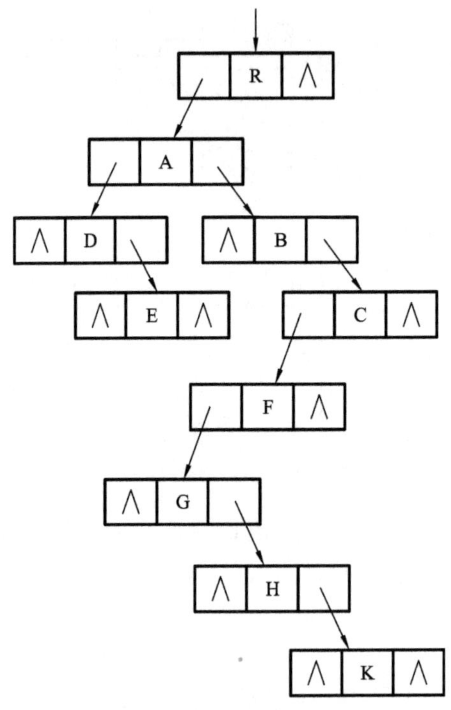

图 6-30　孩子兄弟表示法示意图

使用 C 语言实现图 6-30 也很简单,根据图中链表的结构即可轻松完成链表的创建和使用,因此不再给出具体代码。

接下来观察图 6-27(a)和图 6-30。图 6-27(a)为原普通树,图 6-30 是由图 6-27(a)经过孩子兄弟表示法转化而来的一棵树,确切地说,图 6-30 是一棵二叉树。因此可以得出这样一个结论,即通过孩子兄弟表示法,任意一棵普通树都可以相应地转化为一棵二叉树,换句话说,任意一棵普通树都有唯一的一棵二叉树与其对应。

因此,孩子兄弟表示法可以作为将普通树转化为二叉树的最有效方法,通常又被称为二叉树表示法或二叉链表表示法。

6.7　树、森林与二叉树的转换

树、森林与二叉树结构之间进行相互转换的主要目的是将二叉树的算法用于更复杂的树和森林结构。譬如,二叉树的遍历算法、查找节点算法都是基于稳定的二叉树结构实现的算法,如果能将形态无规律且更普遍的树和森林结构转换成二叉树结构,有利于简化基于树和森林这些复杂分支结构的算法实现。

6.7.1　树转化为二叉树

普通的树结构可以根据孩子兄弟存储法的转换原则实现向二叉树结构的转换。

6.7.2　森林转化为二叉树

前面介绍了普通树转化为二叉树的孩子兄弟表示法,本节学习如何将森林转化为一整棵二叉树。森林指的是由 n(n⩾2)棵互不相交的树组成的集合,如图 6-31 所示。

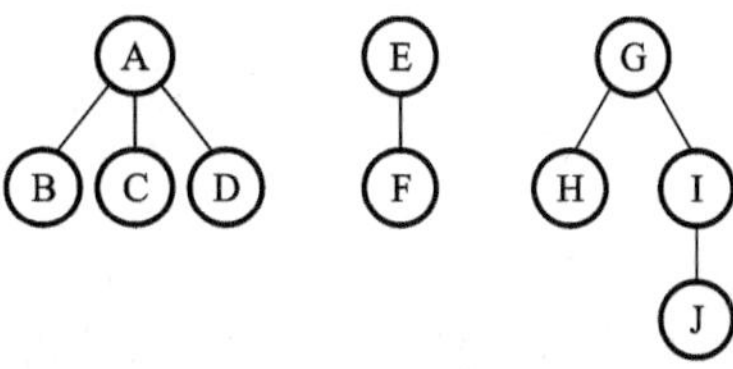

图 6-31　森林示意图

在某些实际场景中,为了便于操作具有森林结构的数据,往往需要将森林转化为一整棵二叉树。

我们知道,任意一棵普通树都可以转化为二叉树,而森林是由多棵普通树构成的,因此也可以转化为二叉树,其转化过程如下。

(1) 将森林中的所有普通树各自转化为二叉树。

(2) 将森林中第一棵树的树根作为整个森林的树根,其他树的根节点看成是第一棵树根节点的兄弟节点,采用孩子兄弟表示法将所有树进行连接。

例如,将图 6-32(a)中的森林转化为二叉树,则以上转化过程分别对应图 6-32 中的(b)和(c)。

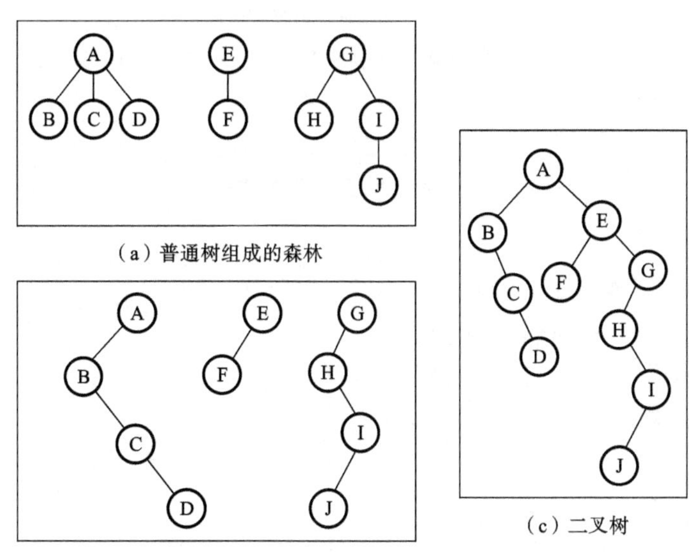

(a) 普通树组成的森林

(b) 含有多个二叉树的森林

(c) 二叉树

图 6-32　森林转化为二叉树的过程

如图 6-32 所示,先将森林包含的所有普通树各自转化为二叉树,然后将其他树的根节点看成第一棵二叉树的兄弟节点,采用孩子兄弟表示法进行连接。

森林转化为二叉树,更多的是为了对森林中的节点进行遍历操作。前面讲过,遍历二叉树有 4 种方法,分别是层次遍历、先序遍历、中序遍历和后序遍历。转化前的森林与转化后的二叉树相比,其层次遍历和后序遍历的访问节点顺序不同,而先序遍历和中序遍历访问节点的顺序是相同的。

以图 6-31 中的森林为例,其转化后的二叉树为图 6-32(c),两者比较,其先序遍历访问节点的顺序都是 A B C D E F G H I J;同样,中序遍历访问节点的顺序也一样,都是 B C D A F E H J I G。而后序遍历和层次遍历访问节点的顺序是不同的。

提示:由二叉树转化为森林的过程就是森林转化为二叉树的逆过程,也就是图 6-32 中由(c)到(b)再到(a)的过程。

6.8 树和森林的遍历

从树的基本结构可以发现,对树进行遍历操作时可以有以下 3 种搜索路径。

- 先根(先序)遍历树:如果树非空,则先访问根节点,然后依次先根遍历根的各棵子树。
- 后根(后序)遍历树:如果树非空,则先依次后根遍历要的各棵子树,然后访问根节点。
- 按层次遍历树:如果树非空,则从根节点起,依节点所在层次从上到下、每层从左到右依次访问各个节点。

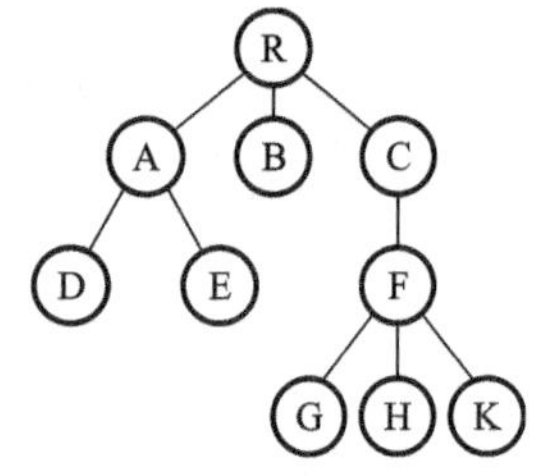

图 6-33　树结构

例如,对图 6-33 中所示的树进行遍历。

先根遍历树时节点的访问次序为:R A D E B C F G H K。

后根遍历树时节点的访问次序为:D E A B G H K F C R。

层次遍历树时节点的访问次序为:R A B C D E F G H K。

以上先根、后根遍历序列分别与树转换成同形态的二叉树的先序、中序遍历序列一致。

根据树和森林相互递归转换的定义,从树的前两种搜索路径的遍历中不难推出森林的两种遍历方式。

1. 先序遍历森林

若森林非空,则可按以下规则遍历。

(1) 访问森林中第一棵树的根节点。

(2) 先序遍历第一棵树中根节点的子树森林。

(3) 先序遍历除去第一棵树之后剩余的树构成的森林。

2. 中序遍历森林

若森林非空,则可按以下规则遍历。

(1) 中序遍历森林中第一棵树的根节点的子树森林。

(2) 访问第一棵树的根节点。

(3) 中序遍历除去第一棵树之后剩余的树构成的森林。

例如,对图 6-34 所示的森林分别进行先序遍历和中序遍历。

森林的先序遍历序列为：A B C D E F G H I J。

森林的中序遍历序列为：B C D A F E H J I G。

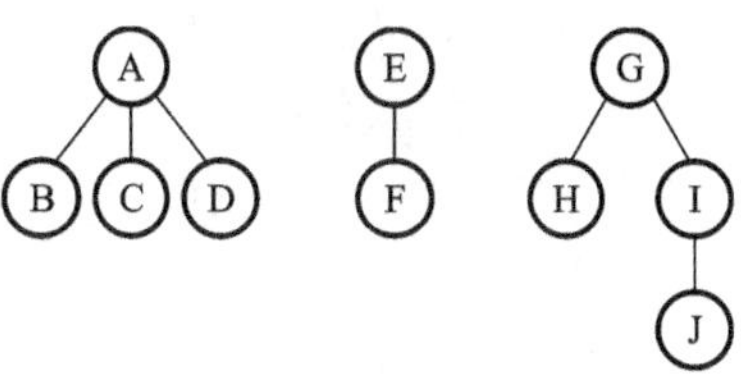

图 6-34　森林结构图

由上述森林与二叉树之间转换的规则可知，当森林转换成二叉树时，其第一棵树的子树森林转换成左子树，其余树森林转换成右子树，则上述森林的先序遍历和中序遍历即为其对应的二叉树的先序遍历和中序遍历。如果对图 6-34 中与森林对应的二叉树分别进行先序遍历和中序遍历，则可以得到和上述完全一致的序列。

由此可见，当以二叉链表作为树的存储结构时，树的先根遍历算法和后根遍历算法可借用二叉树的先序遍历算法和中序遍历算法来实现。森林的遍历算法同理可推得。

6.9　哈夫曼树及其应用

哈夫曼树，又名赫夫曼树、最优树以及最优二叉树。

6.9.1　哈夫曼树的相关定义

路径：在一棵树中，从一个节点到另一个节点之间的道路，称为路径。图 6-35 中，从根节点到节点 a 之间的道路就是一条路径。

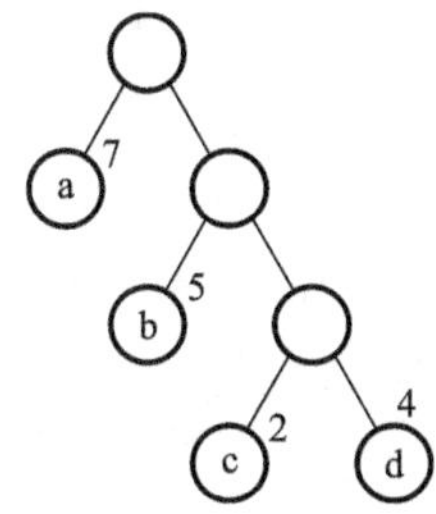

图 6-35　哈夫曼树

路径长度：在一条路径中，每经过一个节点，路径长度都要加 1。例如在一棵树中，规定根节点所在层数为 1 层，那么从根节点到第 i 层节点的路径长度为 i－1。图 6-35 中，从根节点到节点 c 的路径长度为 3。

节点的权：给每个节点赋予一个新的数值，称为这个节点的权。例如，图 6-35 中，节点 a 的权为 7，节点 b 的权为 5。

节点的带权路径长度：节点的带权路径长度指的是从根节点到该节点之间的路径长度与该节点的权的乘积。例如，图 6-35 中，节点 b 的带权路径长度为 2×5＝10。

树的带权路径长度为树中所有叶子节点的带权路径长度之和。通常记为“WPL”。例如，图 6-35 所示的这棵树的带权路径长度为：

WPL＝7×1＋5×2＋2×3＋4×3

当用 n 个节点（都做叶子节点且都有各自的权值）试图构建一棵树时，如果构建的这棵树的带权路径长度最小，则称这棵树为最优二叉树，有时也叫赫夫曼树或者哈夫曼树。

在构建哈夫曼树时，要使树的带权路径长度最小，只需要遵循一条原则，那就是权重越大的节点离树根越近。在图 6-35 中，因为节点 a 的权值最大，所以理应直接作为根节点的孩子节点。

6.9.2　哈夫曼树的构造

对于给定的有各自权值的 n 个节点，构建哈夫曼树有一种行之有效的办法。

(1) 在 n 个权值中选出 2 个最小的权值,对应的 2 个节点组成 1 个新的二叉树,且新二叉树的根节点的权值为左、右孩子权值的和。

(2) 在原有的 n 个权值中删除那 2 个最小的权值,同时将新的权值加入 n−2 个权值的行列中,以此类推。

(3) 重复(1)和(2),直到所有的节点构建成一棵二叉树,这棵树就是哈夫曼树,如图 6-36所示。

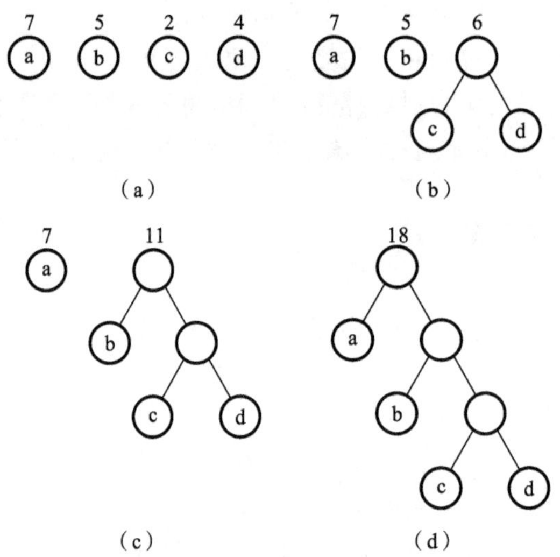

图 6-36　哈夫曼树的构建过程

图 6-36(a)中给定了 4 个节点 a、b、c、d,权值分别为 7、5、2、4;第一步如图 6-36(b)所示,找出现有权值中最小的 2 个,即 2 和 4,相应的节点 c 和 d 构建 1 个新的二叉树,树根的权值为 2+4=6,同时将原有权值中的 2 和 4 删除,将新的权值 6 加入;进入(C),重复之前的步骤。直到(D)中,所有的节点构建成了一个全新的二叉树,这就是哈夫曼树。

6.9.3　哈夫曼树的实现

1. 哈夫曼树节点结构

构建哈夫曼树时,首先需要确定树中节点的构成。由于哈夫曼树的构建是从叶子节点开始的,应不断地构建新的父节点,直至树根,所以节点中应包含指向父节点的指针。但是在使用哈夫曼树时是从树根开始的,要根据需求遍历树中的节点,因此每个节点需要有指向其左孩子和右孩子的指针。

因此,哈夫曼树中节点的构成使用代码表示如下:

```
//哈夫曼树节点结构
typedef struct {
    int weight;                   //节点权重
    int parent,left,right;        //父节点、左孩子、右孩子在数组中的位置下标
}HTNode,* HuffmanTree;
```

2. 哈夫曼树的查找算法

构建哈夫曼树时，需要每次根据各个节点的权重值筛选出其中值最小的两个节点，然后构建二叉树。

查找权重值最小的两个节点的思想是：从数组起始位置开始，首先找到两个无父节点的节点(说明还未使用其构建成树)，然后和后续无父节点的节点依次进行比较，有以下两种情况需要考虑。

(1) 如果比两个节点中权重值较小的那个还小，就保留这个节点，删除原来较大的节点。

(2) 如果介于两个节点权重值之间，则替换原来较大的节点。

哈夫曼树的实现代码如下：

```
//HT 数组中存放的哈夫曼树,end 表示 HT 数组中存放节点的最终位置,s1 和 s2 传递的是 HT
数组中权重值最小的两个节点在数组中的位置
void Select(HuffmanTree HT,int end,int * s1,int * s2)
{
    int min1, min2;
    //遍历数组初始下标为 1
    int i=1;
    //找到还没构建成树的节点
    while(HT[i].parent ! =0 && i <=end){
        i++;
    }
    min1=HT[i].weight;
    * s1=i;
    i++;
    while(HT[i].parent !=0 && i <=end){
        i++;
    }
    //比较已找到的两个节点的大小,min2 为大的节点,min1 为小的节点
    if(HT[i].weight<min1){
        min2=min1;
        * s2=* s1;
        min1=HT[i].weight;
        * s1=i;
    }else{
        min2=HT[i].weight;
        * s2=i;
    }
    //两个节点和后续的所有未构建成树的节点进行比较
    for(int j=i+1;j <=end;j++)
    {
        //如果有父节点,则直接跳过,进行下一个比较
        if(HT[j].parent ! =0){
```

```
            continue;
        }
        //如果比节点中权重值最小的那个还小,即 min2=min1,则将 min1 赋值新的节点的下标
        if(HT[j].weight<min1){
            min2=min1;
            min1=HT[j].weight;
            * s2=* s1;
            * s1=j;
        }
        //如果介于两个节点权重值之间,则将 min2 赋值为新的节点的位置下标
        else if(HT[j].weight >=min1 && HT[j].weight<min2){
            min2=HT[j].weight;
            * s2=j;
        }
    }
}
```

注意:s1 和 s2 传入的是实参的地址,所以函数运行完成后,实参中存放的自然就是哈夫曼树中权重值最小的两个节点在数组中的位置。

3. 哈夫曼树的代码实现

根据哈夫曼树的构建原则和节点存储结构,哈夫曼树的实现代码如下:

```
//HT 为地址传递的存储哈夫曼树的数组,w 为存储节点权重值的数组,n 为节点个数
void CreateHuffmanTree(HuffmanTree * HT,int * w,int n)
{
    if(n<=1) return;            //如果只有一个编码,就相当于 0
    int m=2* n- 1;              //哈夫曼树的总节点数,n 就是叶子节点
    * HT=(HuffmanTree) malloc((m+ 1) *  sizeof(HTNode));     //0 号位置不用
    HuffmanTree p=* HT;
    //初始化哈夫曼树中的所有节点
    for(int i=1; i <=n; i++)
    {
        (p+ i)->weight=* (w+ i- 1);
        (p+ i)->parent=0;
        (p+ i)->left=0;
        (p+ i)->right=0;
    }
    //从数组的下标 n+1 开始初始化哈夫曼树中除叶子节点外的节点
    for(int i=n+ 1;i <=m;i++)
    {
        (p+ i)->weight=0;
        (p+ i)->parent=0;
        (p+ i)->left=0;
        (p+ i)->right=0;
```

```
    }
    //构建哈夫曼树
    for(int i=n+1; i <=m; i++)
    {
        int s1,s2;
        Select(* HT,i-1,&s1,&s2);
        (* HT)[s1].parent= (* HT)[s2].parent=i;
        (* HT)[i].left=s1;
        (* HT)[i].right=s2;
        (* HT)[i].weight= (* HT)[s1].weight+ (* HT)[s2].weight;
    }
}
```

6.9.4　哈夫曼编码

1. 哈夫曼编码的定义及生成方式

哈夫曼编码就是在哈夫曼树的基础上构建的，这种编码方式最大的优点就是用最少的字符包含最多的信息内容。

根据发送信息的内容，通过统计文本中相同字符的个数作为每个字符的权值，建立哈夫曼树。对于树中的每棵子树，统一规定其左孩子标记为 0，右孩子标记为 1。这样，用到哪个字符时，从哈夫曼树的根节点开始，依次写出经过节点的标记，最终得到的就是该节点的哈夫曼编码。

文本中字符出现的次数越多，在哈夫曼树中就越接近树根，编码的长度也就越短。

如图 6-37 所示，字符 a 用到的次数最多，其次是字符 b。字符 a 的哈夫曼编码是 0，字符 b 的哈夫曼编码为 10，字符 c 的哈夫曼编码为 110，字符 d 的哈夫曼编码为 111。

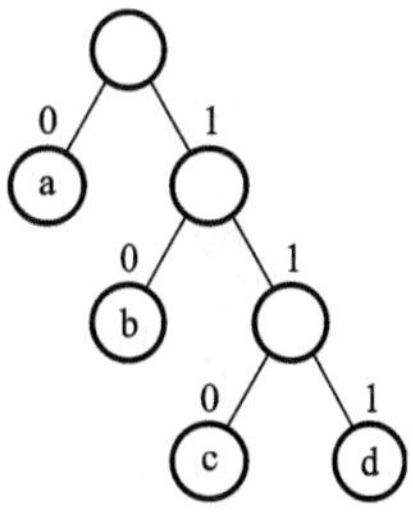

图 6-37　哈夫曼编码

使用程序求哈夫曼编码有以下两种方法。

(1) 从叶子节点开始查找，一直到根节点，逆向记录途中的标记。例如，图 6-37 中字符 c 的哈夫曼编码从节点 c 开始一直到根节点，结果为 0 1 1，所以字符 c 的哈夫曼编码为 1 1 0(逆序输出)。

(2) 从根节点出发，一直到叶子节点，记录途中的标记。例如，求图 6-37 中字符 c 的哈夫曼编码，就从根节点开始，依次为 1 1 0。

2. 哈夫曼编码算法实现

采用第一种算法的实现代码如下：

```
//HT 为哈夫曼树,HC 为存储节点哈夫曼编码的二维动态数组,n 为节点的个数
void HuffmanCoding(HuffmanTree HT,HuffmanCode * HC,int n){
    * HC= (HuffmanCode) malloc((n+1) * sizeof(char * ));
    char * cd= (char * )malloc(n* sizeof(char));  //存放节点哈夫曼编码的字符串
                                                    数组
```

```
    cd[n- 1]='\0';              //字符串结束符
    for(int i=1;i<=n;i++){
        //从叶子节点出发,得到的哈夫曼编码是逆序的,需要在字符串数组中逆序存放
        int start=n- 1;
        //当前节点在数组中的位置
        int c=i;
        //当前节点的父节点在数组中的位置
        int j=HT[i].parent;
        //一直查找到根节点
        while(j ! =0){
            //如果该节点是父节点的左孩子,则对应路径编码为 0,否则右孩子编码为 1
            if(HT[j].left==c)
                cd[--start]='0';
            else
                cd[--start]='1';
            //以父节点为孩子节点,继续朝树根的方向遍历
            c=j;
            j=HT[j].parent;
        }
        //跳出循环后,cd 数组中从下标 start 开始,存放的就是该节点的哈夫曼编码
        (* HC)[i]=(char * )malloc((n-start)* sizeof(char));
        strcpy((* HC)[i], &cd[start]);
    }
    //使用 malloc 申请的 cd 动态数组需要手动释放
    free(cd);
}
```

采用第二种算法的实现代码如下：

```
//HT 为哈夫曼树,HC 为存储节点哈夫曼编码的二维动态数组,n 为节点的个数
void HuffmanCoding(HuffmanTree HT,HuffmanCode * HC,int n){
    * HC=(HuffmanCode) malloc((n+1) *  sizeof(char * ));
    int m=2* n-1;
    int p=m;
    int cdlen=0;
    char * cd=(char * )malloc(n* sizeof(char));
    //将各个节点的权重用于记录访问节点的次数,首先初始化为 0
    for (int i=1;i<=m;i++) {
        HT[i].weight=0;
    }
    //一开始 p 初始化为 m,也就是从树根开始,一直到 p 为 0
    while (p) {
        //如果当前节点一次没有访问,则进入这条 if 语句
        if (HT[p].weight==0) {
            HT[p].weight=1;             //重置访问次数为 1
```

```
            //如果有左孩子,则访问左孩子,并且存储走过的标记为 0
            if (HT[p].left! =0) {
                p=HT[p].left;
                cd[cdlen++]='0';
            }
            //当前节点没有左孩子,也没有右孩子,说明为叶子节点,直接记录哈夫曼编码
            else if(HT[p].right==0){
                (* HC)[p]=(char* )malloc((cdlen+1)* sizeof(char));
                cd[cdlen]='\0';
                strcpy((* HC)[p],cd);
            }
        }
        //如果 weight 为 1,则说明访问过 1 次,即是从其左孩子返回的
        else if(HT[p].weight==1){
            HT[p].weight=2;                 //设置访问次数为 2
            //如果有右孩子,则遍历右孩子,记录标记值 1
            if (HT[p].right! =0) {
                p=HT[p].right;
                cd[cdlen++]='1';
            }
        }
        //如果访问次数为 2,则说明左、右孩子都遍历完成,返回父节点
        else{
            HT[p].weight=0;
            p=HT[p].parent;
            --cdlen;
        }
    }
}
```

6.9.5　哈夫曼树及编码的完整算法

在第 6.9.4 节中介绍了两种遍历哈夫曼树获得哈夫曼编码的方法,同时也给出了各自完整的实现代码的函数。下面将使用第一种逆序遍历哈夫曼树的算法来实现哈夫曼编码的生成输出。

```
# include< stdlib.h>
# include< stdio.h>
# include< string.h>
//哈夫曼树节点结构
typedef struct {
    int weight;                    //节点权重
    int parent, left, right;       //父节点、左孩子、右孩子在数组中的位置下标
}HTNode, * HuffmanTree;
```

```
//动态二维数组,存储哈夫曼编码
typedef char * *  HuffmanCode;
//HT 数组中存放的哈夫曼树,end 表示 HT 数组中存放节点的最终位置,s1 和 s2 传递的是 HT
数组中权重值最小的两个节点在数组中的位置
void Select(HuffmanTree HT,int end,int * s1,int * s2)
{
    int min1, min2;
    //遍历数组初始下标为 1
    int i=1;
    //找到还没构建成树的节点
    while(HT[i].parent ! =0 && i <=end){
        i+ + ;
    }
    min1=HT[i].weight;
    * s1=i;
    i+ + ;
    while(HT[i].parent ! =0 && i <=end){
        i+ + ;
    }
    //比较已找到的两个节点大小,min2 为大的,min1 为小的
    if(HT[i].weight <  min1){
        min2=min1;
        * s2=* s1;
        min1=HT[i].weight;
        * s1=i;
    }else{
        min2=HT[i].weight;
        * s2=i;
    }
    //两个节点和后续的所有未构建成树的节点进行比较
    for(int j=i+ 1;j <=end;j++)
    {
        //如果有父节点,直接跳过,进行下一个比较
        if(HT[j].parent ! =0){
            continue;
        }
        //如果比节点中权重值最小的还小,即 min2=min1,则将 min1 赋值新的节点的下标
        if(HT[j].weight <  min1){
            min2=min1;
            min1=HT[j].weight;
            * s2=* s1;
            * s1=j;
        }
        //如果介于两个节点权重值之间,则将 min2 赋值为新的节点的位置下标
```

```
        else if(HT[j].weight > =min1 && HT[j].weight < min2){
            min2=HT[j].weight;
            * s2=j;
        }
    }
}
//HT 为地址传递的存储哈夫曼树的数组,w 为存储节点权重值的数组,n 为节点个数
void CreateHuffmanTree(HuffmanTree * HT,int * w,int n)
{
    if(n<=1) return;                //如果只有一个编码,就相当于 0
    int m=2* n- 1;                  //哈夫曼树总节点数,n 就是叶子节点
    * HT=(HuffmanTree) malloc((m+ 1) * sizeof(HTNode));     //0 号位置不用
    HuffmanTree p=* HT;
    //初始化哈夫曼树中的所有节点
    for(int i=1; i <=n; i++)
    {
        (p+ i)->weight=* (w+ i- 1);
        (p+ i)->parent=0;
        (p+ i)->left=0;
        (p+ i)->right=0;
    }
    //从树组的下标 n+ 1 开始初始化哈夫曼树中除叶子节点外的节点
    for(int i=n+ 1; i <=m; i++)
    {
        (p+ i)->weight=0;
        (p+ i)->parent=0;
        (p+ i)->left=0;
        (p+ i)->right=0;
    }
    //构建哈夫曼树
    for(int i=n+ 1; i <=m; i++)
    {
        int s1, s2;
        Select(* HT,i- 1,&s1,&s2);
        (* HT)[s1].parent=(* HT)[s2].parent=i;
        (* HT)[i].left=s1;
        (* HT)[i].right=s2;
        (* HT)[i].weight=(* HT)[s1].weight+ (* HT)[s2].weight;
    }
}
//HT 为哈夫曼树,HC 为存储节点哈夫曼编码的二维动态数组,n 为节点的个数
void HuffmanCoding(HuffmanTree HT,HuffmanCode * HC,int n){
    * HC=(HuffmanCode) malloc((n+ 1) * sizeof(char * ));
    char * cd=(char * )malloc(n* sizeof(char));      //存放节点哈夫曼编码的字符
```

```
                                                                        串数组
    cd[n- 1]='\0';                    //字符串结束符
    for(int i=1; i<=n; i++){
        //从叶子节点出发,得到的哈夫曼编码是逆序的,需要在字符串数组中逆序存放
        int start=n- 1;
        //当前节点在数组中的位置
        int c=i;
        //当前节点的父节点在数组中的位置
        int j=HT[i].parent;
        //一直查找到根节点
        while(j ! =0){
            //如果该节点是父节点的左孩子,则对应路径编码为 0,否则右孩子编码为 1
            if(HT[j].left==c)
                cd[- - start]='0';
            else
                cd[- - start]='1';
            //以父节点为孩子节点,继续朝树根的方向遍历
            c=j;
            j=HT[j].parent;
        }
        //跳出循环后,cd 数组中从下标 start 开始,存放的就是该节点的哈夫曼编码
        (* HC)[i]=(char * )malloc((n- start)* sizeof(char));
        strcpy((* HC)[i], &cd[start]);
    }
    //使用 malloc 申请的 cd 动态数组需要手动释放
    free(cd);
}
//打印哈夫曼编码的函数
void PrintHuffmanCode(HuffmanCode htable,int * w,int n)
{
    printf("Huffman code : \n");
    for(int i=1; i <=n; i++)
        printf("% d code=% s\n",w[i- 1], htable[i]);
}
int main(void)
{
    int w[5]={2, 8, 7, 6, 5};
    int n=5;
    HuffmanTree htree;
    HuffmanCode htable;
    CreateHuffmanTree(&htree, w, n);
    HuffmanCoding(htree, &htable, n);
    PrintHuffmanCode(htable,w, n);
    return 0;
```

```
}
```

以上程序的运行结果如下：

Huffman 编码：

2 code=100

8 code=11

7 code=01

6 code=00

5 code=101

以上程序中，对权重值分别为 2、8、7、6、5 的节点构建哈夫曼树，如图 6-38(a)所示。图 6-38(b)是另一棵哈夫曼树，两棵树的带权路径长度相同。

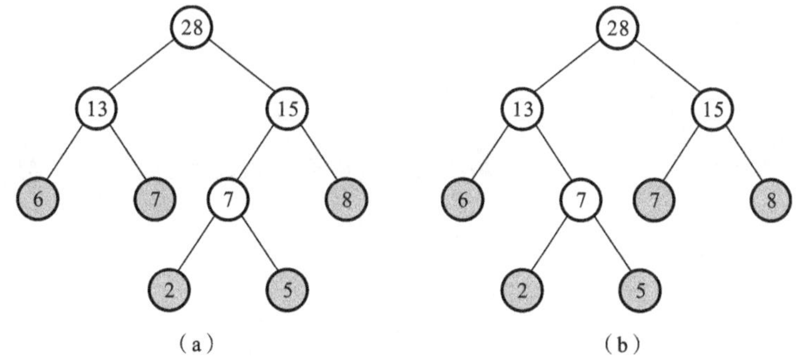

图 6-38　程序运行效果图

程序的运行效果图之所以是图 6-38(a)而不是图 6-38(b)，原因是在构建哈夫曼树时，节点 2 和节点 5 构建的新的节点 7 存储在动态数组的最后面，所以，在程序继续选择两个权值最小的节点时，直接选择了叶子节点 6 和 7。

6.10　树结构的应用算法

6.10.1　回溯法

回溯法又称试探法。解决问题时，每进行一步，都是抱着试试看的态度，如果发现当前的选择并不是最好的，或者这么走下去肯定达不到目的，那么立刻执行回退操作重新进行选择。这种走不通就回退再走的方法就是回溯法。

例如，在解决列举集合{1,2,3}中所有子集的问题中，就可以使用回溯法。从集合的开头元素开始，每个元素都有两种选择：取还是舍。当确定一个元素的取舍之后，再进行下一个元素的取舍，直到集合的最后一个元素。其中的每步操作都可以看成是一次尝试，每次尝试都可以得出一个结果。将得到的结果综合起来，就是集合的所有子集。

1. 回溯法的算法实现

回溯法的代码如下：

```
# include <stdio.h>
//设置一个数组,数组的下标表示集合中的元素,所以数组只使用下标为 1、2、3 的空间
int set[5];
//i 代表数组下标,n 表示集合中最大的元素值
void PowerSet(int i,int n){
    //当 i>n 时,说明集合中的所有元素都做了选择,可以开始进行判断
    if (i>n) {
        for (int j=1; j<=n; j++) {
            //如果树组中存放的是 1,则说明在当初尝试时,选择取该元素,即对应的数组下标,所以可以输出
            if (set[j]==1) {
                printf("%d ",j);
            }
        }
        printf("\n");
    }else{
        //如果选择取该元素,则对应的数组单元中赋值为 1;反之,赋值为 0。然后继续向下探索
        set[i]=1;PowerSet(i+1, n);
        set[i]=0;PowerSet(i+1, n);
    }
}
int main() {
    int n=3;
    for (int i=0; i<5; i++) {
        set[i]=0;
    }
    PowerSet(1, n);
    return 0;
}
```

以上程序的运行结果如下：

```
1 2 3
1 2
1 3
1
2 3
2
3
```

2. 回溯法与递归法

很多人认为回溯法和递归法是一样的,其实不然。在回溯法中虽然可以看到有递归法的身影,但是两者是有区别的。

回溯法从问题本身出发,寻找可能实现的所有情况。和穷举法的思想相近,不同在于穷

举法是将所有的情况都列举出来以后再一一筛选；而回溯法在列举过程中，如果发现当前的情况根本不可能发生，就停止后续的所有工作，返回上一步进行新的尝试。

递归法是从问题的结果出发，例如求 n!，要想知道 n! 的结果，就需要知道 n×(n－1)! 的结果，而要想知道(n－1)! 的结果，就需要提前知道(n－1)×(n－2)!。这样不断地向自己提问，不断地调用自己的思想就是递归法。

回溯法和递归法唯一的联系就是，回溯法可以用递归法的思想实现。

(1) 回溯法与树的遍历。

使用回溯法解决问题的过程，实际上是建立一棵"状态树"的过程。例如，在解决列举集合{1,2,3}所有子集的问题中，每个元素都有两种状态，即取还是舍，所以构建的状态树如图 6-39 所示。

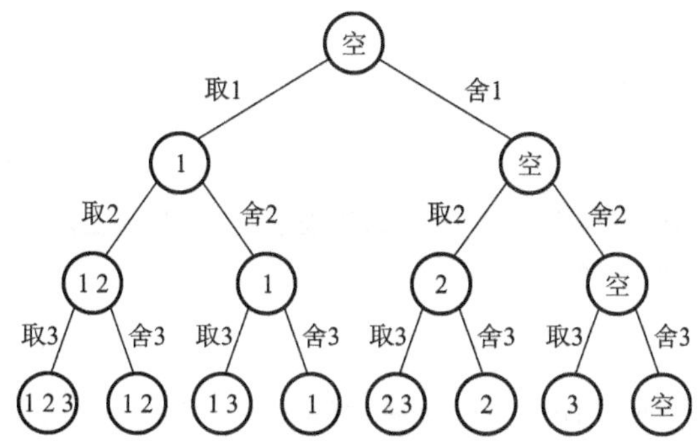

图 6-39　状态树

回溯法的求解过程实质上是先序遍历"状态树"的过程。树中的每一个叶子节点都有可能是问题的答案。图 6-39 中的状态树是满二叉树，得到的叶子节点全部都是问题的解。

在某些情况下，回溯法解决问题的过程中创建的状态树并不都是满二叉树，因为在试探的过程中，有时会发现，此种情况下再往下进行没有意义，所以会放弃这条死路，回溯到上一步。在树中的体现，就是在树的最后一层不是满的，即不是满二叉树，需要自己判断哪些叶子节点代表的是正确的结果。

(2) 回溯法与八皇后问题。

八皇后问题是以国际象棋为背景的问题：有八个皇后(可以当成八棵棋子)，如何在 8×8 的棋盘中放置八个皇后，使得任意两个皇后都不在同一条横线、同一条纵线或者同一条斜线上，如图 6-40 所示。

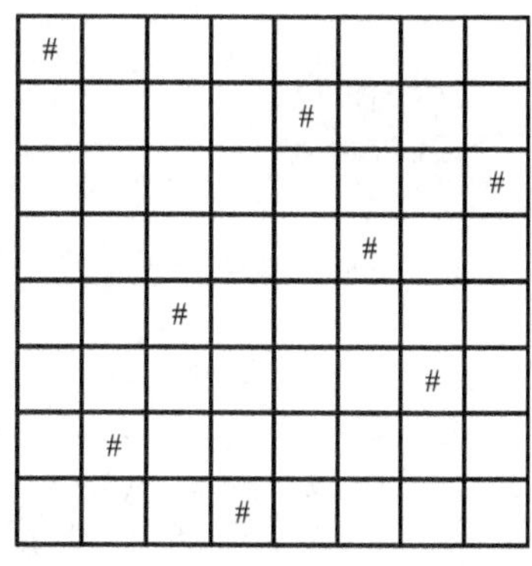

图 6-40　八皇后问题示例(#代表皇后)

八皇后问题是使用回溯法解决的典型案例。算法的解决思路如下。

Step1：从棋盘的第一行第一个位置开始，依次判断当前位置是否能够放置皇后，判断的依据为：同该行之前的所有行中皇后的所在位置进行比较，如果在同一列，或者在同一条斜线上(斜线有两条，为正方形的两条对角线)，则都不符合要求，继续检验后序的位置。

Step2:如果该行所有位置都不符合要求,则回溯到前一行,改变皇后的位置,继续试探。

Step3:如果试探到最后一行,所有皇后摆放完毕,则直接打印出 8×8 的棋盘。最后一定要记得将棋盘恢复到原样,避免影响下一次的摆放。

八皇后问题的算法实现代码如下:

```
# include <stdio.h>
int Queenes[8]={0},Counts=0;
int Check(int line,int list){
    //遍历该行之前的所有行
    for (int index=0;index< line;index++) {
        //挨个取出前面行中皇后所在位置的列坐标
        int data=Queenes[index];
        //如果在同一列,则该位置不能放皇后
        if (list==data) {
            return 0;
        }
        //如果当前位置的斜上方有皇后,则表示在一条斜线上,也不能放皇后
        if ((index+data)==(line+ list)) {
            return 0;
        }
        //如果当前位置的斜下方有皇后,则表示在一条斜线上,也不能放皇后
        if ((index-data)==(line- list)) {
            return 0;
        }
    }
    //如果以上情况都不是,当前位置就可以放皇后
    return 1;
}
//输出语句
void print()
{
    for (int line=0; line<8; line++)
    {
        int list;
        for (list=0; list<Queenes[line]; list++)
            printf("0");
        printf("# ");
        for (list=Queenes[line]+1; list<8; list++){
            printf("0");
        }
        printf("\n");
    }
    printf("================\n");
}
```

```
void eight_queen(int line){
    //在数组中为 0~ 7 列
    for (int list=0; list<8; list++) {
        //对于固定的行列,检查是否与之前的皇后位置冲突
        if (Check(line, list)) {
            //不冲突,以行为下标的数组位置记录列数
            Queenes[line]=list;
            //如果最后一样也不冲突,则可以证明为一个正确的摆法
            if (line==7) {
                //统计摆法的 Counts 加 1
                Counts++;
                //输出这个摆法
                print();
                //每次成功,都要将数组重归为 0
                Queenes[line]=0;
                return;
            }
            //继续判断下一样皇后的摆法,递归
            eight_queen(line+1);
            //不管成功或失败,该位置都要重新归 0,以便重复使用
            Queenes[line]=0;
        }
    }
}
int main() {
    //调用回溯函数,参数 0 表示从棋盘的第一行开始判断
    eight_queen(0);
    printf("摆放的方式有%d 种",Counts);
    return 0;
}
```

八皇后问题共有 92 种摆法,由于篇幅有限,这里不再一一列举。

6.10.2 《移动迷宫》游戏算法

1. 问题描述

《移动迷宫》游戏简介:迷宫只有两个门,一个入口,一个出口。一位骑士骑马从入口走进迷宫,迷宫中设置有很多面墙壁,对前进方向造成障碍。骑士需要在迷宫中寻找道路以到达出口。

本游戏的迷宫是“移动”的,每次骑士进入迷宫时,迷宫的入口、出口,甚至是迷宫中设置的障碍都是不同的。

2. 设计思路

解决类似的问题,使用回溯法是比较行之有效的解题方法。骑士从入口开始,不断地对

周围的道路进行试探:若能走通,则进入该位置,继续对周围进行试探;反之,则后退一步,继续寻求其他的可行路径。通过不停地对可行道路进行试探,结果有以下两种。

- 骑士最终找到一条通往出口的道路。
- 试探结束,没有通往出口的道路,骑士最终只能被迫返回入口,继续等待迷宫的下一次变化(程序结束)。

假设迷宫为一个长为 10 为,宽为 8 为的矩形区域,其中随机设置了入口、出口和该区域内可供通行的道路,如图 6-41 所示(提示:迷宫中,0 表示道路,# 表示障碍)。

当骑士位于入口的位置时,他会前后左右进行探索式前进,当他发现前方的道路可行时,即坐标为(2,1)的道路,此时骑士会快速移动至该位置,进行以该位置为中心的再次探索式前进。

通过骑士不断地探索,对于该实例中列举的迷宫,骑士最终可以找到一条通往出口的道路,迷宫中,新增的“X”表示骑士走过的道路(找出一条道路即可),如图 6-42 所示。

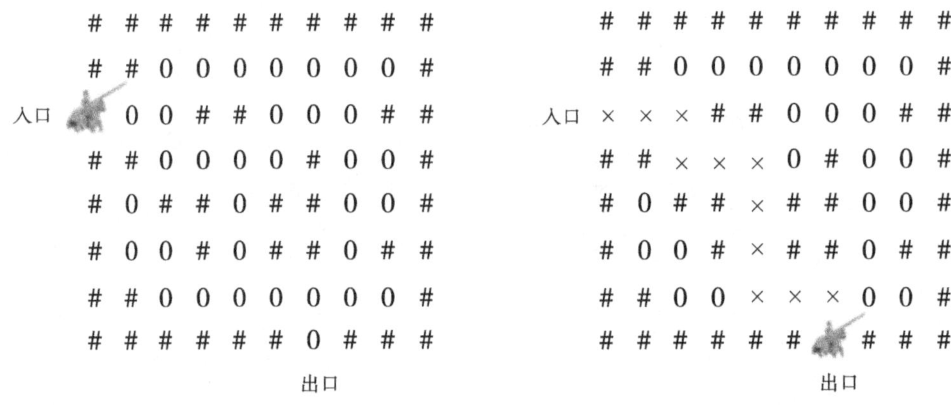

图 6-41　迷宫布局图　　　图 6-42　解出迷宫图

3. 算法实现

《移动迷宫》游戏的实现代码如下:

```
# include < stdio.h>
# include < stdlib.h>
# include < time.h>
typedef enum {false,true} bool;
//迷宫本身是一个 8 行 10 列的矩形
int ROWS=8;
int COLS=10;
//初始化迷宫,随机设置迷宫出口和入口,同时在迷宫中随机设置可行道路。
void mazeGenerator(char [][COLS],int * ,int * ,int * ,int * );
//使用回溯法从入口处不断地尝试找到出口的道路
void mazeTraversal(char maze[ROWS][COLS],int row,int col,int entryRow,int en-
tryCol,int exitrow,int exitcol);
//迷宫的输出函数
```

```
void printMaze(const char[][COLS]);
//判断每一次移动是否有效
bool validMove(const char [][COLS],int,int);
int main()
{
    printf("* * * * * * * 移动迷宫小项目(数据结构就该这么学)* * * * * * * \n");
    char maze[ROWS][COLS];
    int xStart,yStart,x,y;
    srand(time(0));  //种下随机种子数,每次运行种下的不同的种子,后序通过 rand()函数获得的随机数也不同
    //通过一个嵌套循环,先将迷宫中各个地方设置为死路("# "表示墙,表示此处不可通过)
    for(int loop=0;loop< ROWS;+ + loop ){
        for(int loop2=0;loop2< COLS;+ + loop2 ){
            maze[loop][loop2]='# ';
        }
    }
    //初始化迷宫,即在迷宫中随机设置出口、入口和中间的道路,用"0"表示。通过此函数,可同时得到入口的坐标
    mazeGenerator(maze,&xStart,&yStart,&x,&y);
    printf("迷宫入口位置坐标为(% d,% d);出口位置坐标为(% d,% d);\n",xStart+ 1,yStart+ 1,x+ 1,y+ 1);
    printf("迷宫设置如下('# '表示墙,'0'表示道路):\n");
    printMaze(maze);    //输出一个初始化好了的迷宫
    //使用回溯法,通过不断地进行尝试,试图找到一条通往出口的道路
    mazeTraversal(maze,xStart,yStart,xStart,yStart,x,y);
}

//由于迷宫整体布局为矩形,有四条边,在初始化迷宫的出口和入口时,随机选择不同的两条边作为设置出口和入口的边
void mazeGenerator(char maze[][COLS],int * xPtr,int * yPtr,int * exitx,int * exity){
    int a,x,y,entry,exit;
    do {
    entry=rand()% 4;
    exit=rand()% 4;
    }while(entry==exit);
    //确定入口位置,0 代表选择的为左侧的边,1 代表为上边,2 代表为右侧的边,3 代表为下边
    if(entry==0){
    * xPtr=1+ rand()% (ROWS- 2);
    * yPtr=0;
    maze[* xPtr][* yPtr]='0';
    }else if(entry==1){
```

```
    * xPtr=0;
    * yPtr=1+ rand()% (COLS- 2);
    maze[* xPtr][* yPtr]='0';
    }else if(entry==2){
    * xPtr=1+ rand()% (ROWS- 2);
    * yPtr=COLS- 1;
maze[* xPtr][* yPtr]='0';
    }else{
    * xPtr=ROWS- 1;
    * yPtr=1+ rand()% (COLS- 2);
    maze[* xPtr][* yPtr]='0';
    }
    //确定出口位置
    if(exit==0){
    a=1+ rand()% (ROWS- 2);
    * exitx=a;
    * exity=0;
    maze[a][0]='0';}
    else if(exit==1){
    a=1+ rand()% (COLS- 2);
    * exitx=0;
    * exity=a;
    maze[0][a]='0';}
    else if(exit==2){
    a=1+ rand()% (ROWS- 2);
    * exitx=a;
    * exity=COLS- 1;
    maze[a][COLS- 1]='0';}
    else{
    a=1+ rand()% (COLS- 2);
    * exitx=ROWS- 1;
    * exity=a;
    maze[ROWS- 1][a]='0';
    }
    //在迷宫中央设置多出不同的随机道路
    for(int loop=1;loop< (ROWS- 2)* (COLS- 2);+ + loop) {
    x=1+ rand()% (ROWS- 2);
    y=1+ rand()% (COLS- 2);
    maze[x][y]='0';}
}

void mazeTraversal(char maze[ROWS][COLS],int row,int col,int entryRow,int en-
tryCol,int exitrow,int exitcol){
    //由于从入口处进入,为了区分走过的道路和没有走过的道路,所以将走过的道路设置为"x"
```

```
    maze[row][col]='x';
    static bool judge=false;  //设置一个判断变量,判断在入口位置是否有道路存在。
    static int succ=0;        //用于统计从入口到出口的可行道路的条数
    if (row==exitrow && col==exitcol) {
    printf("成功走出迷宫:\n");
    printMaze(maze);
    succ+ + ;
    return;
    }
    //判断当前位置的下方是否为道路
    if (validMove(maze,row+ 1,col)) {
    judge=true;               //证明起码有路存在,下面证明是否有可通往出口的路
    mazeTraversal(maze, row+ 1, col,entryRow,entryCol,exitrow,exitcol);
    //以下方的位置为起点继续尝试
    }
    //判断当前位置的右侧是否为道路
    if (validMove(maze, row, col+ 1)) {
    judge=true;
    mazeTraversal(maze, row, col+ 1,entryRow,entryCol,exitrow,exitcol);
    }
    //判断当前位置的上方是否为道路
    if (validMove(maze,row- 1,col)) {
    judge=true;
    mazeTraversal(maze,row- 1,col,entryRow,entryCol,exitrow,exitcol);
    }
    //判断当前位置的左侧是否为道路
    if (validMove(maze,row,col- 1)) {
    judge=true;
    mazeTraversal(maze,row,col- 1,entryRow,entryCol,exitrow,exitcol);
    }
    //如果 judge 仍为假,则说明在入口处全部被墙包围,无路可走
    if (judge==false) {
    printf("入口被封死,根本无路可走! \n");
    printMaze(maze);
    }
    //如果 judge 为真,但是 succ 值为 0,且最终又回到了入口的位置,则证明所有的尝试工
作都已完成,但是没有发现通往出口的道路
    else if(judge==true && row==entryRow && col==entryCol && succ==0){
    printf("尝试了所有道路,出口和入口之间没有道路! \n");
    printMaze(maze);
    }
}
//有效移动,即证明该位置处于整个迷宫的矩形范围内,且该位置是道路,不是墙,也从未走过
bool validMove(const char maze[][COLS],int r,int c){
```

```
    return(r> =0&&r<=ROWS- 1&&c> =0&&c<=COLS- 1&&maze[r][c]! ='# '&& maze
[r][c]! ='x');
}

//输出迷宫
void printMaze(const char maze[][COLS] ){
    for(int x=0;x< ROWS;+ + x){
    for(int y=0;y< COLS;+ + y){
    printf("% c",maze[x][y]);
    }
    printf("\n");
    }
    printf("\n");
}
```

该程序由于每次运行产生不同的迷宫，所以每次运行的结果不同，可自行运行，查看结果，这里不再进行描述。通过《移动迷宫》游戏，旨在让大家熟悉回溯法的解题思路。

6.11 小结

本章介绍了分支结构的典型:树和二叉树。

树是一种具有“一对多”逻辑关系的非线性数据结构，树结构的每个节点可以有零个或多个后继节点，但有且只有一个前驱节点（根节点除外）；这些节点按分支层次关系组织起来，清晰地反映了数据元素之间的非线性层次关系。

二叉树是一种特殊的树结构。在二叉树中，每个节点最多只有两个后继节点。它们都可以采用顺序结构或链式结构进行存储。

在二叉树结构上可以方便实施遍历、查找等算法，可以结合二叉树的线索化操作来加快遍历算法的操作。

通过对树结构的双亲表示法、孩子表示法或孩子兄弟表示法，可以将复杂的树结构或森林结构有规律地进行简单化存储，并为将树和森林转换成二叉树结构提供基础。

二叉树最主要的应用是构建最优二叉树，即哈夫曼树，并在其基础上可以得到哈夫曼编码。结合分支结构，还可以有效应用回溯法的求解方式，得到此类问题的求解方案。

习题 6

一、选择题

1. 由 3 个节点可以构成（　　）棵不同形态的二叉树。

A. 3　　B. 5　　C. 4　　D. 6

2. 如果一棵二叉树节点的先序序列是 A B C，后序序列是 C B A，则该二叉树节点的中序序列是（　　）。

A. A B C　　B. A C B　　C. 不能确定　　D. B C A

3. 在下列所示的 4 棵二叉树中,(　　)不是完全二叉树。

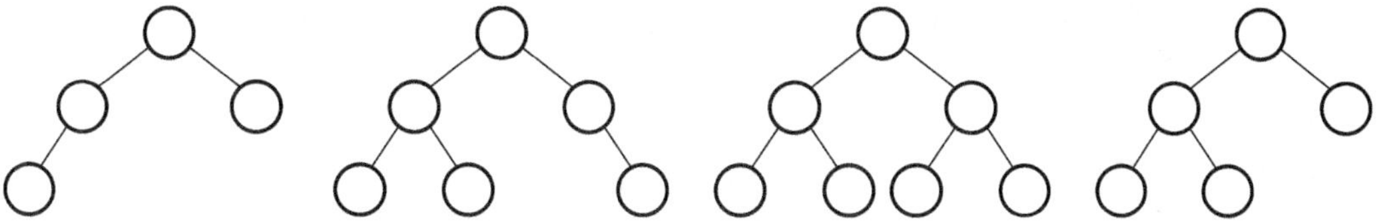

A.　　B.　　C.　　D.

4. 假定根节点的层次为 1,含有 15 个节点的二叉树的最小高度为(　　)。

A. 5　　B. 3　　C. 4　　D. 6

5. 二叉树的先序遍历序列中,任意一个节点均处在其子女节点的前面,这种说法(　　)。

A. 正确　　B. 错误

6. 设在一棵二叉树中,度为 1 的节点数为 9,则该二叉树的叶子节点的数目为(　　)。

A. 10　　B. 12　　C. 不确定　　D. 11

7. 设在一棵二叉树中,度为 2 的节点数为 9,则该二叉树的叶子节点的数目为(　　)。

A. 11　　B. 10　　C. 12　　D. 不确定

8. 设 n、m 为一棵二叉树上的两个节点,中序遍历时,n 在 m 前的条件是(　　)

A. n 在 m 右方　　B. n 是 m 祖先　　C. n 在 m 左方　　D. n 是 m 子孙

9. 将一棵有 100 个节点的完全二叉树从上到下、从左到右依次对节点进行编号,根节点的编号为 49 的节点的左孩子编号为(　　)

A. 50　　B. 98　　C. 99　　D. 48

10. 已知某二叉树的后序遍历序列为 a b d e c,先序遍历序列为 c e d b a,它的中序遍历序列为(　　)。

A. d e b a c　　B. d e c b a　　C. 不确定　　D. a c b e d

11. 设高度为 h 的二叉树上只有度为 0 和度为 2 的节点,则此二叉树所包含的节点数至少为(　　)。

A. 2h　　B. 2h+1　　C. 2h−1　　D. h+1

12. 某二叉树的先序和后序序列正好相反,则该二叉树一定是(　　)的二叉树。

A. 空或只有一个节点　　B. 任一节点无左孩子

C. 高度等于其节点数　　D. 任一节点无右孩子

13. 对于一棵满二叉树,m 个树叶,n 个节点,深度为 h,则(　　)

A. $h+m=2n$　　B. $m=h-1$　　C. $n=2^h-1$　　D. $n=h+m$

14. 在一非空二叉树的中序遍历序列中,根节点的右边(　　)。

A. 只有右子树上的部分节点　　B. 只有左子树上的所有节点

C. 只有右子树上的所有节点　　D. 只有左子树上的部分节点

15. 假定一棵二叉树的节点数为 18,则它的最小高度为(　　)。

A. 18　　B. 8　　C. 5　　D. 4

16. 树最适合用来表示(　　)。

A. 有序数据元素　　B. 无序数据元素

C. 元素之间具有分支层次关系的数据　　D. 元素之间无联系的数据

二、填空题

17. 有一棵树如下图所示,请回答下面问题。

这棵树的根节点是(　　)。

这棵树的叶子节点是(　　)。

节点 C 的度值是(　　)。

这棵树的深度是(　　)。

节点 C 的兄弟是(　　)。

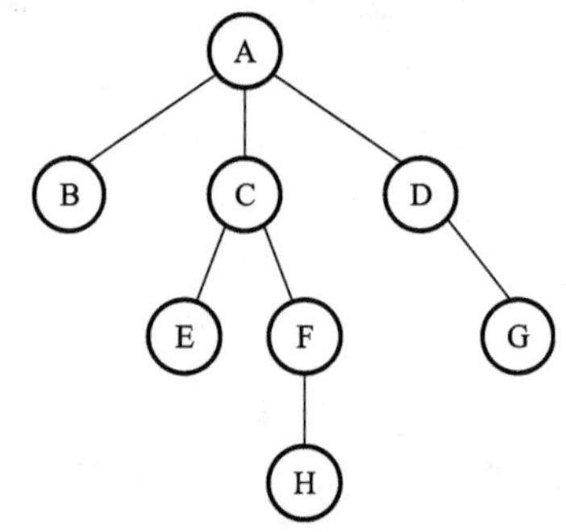

18. 二叉树的每个节点至多有(　　)棵子树,且子树有(　　)之分。

19. 树的节点包含一个(　　)及若干指向其(　　)的分支,节点拥有的子树数称为(　　),度为 0 的节点称为(　　),度不为 0 的节点称为(　　)。

20. 设树 T 的度为 4,其中度为 1、2、3 和 4 的节点个数分别为 4、2、1 和 1,则 T 中叶子节点的个数为(　　)。

21. 一棵含有 n 个节点的完全二叉树,它的高度是(　　)。

22. 已知完全二叉树的第 8 层有 8 个节点,则其叶子节点数为(　　)个。

23. 已知完全二叉树的第 7 层有 10 个叶子节点,则整棵二叉树的节点个数最多为(　　)个。

24. 已知二叉树有 50 个叶子节点,且仅有一个孩子的节点树为 30,则总节点树为(　　)个。

25. 有 m 个叶子节点的哈夫曼树上的节点数是(　　)。

26. 含有 n 个节点的二叉树用二叉链表表示,有(　　)个空链域。

27. 哈夫曼树是带权路径长度(　　)的二叉树。

28. 有 m 个叶子节点的哈夫曼树共有(　　)个节点。

三、综合题

29. 二叉树的遍历方法有哪几种,分别简述其遍历步骤。

30. 画出如下图所示的二叉树的先序、中序和后序遍历序列。

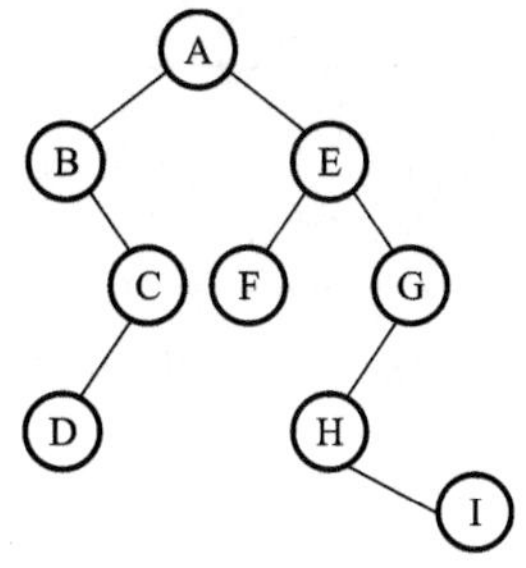

31. 二叉树以二叉链表结构存储，在下列中序遍历序列算法中填上正确的语句。

```
    void in_order (BiTree p)
{
    if (p ! =NULL)
    {
      ___________(1)___________;
      cout<<  p->data ;
      ___________(2)___________;
    }
}
```

32. 以二叉链表作为存储结构，然后完成下列程序。

下列函数是输出二叉树的各节点，读程序并在每个空格处填写一条语句或一个表达式。

```
void printtree (BiTree BT)
    { BiTree p;
    InitStack (s);                //构建栈 s
    p=___________(1)___________;s.top=0;
    while (p||s.top! =0)
    { while (____(2)_____)
            { s.elem[s.top+ + ]=p;
        ___________(3)___________;}
    if (s.top> 0){___________(4)___________;
                cout<<p->data ;
            ___________(5)___________;}
    }
}
```

33. 二叉树节点数据采用顺序存储结构，存储数组时如下表所示，画出该二叉树的二叉链式表示形式。

1	2	3	4	5	6	7	8	9	10	11	12	13	14	15	16	17	18	19	20	21
e	a	f		d		g			c	j			h	i					b	

34. 已知一棵树的双亲表示如下表所示，其中各兄弟节点是从左到右依次出现的，画出该树及对应的二叉树。

	0	1	2	3	4	5	6	7	8	9	10	11	12	13	14
Data	A	B	C	D	E	F	G	H	I	J	K	L	M	N	O
Parent	−1	0	0	0	1	1	2	2	3	3	4	5	5	6	7

35. 画以数据集{4,5,6,7,10,12,18}为节点权值所构造的哈夫曼树，并求其带权路径长度 WPL。

36. 设用于通信的电文仅由 8 个字母组成，字母在电文中出现的频率分别为 7,19,2,6,32,3,21,10。试为这 8 个字母设计哈夫曼编码。

37. 一棵用二叉链表表示的二叉树，其根指针为 root，试写出二叉树节点数目的算法。

第 7 章　图的结构分析与应用

图状结构是一种复杂的非线性结构。图状结构与线性表结构和树结构的不同表现在节点之间的关系上，线性表中节点之间的关系是一对一的，即每个节点仅有一个前驱和一个后继（若存在前驱或后继时）；树是按分层关系组织的结构，树结构中节点之间的关系是一对多的关系，即一个父节点可以对应多个子节点，每个子节点仅有一个父节点；对于图状结构，任意两个节点之间都有可能相关，即节点之间的邻接关系可以是任意的。因此，图状结构用于描述各种复杂的数据对象，在自然科学、社会科学和人文科学等领域有着广泛的应用。

7.1　图的概念和术语

1. 图的概念

图(graph)是由非空的顶点集合和描述顶点之间的关系——边（或者弧）的集合组成的，其形式化定义为：

$$G=(V,E)$$

$$V=\{v_i \mid v_i \in \text{data object}\}$$

$$E=\{(v_i,v_j) \mid v_i,\ v_j \in V \wedge P(v_i,\ v_j)\}$$

其中：G 表示一个图；V 表示图 G 中顶点的集合；E 表示图 G 中边的集合，集合 E 中的 $P(v_i,v_j)$ 表示顶点 v_i 和顶点 v_j 之间有一条直接连线，即偶对 (v_i,v_j) 表示一条边。图 7-1 所示的为一个无向图 G_1，在该图中：

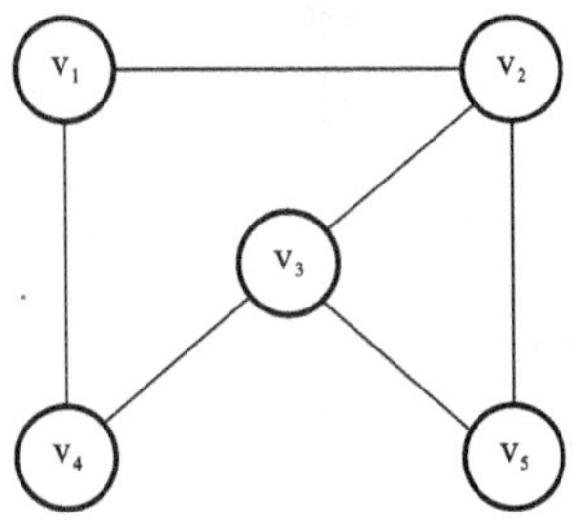

图 7-1　无向图 G_1

集合 $V=\{v_1,v_2,v_3,v_4,v_5\}$；

集合 $E=\{(v_1,v_2),(v_1,v_4),(v_2,v_3),(v_3,v_4),(v_3,v_5),(v_2,v_5)\}$。

下面给出图的抽象数据类型定义：

ADT Graph {

数据对象 V：表示一个集合，该集合中的所有元素具有相同的特性。

数据关系 R：R={VR}

$VR=\{\langle x,y\rangle \mid P(x,y) \wedge (x,y \in V)\}$

图的基本操作的步骤如下。

(1) CreateGraph(G)：创建图 G。

(2) DestroyGraph(G)：销毁图 G。

(3) GetVex(G,v)：在图 G 中找到顶点 v，并返回顶点 v 的相关信息。

(4) PutVex(G,v,value)：在图 G 中找到顶点 v，并将 value 值赋给顶点 v。

(5) InsertVex(G,v):在图 G 中增添新顶点 v。

(6) DeleteVex(G,v):在图 G 中删除顶点 v 以及所有与顶点 v 相关联的边或弧。

(7) InsertArc(G,v,w):在图 G 中增添一条从顶点 v 到顶点 w 的边或弧。

(8) DeleteArc(G,v,w):在图 G 中删除一条从顶点 v 到顶点 w 的边或弧。

(9) DFSTraverse(G,v):在图 G 中,从顶点 v 出发深度优先遍历图 G。

(10) BFSTraverse(G,v):在图 G 中,从顶点 v 出发广度优先遍历图 G。

在一个图中,顶点是没有先后次序的,但当采用某种确定的存储方式进行存储时,存储结构中顶点的存储次序构成顶点之间的相对次序,这里用顶点在图中的位置来表示该顶点的存储顺序;同理,对一个顶点的所有邻接点,采用该顶点的第 i 个邻接点表示与该顶点相邻接的某个顶点的存储顺序,这种意义下,图的基本操作还有以下几步。

(11) LocateVex(G,u):确定顶点 u 在图 G 中的位置。若图 G 中没有顶点 u,则函数值为“空”。

(12) FirstAdjVex(G,v):在图 G 中,返回 v 的第一个邻接点。若顶点在 G 中没有邻接顶点,则返回“空”。

(13) NextAdjVex(G,v,w):在图 G 中,返回 v 的(相对于 w 的)下一个邻接顶点。若 w 是 v 的最后一个邻接点,则返回“空”。

} ADT Graph

2. 图的术语

(1) 无向图。在一个图中,如果顶点$(v_i, v_j) \in E$之间的连线是没有方向的,则称该图为无向图。图 7-1 所示的是一个无向图 G_1。

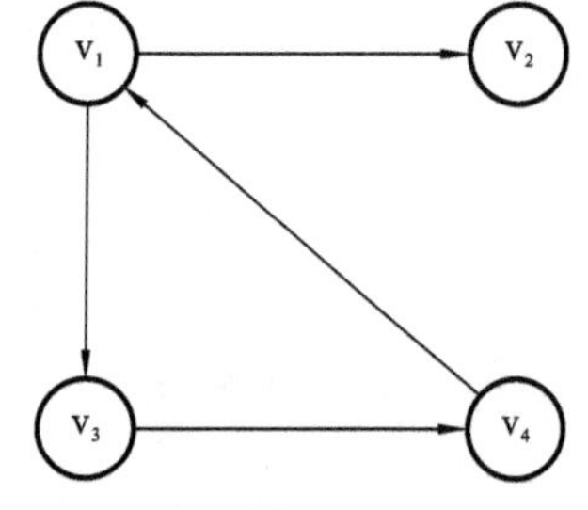

图 7-2　有向图 G_2

(2) 有向图。在一个图中,如果顶点$\langle v_i, v_j \rangle \in E$之间的连线是有方向的,则称该图为有向图。图 7-2 所示的是一个有向图 G_2:

$$G_2=(V_2, E_2)$$

$$V_2=\{v_1, v_2, v_3, v_4\}$$

$$E_2=\{\langle v_1, v_2\rangle, \langle v_1, v_3\rangle, \langle v_3, v_4\rangle, \langle v_4, v_1\rangle\}$$

(3) 顶点、边、弧。图中的顶点 v_i 和顶点 v_j 之间有一条直线,在无向图中称为边,在有向图中称为弧。边用(v_i, v_j)来表示,称顶点 v_i 和顶点 v_j 互为邻接点,边(v_i, v_j)依附于顶点 v_i 与顶点 v_j;弧用$\langle v_i, v_j\rangle$来表示,第一个节点 v_i 称为起点,第二个节点 v_j 称为终点。

(4) 无向完全图。图中的每个顶点和其余 n−1 个顶点都由边相连,则称该图为无向完全图。一个含有 n 个顶点的无向完全图有 n(n−1)/2 条边。

(5) 有向完全图。图中的每个顶点和其余 n−1 个顶点都由弧相连,则称该图为有向完全图。一个含有 n 个顶点的有向完全图有 n(n−1)条边。

(6) 稀疏图、稠密图。若一个图中的边数很少($e < n\log_2 n$),则称为稀疏图,反之称为稠密图。

(7) 顶点的度。在无向图中,与每个顶点相连的边数称为该顶点的度(degree),记为

TD(v)。对于有向图,顶点的度可分为入度和出度,入度是以该顶点为终点的入边数目,记为 ID(v);出度是以该顶点为起点的出边数目,记为 OD(v)。该顶点的度等于其入度和出度之和,记为 TD(v)=ID(v)+OD(v)。例如,在无向图 G_1 中,有:

$$TD(v_1)=2, TD(v_2)=3, TD(v_3)=3, TD(v_4)=2, TD(v_5)=2$$

在有向图 G_2 中,有:

$$ID(v_1)=1, OD(v_1)=2, TD(v_1)=3$$
$$ID(v_2)=1, OD(v_2)=0, TD(v_2)=1$$
$$ID(v_3)=1, OD(v_3)=1, TD(v_3)=2$$
$$ID(v_4)=1, OD(v_4)=1, TD(v_4)=2$$

由上可以证明,一个有 n 个顶点、e 条边或弧的图,满足如下关系:

$$2e = \left(\sum_{i=1}^{n} TD(v_i)\right)$$

(8) 边的权、网图。有些图,对应每条边有一相应的数值,这个数值叫该边的权(weight)。边上带权的图称为带权图,也称网络。图 7-3 所示的是一个无向网图。如果边是有方向的带权图,则就是一个有向网图。

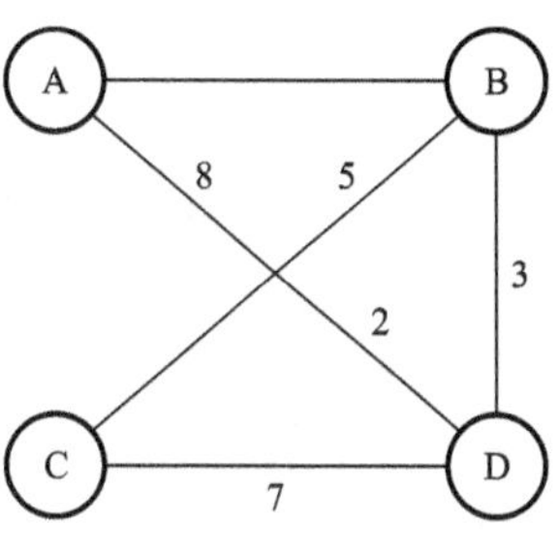

图 7-3　无向网图

(9) 路径、路径长度。顶点 v_p 到顶点 v_q 之间的路径(path)是指顶点序列 $v_p, v_{i1}, v_{i2}, \cdots, v_{im}, v_q$。其中,$(v_p, v_{i1}), (v_{i1}, v_{i2}), \cdots, (v_{im}, v_q)$分别为图中的边。路径上边的数目称为路径长度。在图 7-1 所示的无向图 G_1 中,$v_1 \to v_4 \to v_3 \to v_5$ 与 $v_1 \to v_2 \to v_5$ 是从顶点 v_1 到顶点 v_5 的两条路径,路径长度分别为 3 和 2。

(10) 回路、简单路径、简单回路。如果从一个顶点 v_i 出发又回到该顶点 v_i,则此路径叫回路或环(cycle)。序列中,顶点不重复出现的路径称为简单路径。在图 7-1 中,前面提到的 v_1 到 v_5 的两条路径都为简单路径。若从终点又回到起点,则称为简单回路或简单环。如图 7-2 中的 $v_1 \to v_3 \to v_4 \to v_1$。

(11) 子图。对于图 G=(V,E),G′=(V′,E′),若存在 V′是 V 的子集,E′是 E 的子集,则称图 G′是 G 的一个子图。图 7-4 给出了 G_2 和 G_1 的两个子图 G′和 G″。

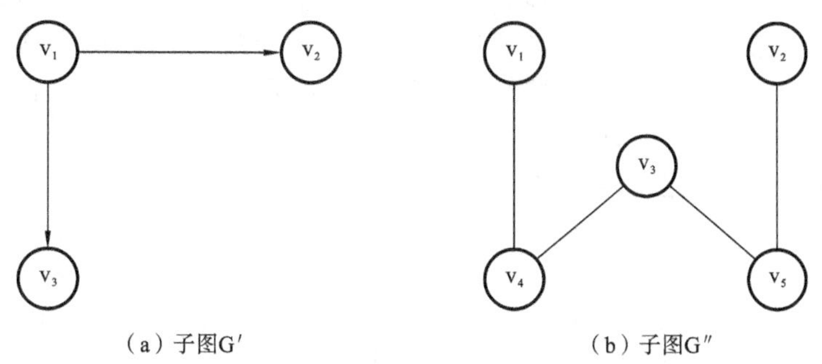

图 7-4　G_2 和 G_1 的两个子图

(12) 连通图、连通分量。在无向图中,如果从一个顶点 v_i 到另一个顶点 v_j($i \neq j$)有路径,则称顶点 v_i 和 v_j 是连通的。如果图中任意两个顶点都是连通的,则称该图是连通图。无向图的极大连通子图称为连通分量。图 7-5(a)中包含有两个连通分量,如图 7-5(b)所示。

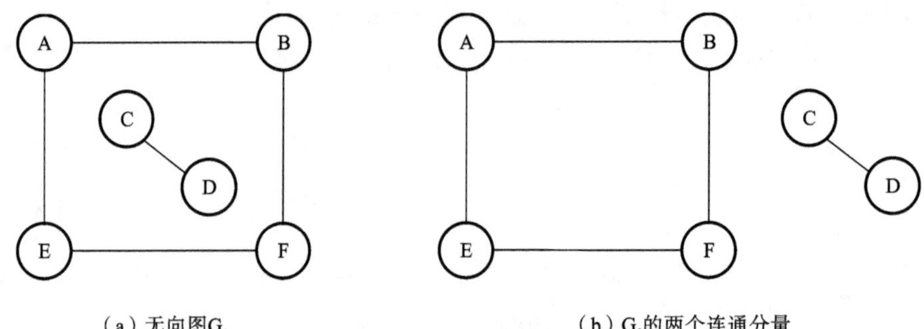

(a) 无向图G_3　　　　(b) G_3的两个连通分量

图 7-5　无向图及连通分量

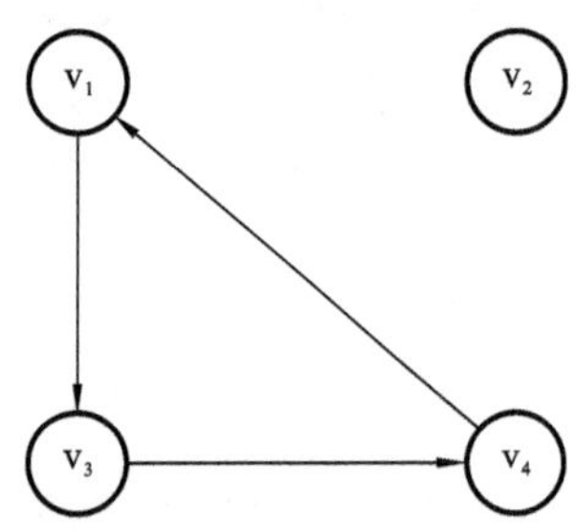

图 7-6　有向图 G_2 的两个强连通分量

(13) 强连通图、强连通分量。对于有向图来说,若图中任意两个顶点 v_i 和 v_j($i\neq j$)既有从 v_i 到 v_j 的路径,又有从 v_j 到 v_i 的路径,则称该有向图是强连通图。有向图的极大强连通子图称为强连通分量。图 7-2 中有两个强连通分量,分别是$\{v_1,v_3,v_4\}$和$\{v_2\}$,如图 7-6 所示。

(14) 生成树。连通图的生成树是指一个极小的连通子图,它含有图中的全部顶点,但只有能构成一棵树的 $n-1$ 条边。图 7-4(b)所示的子图 G''给出了图 7-1 中 G_1 的一棵生成树。如果在一棵生成树上添加一条边,则必定构成一个环。但是有 $n-1$ 条边的图不一定是生成树。如果一个图有 n 个顶点和小于 $n-1$ 条边,则该图一定是非连通图。

(15) 生成森林。在非连通图中,每个连通分量都可得到一个极小的连通子图,即一棵生成树。这些连通分量的生成树就组成非连通图的生成森林。

7.2　图的存储结构

图是一种结构复杂的数据结构,表现在不仅各个顶点的度可以千差万别,而且顶点之间的逻辑关系也错综复杂。从图的定义可知,图的信息包括两部分,即图中顶点的信息,以及描述顶点之间的关系——边或者弧的信息。因此,无论采用什么方法建立图的存储结构,都要完整、准确地反映这两方面的信息。

下面介绍几种常用的图的存储结构。

7.2.1　邻接矩阵表示法

所谓邻接矩阵(adjacency matrix)的存储结构,就是用一维数组存储图中顶点的信息,用矩阵表示图中各顶点之间的邻接关系。假设图 $G=(V,E)$有 n 个确定的顶点,即 $V=\{v_0,v_1,\cdots,v_{n-1}\}$,则表示 G 中各顶点的邻接关系为一个 $n\times n$ 的矩阵,矩阵的元素为:

$$A[i][j]=\begin{cases}1, & 若(v_i,v_j)或\langle v_i,v_j\rangle是E(G)中的边\\0, & 若(v_i,v_j)或\langle v_i,v_j\rangle不是E(G)中的边\end{cases}$$

若 G 是网图，则邻接矩阵可定义为：

$$A[i][j]=\begin{cases} w_{ij}, & 若(v_i,v_j)或\langle v_i,v_j\rangle 是 E(G)中的边或弧 \\ 0 或\infty, & 若(v_i,v_j)或\langle v_i,v_j\rangle 不是 E(G)中的边或弧 \end{cases}$$

其中：w_{ij} 表示边 (v_i,v_j) 或 $\langle v_i,v_j\rangle$ 上的权值；∞表示一台计算机允许的大于所有边上权值的数。

无向图的邻接矩阵表示如图 7-7 所示。

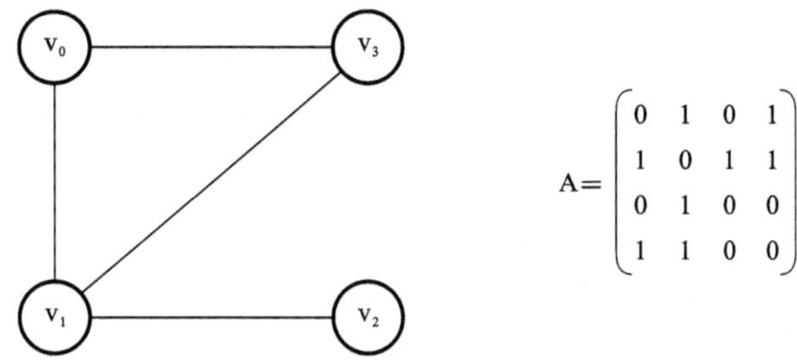

图 7-7　无向图的邻接矩阵表示

网图的邻接矩阵表示如图 7-8 所示。

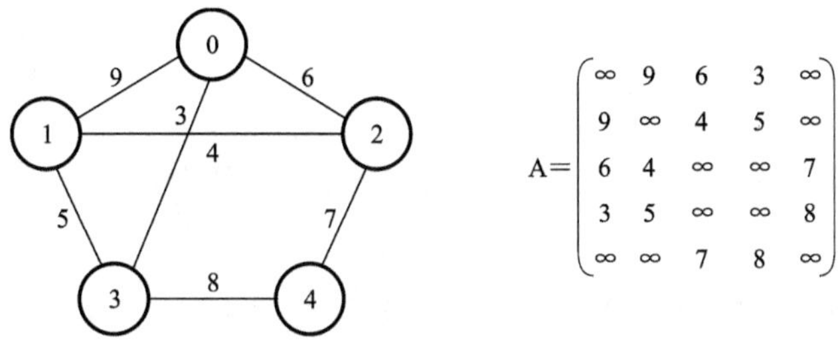

图 7-8　网图的邻接矩阵表示

从图 7-7 和图 7-8 所示的邻接矩阵表示法可以看出，这种表示具有以下特点。

(1) 无向图的邻接矩阵一定是一个对称矩阵。因此，在具体存放邻接矩阵时只需存放上(或下)三角矩阵的元素即可。

(2) 对于无向图，邻接矩阵的第 i 行(或第 i 列)非零元素(或非∞元素)的个数正好是第 i 个顶点的度 $TD(v_i)$。

(3) 对于有向图，邻接矩阵的第 i 行(或第 i 列)非零元素(或非∞元素)的个数正好是第 i 个顶点的出度 $OD(v_i)$(或入度 $ID(v_i)$)。

(4) 用邻接矩阵表示法存储图时，很容易确定图中任意两个顶点之间是否有边相连。但是，要确定图中有多少条边，则必须按行、列对每个元素进行检测，花费的时间代价很大。这是邻接矩阵表示法存储图时的局限性。

下面介绍图的邻接矩阵存储表示。

在用邻接矩阵表示法存储图时，除了用一个二维数组存储用于表示顶点之间相邻关系的邻接矩阵外，还需用一个一维数组来存储顶点信息，以及图的顶点数和边数。故可将其形式描述如下：

```
# define MVNum 100                    //最大顶点数
# define OK 1

typedef char VerTexType;              //假设顶点的数据类型为字符型
typedef int ArcType;                  //假设边的权值类型为整型

//图的邻接矩阵存储表示
typedef struct{
VerTexType vexs[MVNum];               //顶点表
ArcType arcs[MVNum][MVNum];           //邻接矩阵
int vexnum,arcnum;                    //图的当前顶点数和边数
}AMGraph;
```

建立一个图的邻接矩阵存储的算法如下：

```
int CreateUDN(AMGraph &G){
//采用邻接矩阵表示法,创建无向图 G
int i, j , k;
cout<<"请输入总顶点数、总边数,以空格隔开:";
cin>>G.vexnum>>G.arcnum;              //输入总顶点数、总边数
cout<<endl;
cout<<"输入点的名称,如 a"<<endl;
for(i=0; i<  G.vexnum;++i){
    cout<<"请输入第"<<(i+ 1)<<"个点的名称:";
    cin>>G.vexs[i];                   //依次输入点的信息
}
cout<<endl;
for(i=0; i<G.vexnum;++i)              //初始化邻接矩阵,边的权值均置为极大值 MaxInt
    for(j=0; j<G.vexnum;++j)
        G.arcs[i][j]=MaxInt;
cout<<"输入边依附的顶点及权值,如 a b 5"<<endl;
for(k=0; k<G.arcnum;+ + k){           //构造邻接矩阵
    VerTexType v1 , v2;
    ArcType w;
    cout<<"请输入第"<<(k+ 1)<<"条边依附的顶点及权值:";
    cin>>v1>>v2>>w;                   //输入一条边依附的顶点及权值
    //确定 v1 和 v2 在 G 中的位置,即顶点数组的下标
    i=LocateVex(G, v1);  j=LocateVex(G, v2);
    G.arcs[i][j]=w;                   //边< v1, v2>的权值置为 w
    G.arcs[j][i]=G.arcs[i][j];        //置<v1, v2>的对称边<v2, v1>的权值为 w
}//for
return OK;
}//CreateUDN
```

7.2.2 邻接表表示法

邻接表(adjacency list)是图的一种顺序存储与链式存储相结合的存储方法。邻接表表示法类似于树的孩子链表表示法。就是对图 G 中的每个顶点 v_i，将所有邻接于 v_i 的顶点 v_j

连成一个单链表，这个单链表就称为顶点 v_i 的邻接表，再将所有点的邻接表表头放到数组中，就构成图的邻接表。邻接表表示法中有两种节点结构，如图 7-9 所示。

一种是顶点表的节点结构，它由顶点域(vertex)和指向第一条邻接边的边表头指针(firstedge)构成；另一种是边表(即邻接表)的节点结构，它由邻接点域(adjvex)和指向下一条邻接边的指针域(next)构成。对于网图的边表结构，需再增设一个存储边上信息(如权值等)的域(info)，网图的边表结构如图 7-10 所示。

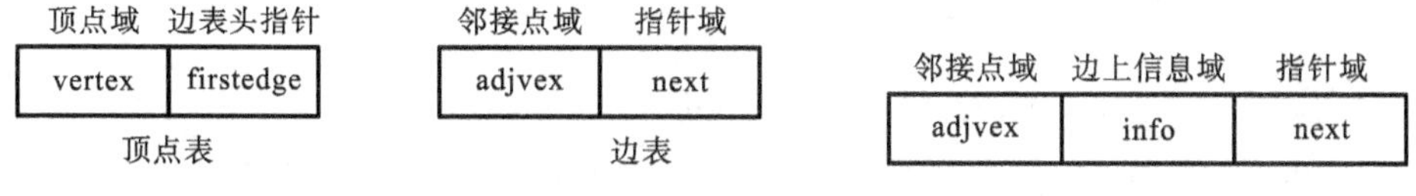

图 7-9　邻接表表示的节点结构　　**图 7-10　网图的边表结构**

图 7-11 给出了图 7-7 对应的邻接表表示。

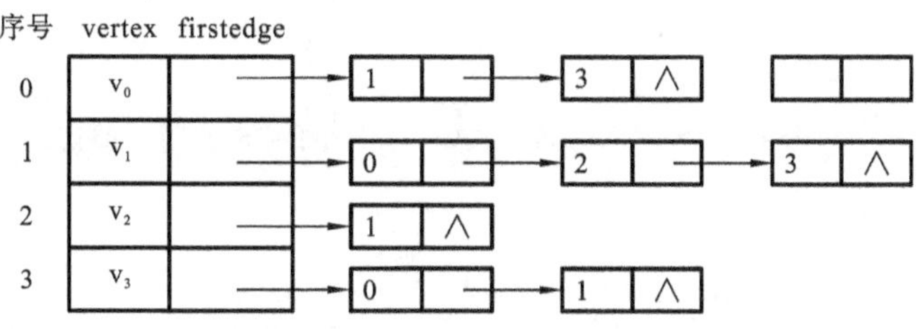

图 7-11　图的邻接表表示

邻接表表示的形式描述如下：

```
# include < iostream>
using namespace std;

# define MVNum 100                      //最大顶点数
# define OK 1

typedef char VerTexType;                //顶点信息
typedef int OtherInfo;                  //与边相关的信息

//图的邻接表存储表示
typedef struct ArcNode{                 //边节点
    int adjvex;                         //该边所指向的顶点的位置
    struct ArcNode * nextarc;           //指向下一条边的指针
    OtherInfo info;                     //和边相关的信息
}ArcNode;

typedef struct VNode{
    VerTexType data;                    //顶点信息
    ArcNode * firstarc;                 //指向第一条依附该顶点的边的指针
}VNode, AdjList[MVNum];                 //AdjList 表示邻接表类型
```

```
typedef struct{
    AdjList vertices;               //邻接表
    int vexnum, arcnum;             //图的当前顶点数和边数
}ALGraph;
```

建立一个有向图的邻接表存储的算法如下：

```
int CreateUDG(ALGraph &G){
    //采用邻接表表示法,创建无向图 G
    int i , k;
    cout <<"请输入总顶点数,总边数中间以空格隔开:";
    cin>>G.vexnum>>G.arcnum;                //输入总顶点数和总边数
    cout<<endl;
    cout<<"输入点的名称,如 a " <<endl;
    for(i=0; i <  G.vexnum;+ + i){          //输入各点,构造表头节点表
        cout<<"请输入第"<<(i+ 1)<<"个点的名称:";
        cin>>G.vertices[i].data;            //输入顶点值
        G.vertices[i].firstarc=NULL;        //初始化表头节点的指针域为 NULL
    }//for
    cout<<endl;
    cout<<"请输入一条边依附的顶点,如 a b"<<endl;
    for(k=0; k <  G.arcnum;+ + k){          //输入各边,构造邻接表
        VerTexType v1 , v2;
        int i , j;
        cout<<"请输入第"<<(k+ 1)<<"条边依附的顶点:";
        cin>>v1>>v2;                        //输入一条边依附的两个顶点
        i=LocateVex(G, v1);  j=LocateVex(G, v2);
        //确定 v1 和 v2 在 G 中的位置,即顶点在 G.vertices 中的序号

        ArcNode * p1=new ArcNode;           //生成一个新的边节点* p1
        p1->adjvex=j;{DW//邻接点序号为 j
        p1->nextarc=G.vertices[i].firstarc;  G.vertices[i].firstarc=p1;
        //将新节点* p1 插入顶点 vi 的边表头部
        ArcNode * p2=new ArcNode;           //生成另一个对称的新的边节点* p2
        p2->adjvex=i;                       //邻接点序号为 i
        p2->nextarc=G.vertices[j].firstarc; G.vertices[j].firstarc=p2;
        //将新节点* p2 插入顶点 vj 的边表头部
    }//for
    return OK;
}//CreateUDG
```

若无向图中有 n 个顶点、e 条边，则它的邻接表需 n 个头节点和 2e 个表节点。显然，在边稀疏($e \ll n(n-1)/2$)的情况下，用邻接表表示法比邻接矩阵表示法节省存储空间，当与边相关的信息较多时更是如此。

在无向图的邻接表中，顶点 v_i 的度恰为第 i 个链表中的节点数；而在有向图中，第 i 个

链表中的节点数只是顶点 v_i 的出度，为求入度，必须遍历整个邻接表。在所有链表中，其邻接点域的值为 i 的节点的个数是顶点 v_i 的入度。有时，为了便于确定顶点的入度或以顶点 v_i 为头的弧，可以建立一个有向图的逆邻接表，即对每个顶点 v_i 建立一个链接以 v_i 为头的弧的链表。例如，图 7-12 所示的为有向图 G_2（见图 7-2）的邻接表和逆邻接表。

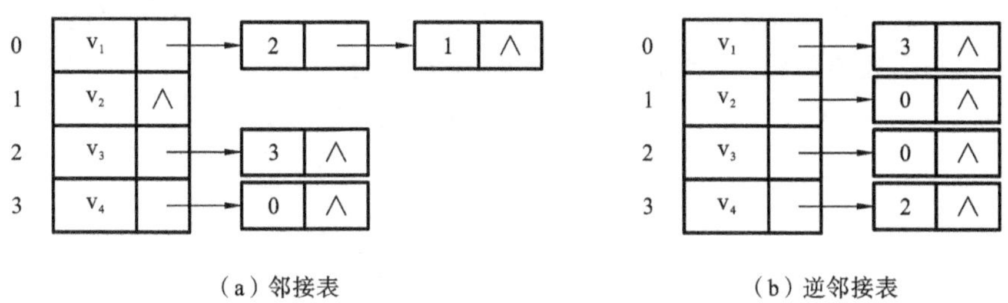

图 7-12　图 7-2 的邻接表和逆邻接表

在建立邻接表或逆邻接表时，若输入的顶点信息为顶点的编号，则建立邻接表的复杂度为 O(n＋e)，否则，需要通过查找才能得到顶点在图中的位置，则时间复杂度为 O(n・e)。

在邻接表上容易找到任一顶点的第一个邻接点和下一个邻接点，但要判定任意两个顶点（v_i 和 v_j）之间是否有边或弧相连，则需搜索第 i 个或第 j 个链表，因此，邻接表不如邻接矩阵方便。

7.3　图的遍历

图的遍历是指从图中的任意一个顶点出发，对图中的所有顶点访问一次且只访问一次。图的遍历操作的功能和树的遍历操作的功能相似。图的遍历是图的一种基本操作，图的许多其他操作都是建立在遍历操作的基础之上。

由于图状结构本身的复杂性，所以图的遍历操作也较复杂，主要表现在以下 4 个方面。

（1）在图状结构中，没有一个"自然"的首节点，图中任意一个顶点都可作为第一个被访问的节点。

（2）在非连通图中，从一个顶点出发，只能够访问其所在的连通分量上的所有顶点，因此，还需考虑如何选取下一个出发点以访问图中其余的连通分量。

（3）在图状结构中，如果有回路存在，那么一个顶点被访问之后，有可能沿回路回到该顶点。

（4）在图状结构中，一个顶点可以和其他多个顶点相连，当这样的顶点访问过后，存在如何选取下一个要访问的顶点的问题。

图的遍历通常有深度优先搜索遍历和广度优先搜索遍历两种方式，下面分别介绍它们。

7.3.1　深度优先搜索遍历

深度优先搜索（depth-first search）遍历类似于树的先序遍历，是树的先序遍历的推广。

假设初始状态是图中的所有顶点未被访问过，则深度优先搜索可从图中的某个顶点 v 出发访问此顶点，然后依次从 v 的未被访问的邻接点出发深度优先遍历图，直至图中所有与

v 有路径相通的顶点都被访问到；若此时图中尚有顶点未被访问到，则另选图中一个未被访问的顶点作为起点，重复上述过程，直至图中所有的顶点都被访问到为止。

以图 7-13 的无向图 G_5 为例进行图的深度优先搜索。假设从顶点 v_1 出发进行搜索，在访问了顶点 v_1 之后，选择邻接点 v_2。因为 v_2 未曾访问，所以从 v_2 出发进行搜索。依此类推，接着从 v_4、v_8、v_5 出发进行搜索。在访问了 v_5 之后，由于 v_5 的邻接点都已被访问，则搜索回到 v_8。同理，搜索继续，回到 v_4、v_2 直至 v_1，此时由于 v_1 的另一个邻接点未被访问，所以搜索又从 v_1 到 v_3，再继续进行下去，由此得到的顶点访问序列为：

$$v_1 \rightarrow v_2 \rightarrow v_4 \rightarrow v_8 \rightarrow v_5 \rightarrow v_3 \rightarrow v_6 \rightarrow v_7$$

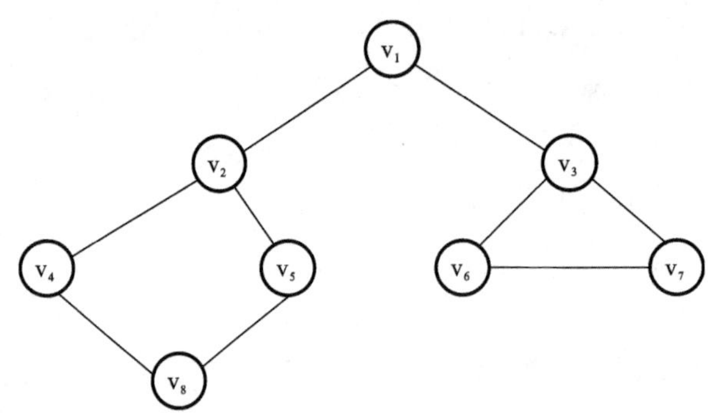

图 7-13　一个无向图 G_5

显然，这是一个递归的过程。为了在遍历过程中便于区分顶点是否已被访问，需附设访问标志数组 visited[0..n－1]，其初值为 false，一旦某个顶点被访问，则其相应的分量置为 true。

从图的某一点 v 出发，递归地进行深度优先遍历的过程的算法如下：

```
void DFS(ALGraph G, int v){                    //图 G 为邻接表类型
cout<<G.vertices[v].data<<"  ";
visited[v]=true;                               //访问第 v 个顶点，并置访问标志数组的相应
                                                 分量值为 true
ArcNode * p=G.vertices[v].firstarc;            //p 指向 v 的边链表的第一个边节点
        while(p ! =NULL){                      //边节点非空
          int w=p->adjvex;                     //表示 w 是 v 的邻接点
          if(! visited[w]) DFS(G, w);          //如果 w 未访问，则递归调用 DFS
          p=p->nextarc;                        //p 指向下一个边节点
        }
}//DFS
```

分析上述算法，遍历时，对图中每个顶点至多调用一次 DFS 函数，因为一旦某个顶点标志成已被访问，就不再从它出发进行搜索。因此，遍历图的过程实质上是对每个顶点查找其邻接点的过程。其耗费的时间则取决于所采用的存储结构。当使用二维数组表示邻接矩阵图的存储结构时，查找每个顶点的邻接点所需的时间为 $O(n^2)$，其中 n 为图中的顶点数。而当以邻接表作为图的存储结构时，查找邻接点所需的时间为 O(e)，其中 e 为无向图中边的数或有向图中弧的数。由此，当以邻接表作为存储结构时，深度优先搜索遍历图的时间复杂

度为 O(n+e)。

7.3.2　广度优先搜索遍历

广度优先搜索(breadth-first search)遍历类似于树的按层次遍历的过程。假设从图中的某个顶点 v 出发,在访问了 v 之后,依次访问 v 的各个未曾访问过的邻接点,然后分别从这些邻接点出发依次访问它们的邻接点,并使"先被访问的顶点的邻接点"先于"后被访问的顶点的邻接点"被访问,直至图中所有已被访问的顶点的邻接点都被访问到。若此时图中尚有顶点未被访问到,则另选图中一个未被访问的顶点作为起点,重复上述过程,直至图中所有顶点都被访问到为止。换句话说,广度优先搜索遍历图的过程中是以 v 为起点,由近至远,依次访问和 v 有路径相通且路径长度为 1,2,…的顶点。

例如,对图 7-13 所示的无向图 G_5 进行广度优先搜索遍历,首先访问 v_1 和 v_1 的邻接点 v_2 和 v_3,然后依次访问 v_2 的邻接点 v_4 和 v_5 及 v_3 的邻接点 v_6 和 v_7,最后访问 v_4 的邻接点 v_8。由于这些顶点的邻接点均已被访问,并且图中所有的顶点都被访问,由此完成了图的遍历。得到的顶点访问序列为:

$$v_1 \rightarrow v_2 \rightarrow v_3 \rightarrow v_4 \rightarrow v_5 \rightarrow v_6 \rightarrow v_7 \rightarrow v_8$$

与深度优先搜索类似,广度优先搜索在遍历的过程中也需要访问一个标志数组。并且为了顺次访问路径长度为 2,3,…的顶点,需附设队列以存储已被访问的路径长度为 1,2,…的顶点。

从图的某一点 v 出发,递归地进行广度优先搜索遍历的过程的算法如下:

```
void BFS (Graph G, int v){
//按广度优先非递归遍历连通图 G
sqQueue Q;
ArcType u;
ArcType w;
//访问第 v 个顶点,并置访问标志数组的相应分量值为 true
cout<<G.vexs[v]<<"  "; visited[v]=true;
InitQueue(Q);                    //辅助队列 Q 初始化,置空
EnQueue(Q, v);                   //v 进队
while(! QueueEmpty(Q)){          //队列非空
    DeQueue(Q, u);               //队头元素出队并置为 u
    for(w=FirstAdjVex(G, u); w > =0; w=NextAdjVex(G, u, w)){
//依次检查 u 的所有邻接点 w,FirstAdjVex(G, u)表示为 u 的第一个邻接点
//NextAdjVex(G, u, w)表示 u 相对于 w 的下一个邻接点,w>=0 表示存在邻接点
          if(! visited[w]){      //w 为 u 的尚未访问的邻接顶点
             cout<<G.vexs[w]<<"  ";
             visited[w]=true;    //访问 w,并置访问标志数组的相应分量值为 true
             EnQueue(Q, w);      //w 进队
          }//if
    }//for
}//while
}//BFS
```

分析上述算法，每个顶点至多进一次队列。遍历图的过程实质是通过边或弧查找邻接点的过程，因此广度优先搜索遍历图的时间复杂度和深度优先搜索遍历图的时间复杂度相同，两者的不同之处仅在于对顶点访问的顺序不同。

7.3.3 图遍历的应用算法

图的深度优先搜索算法和广度优先搜索算法可以确保图中所有的顶点被访问且仅访问一次，无论是连通图还是非连通图，均可以通过这两种搜索算法实现顶点的有效访问输出功能。深度优先搜索算法的实现主要运用的是回溯法，类似于树的先序遍历算法；广度优先搜索算法借助队列的先进先出的特点，类似于树的层次遍历算法。下面的算法案例采用无向图的顶点来存储江苏省部分城市的信息，边表示城市之间连接的公路信息，如采用邻接表作为图的存储结构，则可以得到基于城市公路图的城市遍历算法解决方案。

```
# include "stdio.h"
# include "stdlib.h"
//0:南京  1:苏州  2:无锡   3:常州   4:淮安   5:连云港   6:徐州   7:南通   8:盐城
int visited[10]={0};
typedef struct node
{
    int cityid;
    struct node * next;
}Anode;
typedef struct
{
    char city[10];
    Anode * first;
}Vnode;
typedef struct
{
    Vnode citys[10];
    int n,e;                        //n 代表顶点数量,e 代表边数量
}Map;
//地图的建立
Map creat()
{
  Anode * p;
  int i,s,d;
  Map map;
  printf("请输入城市和公路的数量:");
  scanf("% d,% d",&map.n,&map.e);
  getchar();                        //吸收回车符
  for(i=0;i< map.n;i++)             //输入顶点
  {
      printf("请输入城市的名称:");
```

```
        scanf("% s",&map.citys[i].city);
        //getchar();
        map.citys[i].first=NULL;
    }
    for(i=0;i<map.e;i++)
    {
      printf("请输入公路的序号:");
      scanf("%d,%d",&s,&d);
      //前插法
      p=(Anode * )malloc(sizeof(Anode));
      p->cityid=d;
      p->next=map.citys[s].first;
      map.citys[s].first=p;
      p=(Anode * )malloc(sizeof(Anode));
      p->cityid=s;
      p->next=map.citys[d].first;
      map.citys[d].first=p;
    }
    return map;
}
//地图的深度优先遍历
void dfs(Map map,int i)
{
    Anode * p;
    if(visited[i]==0)
    {
      printf("% s",map.citys[i].city);
      visited[i]=1;
      p=map.citys[i].first;
      while(p! =NULL)
      {
        if(visited[p->cityid]==0)
            dfs(map,p->cityid);
        p=p->next;//回溯法
      }
    }
}
void main()
{
    Map map;
    int i;
    map=creat();
    for(i=0;i< map.n;i++)
        dfs(map,i);
```

```
}
```

由以上代码可见,算法采用的是图的深度优先搜索遍历算法。其运行结果与输入公路序号的顺序有关,输入顺序不同,可能得到不同的遍历城市输出序列。

以下是其中一种输入的方案:

请输入城市和公路的数量:9,15
请输入城市的名称:南京
请输入城市的名称:苏州
请输入城市的名称:无锡
请输入城市的名称:常州
请输入城市的名称:淮安
请输入城市的名称:连云港
请输入城市的名称:徐州
请输入城市的名称:南通
请输入城市的名称:盐城
请输入公路的序号:0,3
请输入公路的序号:3,2
请输入公路的序号:2,1
请输入公路的序号:0,7
请输入公路的序号:0,8
请输入公路的序号:7,8
请输入公路的序号:0,4
请输入公路的序号:4,5
请输入公路的序号:5,6
请输入公路的序号:4,6
请输入公路的序号:3,4
请输入公路的序号:4,7
请输入公路的序号:1,7
请输入公路的序号:3,7
请输入公路的序号:0,6

由以上输入可得到对应的遍历输出结果为:

南京　徐州　淮安　南通　常州　无锡　苏州　盐城　连云港

7.4 无向图的应用

本节将重点介绍由图得到其生成树或生成森林以及最小生成树的问题。

7.4.1 生成树和生成森林

本节通过对图的遍历得到图的生成树或生成森林的算法。

设 E(G)为连通图 G 中所有边的集合,则从图中任意一个顶点出发遍历图时,必定将 E(G)分成两个集合 T(G)和 B(G),其中 T(G)是遍历图过程中经历的边的集合;B(G)是剩余的边的集合。显然,T(G)和图 G 中所有的顶点一起构成连通图 G 的极小连通子图。由第 7.1 节的概念可知,它是连通图的一棵生成树,并且由深度优先搜索得到的为深度优先生成树;由广度优先搜索得到的为广度优先生成树。例如,图 7-14(a)和(b)所示分别为连通图 G_5 的深度优先生成树和 G_5 的广度优先生成树。图中虚线为集合 B(G)中的边,实线为集合 T(G)中的边。

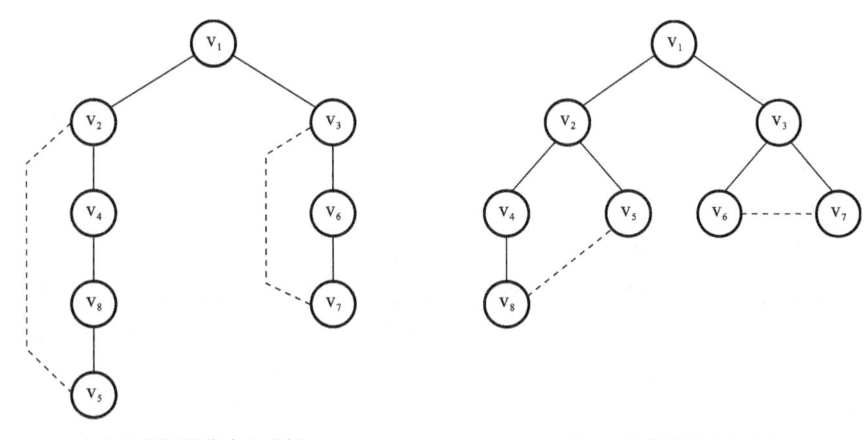

(a) G_5的深度优先生成树　　(b) G_5的广度优先生成树

图 7-14　由图 7-13 G_5 得到的生成树

对于非连通图,通过遍历,得到的将是生成森林。例如,图 7-15(b)所示为图 7-15(a)的深度优先生成森林,它由 3 棵深度优先生成树组成。

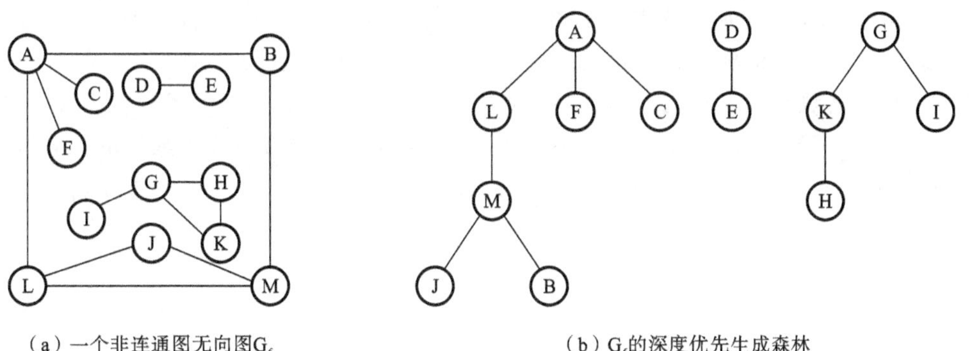

(a) 一个非连通图无向图G_6　　(b) G_6的深度优先生成森林

图 7-15　非连通图 G_6 及其生成森林

7.4.2　最小生成树

由生成树的定义可知,无向连通图的生成树不是唯一的。连通图的一次遍历所经过的边的集合及图中所有顶点的集合就构成该图的一棵生成树,对连通图的不同遍历,就可能得到不同的生成树。图 7-16 所示的为图 7-13 的无向连通图 G_5 的 3 棵生成树。

可以证明,对于有 n 个顶点的无向连通图,无论其生成树的形态如何,所有生成树中都

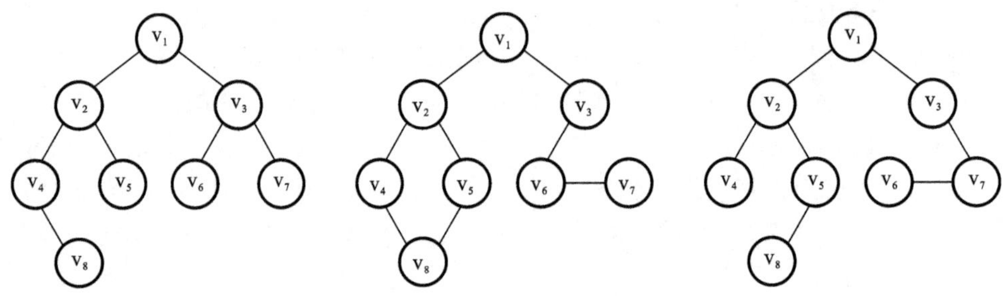

图 7-16　无向连通图 G_5 的 3 棵生成树

有且仅有 n－1 条边。

如果无向连通图是一个网，那么，它的所有生成树中必有一棵边的权值总和最小的生成树，我们称这棵生成树为最小生成树，简称为最小生成树。

最小生成树的概念可以应用到许多实际问题中。例如有这样一个问题：以尽可能低的总造价构造城市间的通信网络，把 10 个城市联系在一起。在这 10 个城市中，任意 2 个城市之间都可以构造通信线路，通信线路的造价依据城市间的距离不同而有不同的造价，可以构造一个通信线路造价网络，在网络中，每个顶点表示城市，顶点之间的边表示城市之间可构造通信线路，每条边的权值表示该条通信线路的造价，要想使总的造价最低，实际上就是寻找该网络的最小生成树。

下面介绍两种常用的构造最小生成树的方法。

1. 构造最小生成树的 Prim 算法

假设 G＝(V,E)为一个网图，其中 V 为网图中所有顶点的集合，E 为网图中所有带权边的集合。设置两个新的集合 U 和 T，其中集合 U 用于存放 G 的最小生成树中的顶点，集合 T 用于存放 G 的最小生成树中的边。令集合 U 的初值为 $U=\{u_1\}$(假设构造最小生成树时，从顶点 u_1 出发)，集合 T 的初值为 T＝{}。Prim 算法的思想是，从所有 u∈U，v∈V－U 的边中选取具有最小权值的边(u,v)，将顶点 v 加入集合 U 中，将边(u,v)加入集合 T 中，如此重复，直到 U＝V 时，最小生成树构造完毕，这时集合 T 中包含最小生成树的所有边。

Prim 算法可用下述过程描述，其中 w_{uv} 表示顶点 u 与顶点 v 边上的权值。

(1) $U=\{u_1\}$，T＝{}；

(2) while (U≠V) do

　　$(u,v)=\min\{w_{uv};u\in U,v\in V-U\}$

　　T＝T＋{(u,v)}

　　U＝U＋{v}

(3) 结束。

图 7-17(a)为一个网图，按照 Prim 算法，从顶点 v_1 出发，该网图的最小生成树的产生过程如图 7-17(b)、(c)、(d)、(e)、(f)和(g)所示。

为实现 Prim 算法，需设置辅助一维数组 lowcost，lowcost 用来保存集合 V－U 中各顶点与集合 U 中各顶点构成的边中具有最小权值的边的权值。首先，假设初始状态时 $U=\{u_1\}$(u_1 为出发的顶点)，这时有 lowcost[0]＝0，它表示顶点 u_1 已加入集合 U 中，数组 low-

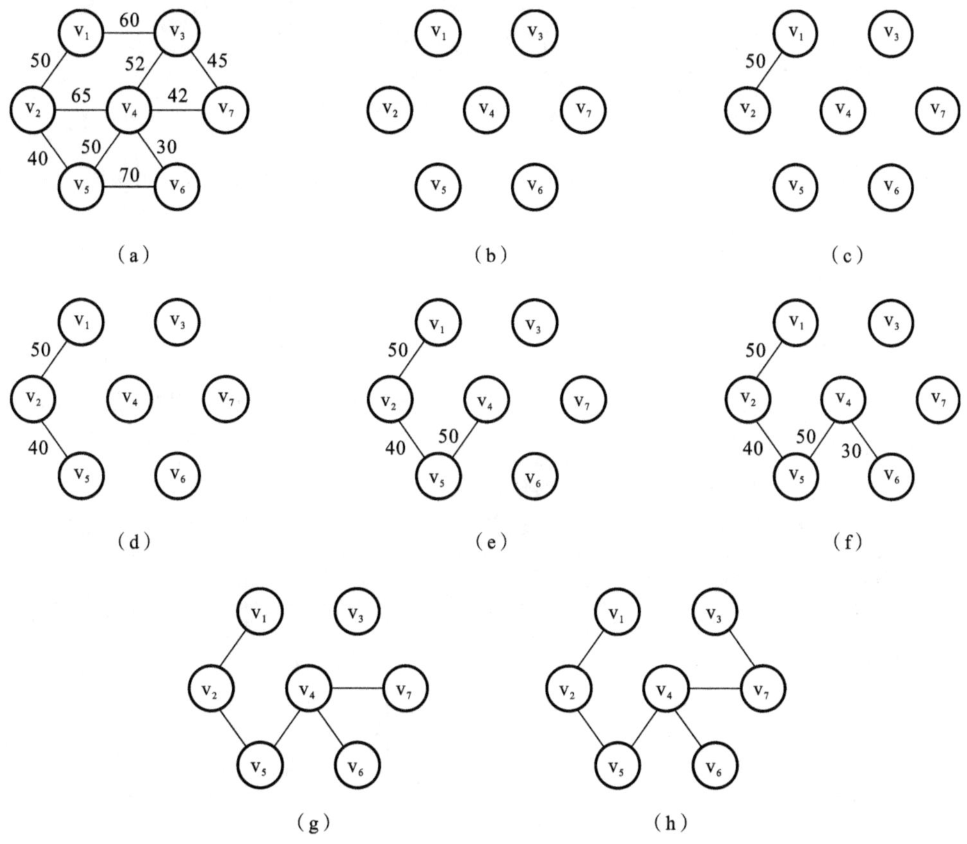

图 7-17　Prim 算法构造最小生成树的过程

cost 的其他各分量的值是顶点 u_1 到其余各顶点所构成的直接边的权值。然后，不断选取权值最小的边(u_i，u_k)($u_i \in U$，$u_k \in V-U$)，每选取一条边，就将 lowcost(k)置为 0，表示顶点 u_k 已加入集合 U 中。由于顶点 u_k 从集合 V－U 进入集合 U，所以需依据具体情况更新数组 lowcost 部分分量的内容。最后即为所构造的最小生成树。Prim 算法实现代码如下：

```
void MiniSpanTree_Prim(AMGraph G, VerTexType u){
//无向网 G 以邻接矩阵形式存储,从顶点 u 出发构造 G 的最小生成树 T,输出 T 的各条边
int k, j, i;
VerTexType u0 , v0;
k=LocateVex(G, u);                    //k 为顶点 u 的编号
for(j=0; j<G.vexnum;++j){             //关于 V－U 的每一个顶点 vi,初始化 closedge[i]
    if(j!=k){
          closedge[j].adjvex=u;
          closedge[j].lowcost=G.arcs[k][j];  //{adjvex, lowcost}
    }//if
}//for
closedge[k].lowcost=0;                //初始化,U={u}
for(i=1; i<G.vexnum;++i){             //选择其余 n－1 个顶点,生成 n－1 条边(n=G.vexnum)
    k=Min(G); //求出 T 的下一个节点:第 k 个顶点,closedge[k]中保存有当前的最小边
```

```
        u0=closedge[k].adjvex;      //u0为最小边的一个顶点,u0∈U
        v0=G.vexs[k];               //v0为最小边的另一个顶点,v0∈V-U
        cout<<"边  "<<u0<<"--->"<<v0<<endl;  //输出当前的最小边(u0, v0)
        closedge[k].lowcost=0;      //第k个顶点并入U集
        for(j=0; j<G.vexnum;++j)
        if(G.arcs[k][j]<closedge[j].lowcost){    //新顶点并入U后重新选择最小边
              closedge[j].adjvex=G.vexs[k];
              closedge[j].lowcost=G.arcs[k][j];
        }//if
    }//for
}//MiniSpanTree_Prim
```

图 7-18 给出了在用上述算法构造网图 7-17(a)的最小生成树的过程中,数组 closevertex、lowcost 及集合 U、V－U 的变化情况,读者可进一步加深对 Prim 算法的了解。

在 Prim 算法中,第一个 for 循环的执行次数为 n－1,第二个 for 循环中又包括一个 if 循环和一个 for 循环,执行次数为 $2(n-1)^2$,所以 Prim 算法的时间复杂度为 $O(n^2)$。

顶点	(1)	(2)	(3)	(4)	(5)	(6)	(7)
	Low Close Cost Vex	Low Close Cost Vex	Low Close Cost Vex	Low Close Cost Vex	Low Close Cost Vex	Low Close Cost Vex	Low Close Cost Vex
v_1	0 1	0 1	0 1	0 1	0 1	0 1	0 1
v_2	50 1	0 1	0 1	0 1	0 1	0 1	0 1
v_3	60 1	60 1	60 1	52 4	52 4	45 7	0 7
v_4	∞ 1	65 2	50 5	0 5	0 5	0 5	0 5
v_5	∞ 1	40 2	0 2	0 2	0 2	0 2	0 2
v_6	∞ 1	∞ 1	70 5	30 4	0 4	0 4	0 4
v_7	∞ 1	∞ 1	∞ 1	42 4	42 4	0 4	0 4
U	$\{v_1\}$	$\{v_1,v_2\}$	$\{v_1,v_2,v_5\}$	$\{v_1,v_2,v_5,v_4\}$	$\{v_1,v_2,v_5,v_4,v_6\}$	$\{v_1,v_2,v_5,v_4,v_6,v_7\}$	$\{v_1,v_2,v_5,v_4,v_6,v_7,v_3\}$
T	{}	$\{(v_1,v_2)\}$	$\{(v_1,v_2),(v_2,v_5)\}$	$\{(v_1,v_2),(v_2,v_5),(v_4,v_5)\}$	$\{(v_1,v_2),(v_2,v_5),(v_4,v_5),(v_4,v_6)\}$	$\{(v_1,v_2),(v_2,v_5),(v_4,v_5),(v_4,v_6),(v_4,v_7)\}$	$\{(v_1,v_2),(v_2,v_5),(v_4,v_5),(v_4,v_6),(v_4,v_7),(v_3,v_7)\}$

图 7-18　使用 Prim 算法构造最小生成树过程中各参数的变化情况

2. 构造最小生成树的 Kruskal 算法

Kruskal 算法是一种按照网图中边的权值递增的顺序构造最小生成树的方法。其基本思想是:设无向连通网为 G=(V,E),令 G 的最小生成树为 T,其初态为 T=(V,{}),即开始时,最小生成树 T 由图 G 中的 n 个顶点构成,顶点之间没有一条边,这样 T 中各顶点各自构成一个连通分量。然后，按照边的权值由小到大的顺序，考察 G 的边集合 E 中的各条边。若被考察的边的两个顶点属于 T 的两个不同的连通分量，则将此边作为最小生成树的边加入 T 中，同时把两个连通分量连接为一个连通分量；若被考察的边的两个顶点属于同一个连通分量，则舍去此边，以免造成回路，如此下去，当 T 中的连通分量个数为 1 时，此连通分量便为 G 的一棵最小生成树。

对于图 7-17(a)所示的网图，按照 Kruskal 算法构造最小生成树的过程如图 7-19 所示。在构造过程中，按照网图中边的权值由小到大的顺序，不断选取当前未被选取的边集合中权值最小的边。依据生成树的概念，n 个节点的生成树有 n－1 条边，故反复上述过程，直到选取了 n－1 条边为止，就构成了一棵最小生成树。

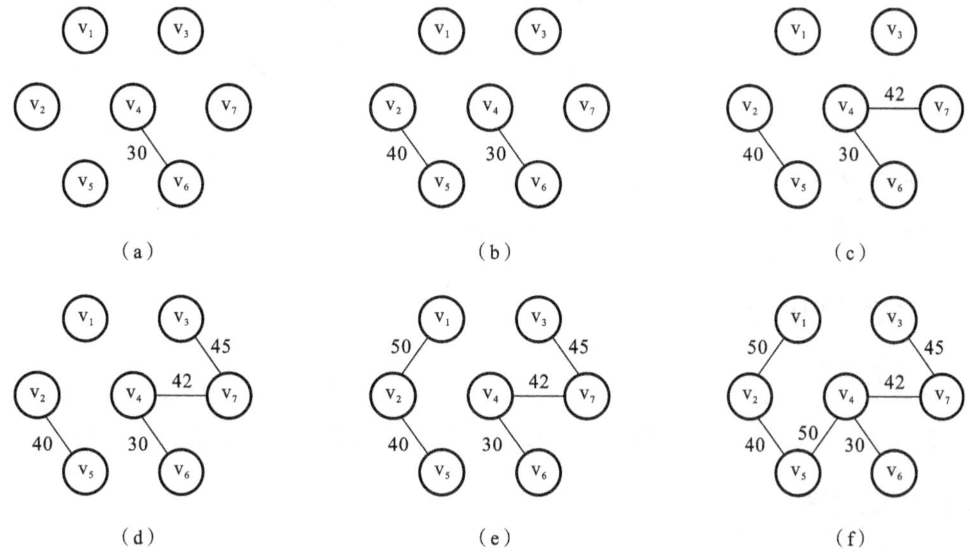

图 7-19　使用 Kruskal 算法构造最小生成树的过程中各参数的变化情况

Kruskal 算法实现代码如下：

```
//辅助数组 Edge 的定义
struct{
VerTexType Head;                    //边的起点
VerTexType Tail;                    //边的终点
ArcType lowcost;                    //边上的权值
}Edge[(MVNum *  (MVNum-1)) / 2];

int Vexset[MVNum];                  //辅助数组 Vexset 的定义

void MiniSpanTree_Kruskal(AMGraph G){
    //无向网 G 以邻接矩阵形式存储，构造 G 的最小生成树 T，输出 T 的各条边
    int i , j , v1 , v2 , vs1 , vs2;
    Sort(G);                        //将数组 Edge 中的元素按权值从小到大排序
    for(i=0; i <  G.vexnum;++i)     //辅助数组，表示各顶点自成一个连通分量
```

```
        Vexset[i]=i;
        for(i=0; i< G.arcnum;++i){          //依次查看排好序的数组 Edge 中的边是否在同
                                               一连通分量上
            v1=LocateVex(G, Edge[i].Head); //v1 为边的起点 Head 的编号
            v2=LocateVex(G, Edge[i].Tail); //v2 为边的终点 Tail 的编号
            vs1=Vexset[v1];                //获取边 Edge[i]的起点所在的连通分量 vs1
            vs2=Vexset[v2];                //获取边 Edge[i]的终点所在的连通分量 vs2
            if(vs1 ! =vs2){                //边的两个顶点分属不同的连通分量
                cout<<Edge[i].Head<<"- ->"<<Edge[i].Tail<<endl;
                                           //输出此边
                for(j=0; j< G.vexnum;++j)  //合并 vs1 和 vs2 两个分量,即两个集合统一
                                              编号
                    if(Vexset[j]==vs2) Vexset[j]=vs1;  //集合编号为 vs2 的都改为 vs1
            }//if
        }//for
    }//MiniSpanTree_Kruskal
```

Kruskal 算法的时间复杂度为 O(n · MAXEDGE)。

7.5 有向图的应用

有向图(directed graph,DG)是指在图中任一顶点上的边都是有方向的。有向图可用来描述工程或系统的进行过程,如一个工程的施工图、学生课程间的制约关系图等。

7.5.1 拓扑排序

用顶点表示活动,用弧表示活动间的优先关系的有向无环图,称为顶点表示活动的网(activity on vertex network),简称 AOV 网。

例如,计算机系学生的一些必修课程与选修课程的关系如表 7-1 所示。

表 7-1 计算机系学生必修课程与选修课程的关系

课程编号	课程名称	选修课程
C_1	高等数学	无
C_2	程序设计基础	无
C_3	离散数学	C_1,C_2
C_4	数据结构	C_2,C_3
C_5	算法语言	C_2
C_6	编译技术	C_4,C_5
C_7	操作系统	C_4,C_9
C_8	普通物理	C_1
C_9	计算机原理	C_8

用顶点表示课程，弧表示先决条件，则表 7-1 所描述的关系可用一个有向无环图表示，如图 7-20 所示。在有向图 G=(V,{E})中，V 中顶点的线性序列(v_{i1}，v_{i1}，v_{i3}，…，v_{in})称为拓扑序列。如果此序列满足条件：对序列中任意两个顶点 v_i、v_j，在 G 中有一条从 v_i 到 v_j 的路径，则在序列中 v_i 必排在 v_j 之前。

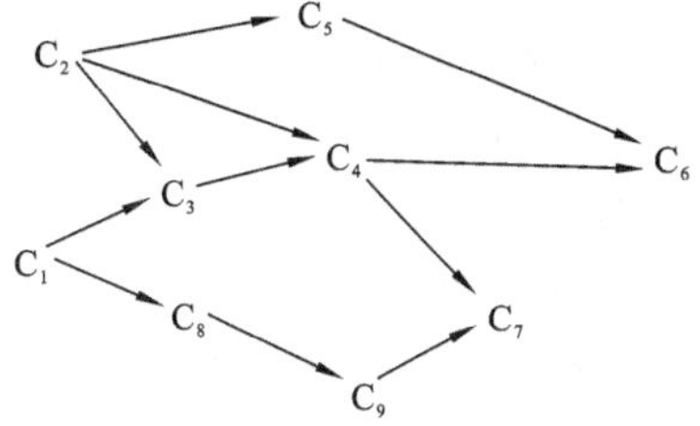

图 7-20　表示课程之间优先关系的有向无环图

例如，图 7-20 的一个拓扑序列为：C_1　C_2　C_3　C_4　C_5　C_8　C_9　C_7　C_6。

AOV 网的特性如下。

若 v_i 为 v_j 的先行活动，v_j 为 v_k 的先行活动，则 v_i 必为 v_k 的先行活动，即先行关系具有可传递性。从离散数学的观点来看，若有$\langle v_i,v_j\rangle$、$\langle v_j,v_k\rangle$，则必存在$\langle v_j,v_k\rangle$。显然，在 AOV 网中不能存在回路，否则回路中的活动就会互为前驱，从而无法执行。

AOV 网的拓扑序列不是唯一的。

例如，图 7-20 的另外一个拓扑序列为：C_1　C_2　C_3　C_8　C_4　C_5　C_9　C_7　C_6。

那么，怎样求一个有向无环图的拓扑序列呢？拓扑排序的基本思想包含以下几点。

(1) 从有向图中选一个无前驱的节点输出。

(2) 将此节点和以它为起点的边删除。

(3) 重复(1)、(2)，直到不存在无前驱的节点。

(4) 若此时输出的节点数小于有向图中的顶点数，则说明有向图中存在回路，否则输出的顶点的顺序即为一个拓扑序列。

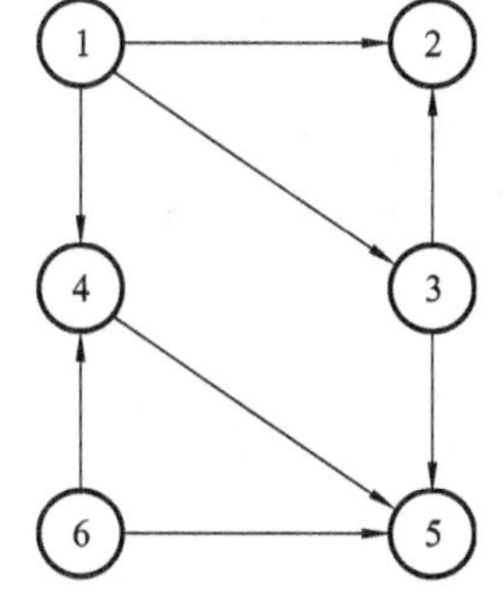

图 7-21　AOV 网

例如，对于图 7-21 中的 AOV 网，执行上述过程可以得到如下拓扑序列：1 6 4 3 2 5 或 1 3 2 6 4 5。

由于有向图存储形式的不同，拓扑排序算法的实现也不同。

1. 基于邻接矩阵表示的存储结构

若 A 为有向图 G 的邻接矩阵，则有：

- 找 G 中无前驱的节点——在 A 中找到值全为 0 的列；
- 删除以 i 为起点的所有弧——将矩阵中 i 对应的行全部置为 0。

基于邻接矩阵表示的存储结构的算法步骤如下。

(1) 取 1 作为第一新序号。

(2) 找一个不是新编号的、值全为 0 的列 j，若找到则转(3)；否则，若所有的列全部都编过号，则排序结束；若有列未被编号，则该图中有回路。

(3) 输出列号对应的顶点 j，把新序号赋给找到的列。

(4) 将矩阵中 j 对应的行全部置为 0。

(5) 新序号加 1，转(2)。

2. 基于邻接表的存储结构

入度为 0 的顶点是没有前驱的顶点，因此可以附设一个存放各顶点入度的数组 indegree[ ],于是有:

(1) 找 G 中无前驱的顶点——查找 indegree[i]为 0 的顶点 I。

(2) 删除以 i 为起点的所有弧——对连在顶点 i 后面的所有邻接顶点 k,将对应的 indegree[k]减 1。

为了避免重复检测入度为 0 的顶点,可以再设置一个辅助栈,若某一顶点的入度减为 0,则将它入栈。每当输出某一顶点时,便将它从栈中删除。

拓扑排序算法实现代码如下:

```
int TopologicalSort(ALGraph G , int topo[]){
    //有向图 G 采用邻接表存储结构
    //若 G 无回路,则生成 G 的一个拓扑序列 topo[]并返回 OK,否则返回 ERROR
    int i , m;
    FindInDegree(G);          //求出各顶点的入度并存入数组 indegree 中
    InitStack(S);             //栈 S 初始化为空
    for(i=0; i< G.vexnum;+ + i)
        if(! indegree[i]) Push(S, i);          //入度为 0 者进栈
        m=0;                                   //对输出顶点计数,初始值为 0
        while(! StackEmpty(S)){                //栈 S 非空
        Pop(S, i);                             //将栈顶顶点 vi 出栈
        topo[m]=i;                             //将 vi 保存在拓扑序列数组 topo 中
        ++m;                                   //对输出顶点计数
        ArcNode *p=G.vertices[i].firstarc;     //p 指向 vi 的第一个邻接点
        while(p){
            int k=p->adjvex;                   //vk 为 vi 的邻接点
            --indegree[k];                     //vi 的每个邻接点的入度减 1
            if(indegree[k]==0)  Push(S, k);    //若入度减为 0,则入栈
            p=p->nextarc;                      //p 指向顶点 vi 的下一个邻接点
        }//while
    }//while
    if(m<G.vexnum)  return ERROR;              //该有向图有回路
    else return OK;
}//TopologicalSort
```

求入度算法的实现代码如下:

```
    void FindInDegree(ALGraph G){
    //求出各顶点的入度并存入数组 indegree 中
    int i, count;
    for(i=0 ; i<G.vexnum ; i++){
        count=0;
        ArcNode *p=G.converse_vertices[i].firstarc;
        if(p){
            while(p){
                p=p->nextarc;
                count++;
```

```
            }
        }
        indegree[i]=count;
    }
}//FindInDegree
```

例如，图 7-21 所示的 AOV 网的邻接表如图 7-22 所示，使用拓扑排序算法求出的拓扑序列为：v_6 v_1 v_3 v_2 v_4 v_5。

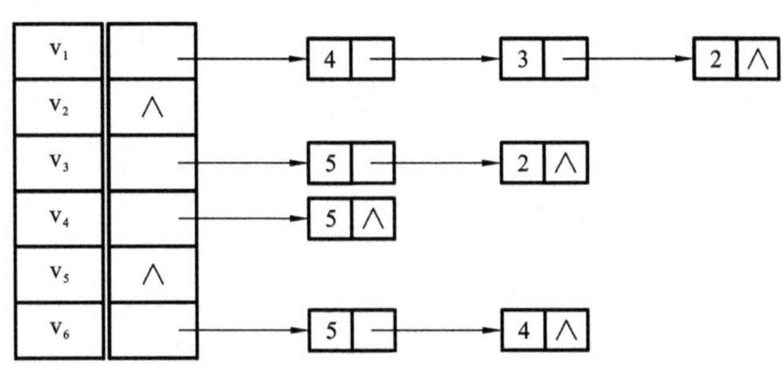

图 7-22　AOV 网的邻接表

若有向无环图有 n 个顶点和 e 条弧，则在拓扑排序的算法中，for 循环需要执行 n 次，时间复杂度为 O(n)；对于 while 循环，由于每一个顶点必定进一次栈和出一次栈，其时间复杂度为 O(e)，因此拓扑排序算法的时间复杂度为 O(n＋e)。

7.5.2　最短路径求解算法

最短路径问题是图的又一个比较典型的应用问题。例如，某一地区的一个公路网，给定了该网内的 n 个城市以及这些城市之间的相通公路的距离，能否找到城市 A 到城市 B 之间一条最近的通路呢？如果将城市用点表示，城市间的公路用边表示，公路的长度作为边的权值，那么，这个问题就可归结为在网图中求点 A 到点 B 的所有路径中边的权值之和最短的那条路径。这条路径就是两点之间的最短路径，并称路径上的第一个顶点为源点(sourse)，最后一个顶点为终点(destination)。在非网图中，最短路径是指两点之间经历的边数最少的路径。下面讨论两种最常见的最短路径问题。

1. 从一个源点到其他各点的最短路径

本节先来讨论单源点的最短路径问题：给定带权有向图 G＝(V，E)和源点 v∈V，求从 v 到 G 中其余各顶点的最短路径。在下面的讨论中，假设源点为 v_0。

这是由迪杰斯特拉(Dijkstra)提出的一种按路径长度递增的次序产生最短路径的算法。该算法的基本思想是：设置两个顶点的集合 S 和 T＝V－S，集合 S 中存放已找到最短路径的顶点，集合 T 中存放当前还未找到最短路径的顶点。初始状态时，集合 S 中只包含源点 v_0，然后不断地从集合 T 中选取到顶点 v_0 路径长度最短的顶点 u 加入集合 S 中，集合 S 每加入一个新的顶点 u，都要修改顶点 v_0 到集合 T 中剩余顶点的最短路径长度值，集合 T 中各顶点新的最短路径长度值为原来的最短路径长度值与顶点 u 的最短路径长度值加上 u 到该顶点的路径长度值中的较小值。此过程不断重复，直到集合 T 的顶点全部加入 S 中为止。

Dijkstra 算法的正确性可以用反证法加以证明。假设下一条最短路径的终点为 x,那么,该路径必然是弧(v_0,x),或者是中间只经过集合 S 中的顶点而到达顶点 x 的路径。因为假若此路径上除 x 之外有一个或一个以上的顶点不在集合 S 中,那么必然存在另外的终点不在 S 中而路径长度比此路径还短的路径,这与按路径长度递增的顺序产生最短路径的前提相矛盾,所以此假设不成立。下面介绍 Dijkstra 算法的实现。

首先引进一个辅助向量 D,它的每个分量 D[i]表示当前所找到的从起点 v 到每个终点 v_i 的最短路径的长度。它的初态为:若从 v 到 v_i 有弧,则 D[i]为弧上的权值;否则置 D[i]为∞。显然,长度为 $D[j]=Min\{D[i] \mid v_i \in V\}$ 的路径就是从 v 出发的长度最短的一条最短路径。此路径为(v,v_j)。

那么,下一条长度次短的路径是哪一条呢?假设该长度次短的路径的终点是 v_k,则这条路径或者是(v,v_k),或者是(v,v_j,v_k)。这条路径的长度或者是从 v 到 v_k 的弧上的权值,或者是 D[j]和从 v_j 到 v_k 的弧上的权值之和。

依据前面介绍的算法思想,一般情况下,下一条长度次短的路径的长度必是:

$$D[j]=Min\{D[i] \mid v_i \in V-S\}$$

其中:D[i]或者是弧(v,v_i)上的权值,或者是 D[k]($v_k \in S$)和弧(v_k,v_i)上的权值之和。

根据以上分析,可以得到算法的描述如下。

(1) 假设用带权的邻接矩阵 edges 来表示带权有向图,edges[i][j]表示弧〈v_i,v_j〉上的权值。若〈v_i,v_j〉不存在,则置 edges[i][j]为∞(在计算机上可使用最大值代替)。S 为已找到从 v 出发的最短路径的终点的集合,它的初始状态为空集。那么,从 v 出发到图上其余各顶点(终点)v_i 可能达到最短路径长度的初值为:

D[i]=edges[Locate Vex(G,v)][i]($v_i \in V$)

(2) 选择 v_j,使得:

$$D[j]=Min\{D[i] \mid v_i \in V-S\}$$

v_j 就是当前求得的一条从 v 出发的最短路径的终点。令

$$S=S \cup \{j\}$$

(3) 修改从 v 出发到集合 V−S 上任意一个顶点 v_k 可达的最短路径长度。如果

$$D[j]+edges[j][k]<D[k]$$

则修改 D[k]为:

$$D[k]=D[j]+edges[j][k]$$

重复操作(2)、(3)共 n−1 次。由此求得从 v 到图上其余各顶点的最短路径是依路径长度递增的序列。

使用 C 语言描述的 Dijkstra 算法实现代码如下:

```
void ShortestPath_DIJ(AMGraph G, int v0){
//使用 Dijkstra 算法求有向网 G 的 v0 顶点到其余顶点的最短路径
    int v, i, w, min;
    int n=G.vexnum;                    //n 为 G 中顶点的个数
    for(v=0; v<n;++v){                 //n 个顶点依次初始化
```

```
        S[v]=false;                  //S 初始为空集
        D[v]=G.arcs[v0][v];      //将 v0 到各个终点的最短路径长度初始化为弧上的权值
        if(D[v]<MaxInt)  Path [v]=v0;
                                     //如果 v0 和 v 之间有弧,则将 v 的前驱置为 v0
        else Path [v]=-1;            //如果 v0 和 v 之间无弧,则将 v 的前驱置为-1
        }//for
      S[v0]=true;                    //将 v0 加入 S
    D[v0]=0;                         //源点到源点的距离为 0
    /* 一初始化结束,开始主循环,每次求得 v0 到某个顶点 v 的最短路径,将 v 加入 S 集中* /
    for(i=1;i<n;++i){                //对其余 n-1 个顶点依次进行计算
        min=MaxInt;
        for(w=0; w<n;++w)
            if(! S[w] && D[w]<min){      //选择一条当前的最短路径,终点为 v
                v=w;
                min=D[w];
            }//if
        S[v]=true;                   //将 v 加入 S
        for(w=0;w<n;++w)             //更新从 v0 出发到集合 V? S 上所有顶点的最短路
                                       径长度
            if(! S[w] && (D[v]+G.arcs[v][w]<D[w])){
                D[w]=D[v]+G.arcs[v][w];     //更新 D[w]
                Path [w]=v;                 //更改 w 的前驱为 v
            }//if
    }//for
}//ShortestPath_DIJ
```

例如,图 7-23 所示的是一个有向网图 G8 的带权邻接矩阵。

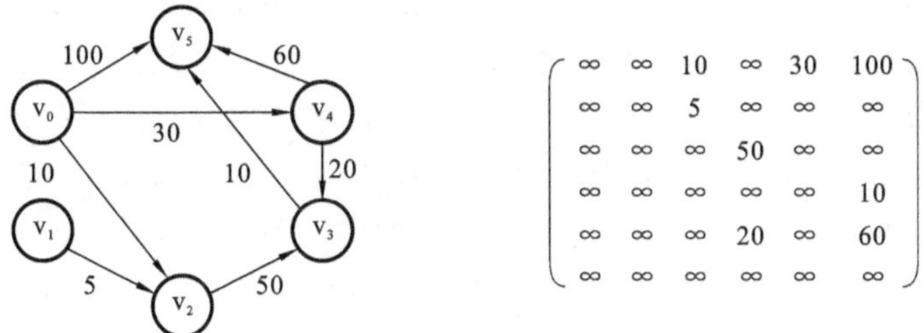

$$\begin{pmatrix} \infty & \infty & 10 & \infty & 30 & 100 \\ \infty & \infty & 5 & \infty & \infty & \infty \\ \infty & \infty & \infty & 50 & \infty & \infty \\ \infty & \infty & \infty & \infty & \infty & 10 \\ \infty & \infty & \infty & 20 & \infty & 60 \\ \infty & \infty & \infty & \infty & \infty & \infty \end{pmatrix}$$

图 7-23　一个有向网图 G_8 的带权邻接矩阵

使用 Dijkstra 算法构造单源点最短路径过程中各参数的变化如图 7-24 所示。

下面分析这个算法的运行时间。第一个 for 循环的时间复杂度是 O(n),第二个 for 循环共进行 n-1 次,每次执行的时间是 O(n)。所以总的时间复杂度是 $O(n^2)$。如果用带权的邻接表作为有向图的存储结构,则虽然修改 D 的时间可以减少,但由于在 D 向量中选择最小的分量的时间不变,所以总的时间仍为 $O(n^2)$。

如果只希望找到从源点到某个特定的终点的最短路径,那么从上面求最短路径的原理来看,这个问题和求源点到其他所有顶点的最短路径一样复杂,其时间复杂度也是 $O(n^2)$。

终点	从 v_0 到各终点的D值和最短路径的求解过程				
	i=1	i=2	i=3	i=4	i=5
v_1	∞	∞	∞	∞	∞ 无
v_2	10 (v_0,v_2)				
v_3	∞	60 (v_0,v_2,v_3)	50 (v_0,v_4,v_3)		
v_4	30 (v_0,v_4)	30 (v_0,v_4)			
v_5	100 (v_0,v_5)	100 (v_0,v_5)	90 (v_0,v_4,v_5)	60 (v_0,v_4,v_3,v_5)	
v_j	v_2	v_4	v_3	v_5	
S	$\{v_0,v_2\}$	$\{v_0,v_2,v_4\}$	$\{v_0,v_2,v_3,v_4\}$	$\{v_0,v_2,v_3,v_4,v_5\}$	

图 7-24　使用 Dijkstra 算法构造单源点最短路径过程中各参数的变化

2. 每一对顶点之间的最短路径

解决这个问题的方法是：每次以一个顶点为源点，重复执行 Dijkstra 算法。这样，便可求得每一对顶点的最短路径。总的执行时间为 $O(n^3)$。

这里要介绍由弗洛伊德(Floyd)提出的另一种算法。这种算法的时间复杂度也是 $O(n^3)$，但形式上简单些。

Floyd 算法仍从图的带权邻接矩阵 cost 出发，其基本思想是：求从顶点 v_i 到 v_j 的最短路径。如果从 v_i 到 v_i 有弧，则从 v_i 到 v_j 存在一条长度为 edges[i][j]的路径，该路径不一定是最短路径，还需进行 n 次试探。首先考虑路径(v_i,v_0,v_j)是否存在(即判别弧(v_i,v_0)和(v_0,v_j)是否存在)，如果存在，则比较(v_i,v_j)和(v_i,v_0,v_j)的路径长度，取长度较短者为从 v_i 到 v_j 的中间顶点的序号不大于 0 的最短路径。假如在路径上再增加一个顶点 v_1，也就是说，如果$(v_i,\cdots,v_1)$和$(v_1,\cdots,v_j)$分别是当前找到的中间顶点的序号不大于 0 的最短路径，那么$(v_i,\cdots,v_1,\cdots,v_j)$就有可能是从 v_i 到 v_j 的中间顶点的序号不大于 1 的最短路径。将 v_1 和已经得到的从 v_i 到 v_j 中间顶点序号不大于 0 的最短路径相比较，从中选出中间顶点的序号不大于 1 的最短路径之后，再增加一个顶点 v_2，继续进行试探，依此类推。一般情况下，若$(v_i,\cdots,v_k)$和$(v_k,\cdots,v_j)$分别是从 v_i 到 v_k 和从 v_k 到 v_j 的中间顶点的序号不大于 k−1 的最短路径，则将$(v_i,\cdots,v_k,\cdots,v_j)$和已经得到的从 v_i 到 v_j 且中间顶点序号不大于 k−1 的最短路径相比较，其长度较短者便是从 v_i 到 v_j 的中间顶点的序号不大于 k 的最短路径。这样，在经过 n 次比较后，最后求得的必是从 v_i 到 v_j 的最短路径。按此方法，可以同时求得各对顶点间的最短路径。

现定义一个 n 阶方阵序列：

$D^{(-1)},D^{(0)},D^{(1)},\cdots,D^{(k)},D^{(n-1)}$

其中：

$D^{(-1)}[i][j]=edges[i][j]$；

$D^{(k)}[i][j]=Min\{D^{(k-1)}[i][j],D^{(k-1)}[i][k]+D^{(k-1)}[k][j]\}\quad(0\leqslant k\leqslant n-1)$

从上述计算公式可见，$D^{(1)}[i][j]$是从 v_i 到 v_j 的中间顶点的序号不大于 1 的最短路径的长度；$D^{(k)}[i][j]$是从 v_i 到 v_j 的中间顶点的个数不大于 k 的最短路径的长度；$D^{(n-1)}[i][j]$就是从 v_i 到 v_j 的最短路径的长度。

由此得到求任意两顶点间的最短路径的算法实现代码如下：

```
void ShortestPath_Floyed(AMGraph G){
//使用 Floyd 算法求有向网 G 中各对顶点 i 和 j 之间的最短路径
int i, j, k;
    for (i=0; i<G.vexnum;++i)      //各对节点之间已知初始路径及距离
        for(j=0; j<G.vexnum;++j){
            D[i][j]=G.arcs[i][j];
        //如果 i 和 j 之间有弧,则将 j 的前驱置为 i
            if(D[i][j]<MaxInt && i!=j)  Path[i][j]=i;
            else Path [i][j]=-1;   //如果 i 和 j 之间无弧,则将 j 的前驱置为-1
        }//for
        for(k=0; k<G.vexnum;++k)
            for(i=0; i<G.vexnum;++i)
                for(j=0; j <  G.vexnum;++j)
                    if(D[i][k]+D[k][j]<D[i][j]){  //从 i 经 k 到 j 的一条路径更短
                        D[i][j]=D[i][k]+D[k][j];  //更新 D[i][j]
                        Path[i][j]=Path[k][j];    //更改 j 的前驱为 k
                    }//if
}//ShortestPath_Floyed
```

图 7-25 所示的为一个有向网图 G_9 及其邻接矩阵。图 7-26 为使用 Floyd 算法求有向网图 G_9 中每对顶点之间的最短路径时数组 D 和数组 P 的变化情况。

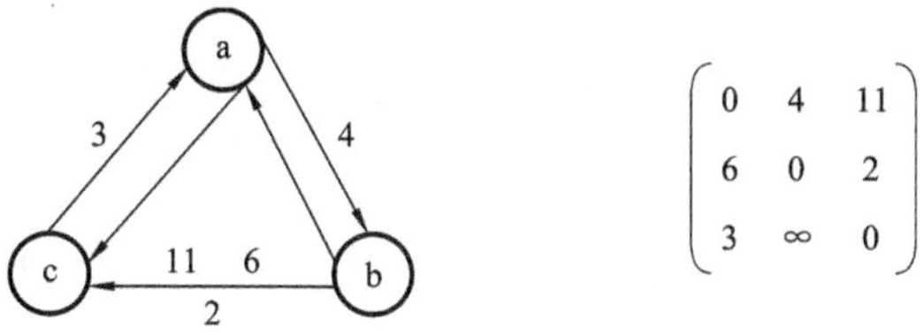

图 7-25　一个有向网图 G_9 及其邻接矩阵

$$D^{(-1)}=\begin{pmatrix}0&4&11\\6&0&2\\3&\infty&0\end{pmatrix}\quad D^{(0)}=\begin{pmatrix}0&4&11\\6&0&2\\3&7&0\end{pmatrix}\quad D^{(1)}=\begin{pmatrix}0&4&6\\6&0&2\\3&7&0\end{pmatrix}\quad D^{(2)}=\begin{pmatrix}0&4&6\\5&0&2\\3&7&0\end{pmatrix}$$

$$P^{(-1)}=\begin{pmatrix}&ab&ac\\ba&&bc\\ca&&\end{pmatrix}\quad P^{(0)}=\begin{pmatrix}&ab&ac\\ba&&bc\\ca&cab&\end{pmatrix}\quad P^{(1)}=\begin{pmatrix}&ab&abc\\ba&&bc\\ca&cab&\end{pmatrix}\quad P^{(2)}=\begin{pmatrix}&ab&abc\\bca&&bc\\ca&cab&\end{pmatrix}$$

图 7-26　使用 Floyd 算法求有向网图 G_9 中每对顶点之间的最短路径时数组 D 和数组 P 的变化情况

7.6 小结

本章主要介绍了以下内容。

有关图的基本概念,包括图的定义和特点、无向图、有向图、入度、出度、完全图、生成子图、路径长度、回路和连通图等。

图的常用存储形式,包括邻接矩阵、邻接表、(逆)邻接表。

深度遍历和广度遍历是图的两种基本的遍历算法,图的算法设计常常是基于这两种基本的遍历算法而设计的,比如:求最长的最短路径问题和判断两个顶点间是否存在长为 K 的简单路径问题,就分别用到了广度遍历和深度遍历算法。

生成树、最小生成树的概念以及最小生成树的构造:Prim 算法和 Kruskal 算法。能根据这两种最小生成树的算法思想写出其构造过程及最终生成的最小生成树。

拓扑排序有两种方法:第一种是无前驱的顶点优先算法,第二种是无后继的顶点优先算法。本书主要介绍第一种,即“从前向后”的排序。

习题 7

一、选择题

1. 在一个图中,所有顶点的度数之和等于图的边数的(　　)倍。

A. 1/2　　B. 1　　C. 2　　D. 4

2. 在一个有向图中,所有顶点的入度之和等于所有顶点的出度之和的(　　)倍。

A. 1/2　　B. 1　　C. 2　　D. 4

3. 有 n 个顶点的有向图最多有(　　)条边。

A. n　　B. n(n−1)　　C. n(n+1)　　D. n^2

4. n 个顶点的连通图用邻接矩阵表示时,该矩阵至少有(　　)个非零元素。

A. n　　B. 2(n−1)　　C. n/2　　D. n^2

5. G 是一个非连通无向图,共有 28 条边,则该图至少有(　　)个顶点。

A. 7　　B. 8　　C. 9　　D. 10

6. 若从无向图的任意一个顶点出发进行一次深度优先搜索可以访问图中所有的顶点,则该图一定是(　　)图。

A. 非连通　　B. 连通　　C. 强连通　　D. 有向

7. 下面(　　)适合构造一个稠密图 G 的最小生成树。

A. Prim 算法　　B. Kruskal 算法　　C. Floyd 算法　　D. Dijkstra 算法

8. 用邻接表表示法进行广度优先搜索遍历时,通常借助(　　)来实现算法。

A. 栈　　B. 队列　　C. 树　　D. 图

9. 用邻接表表示法进行深度优先搜索遍历时,通常借助(　　)来实现算法。

A. 栈　　B. 队列　　C. 树　　D. 图

10. 深度优先遍历类似于二叉树的(　　)。

A. 先序遍历　　B. 中序遍历　　C. 后序遍历　　D. 层次遍历

11. 广度优先遍历类似于二叉树的(　　)。

A. 先序遍历　　B. 中序遍历　　C. 后序遍历　　D. 层次遍历

12. 图的广度优先搜索生成树的树高比尝试优先搜索生成树的树高(　　)。

A. 低　　B. 相等　　C. 低或相等　　D. 高或相等

13. 已知图的邻接矩阵如图 7-27 所示,则从顶点 0 出发按深度优先搜索遍历的结果是(　　)。

$$\begin{bmatrix} 0 & 1 & 1 & 1 & 1 & 0 & 1 \\ 1 & 0 & 0 & 1 & 0 & 0 & 1 \\ 1 & 0 & 0 & 0 & 1 & 0 & 0 \\ 1 & 1 & 0 & 0 & 1 & 1 & 0 \\ 1 & 0 & 1 & 1 & 0 & 1 & 0 \\ 0 & 0 & 0 & 1 & 1 & 0 & 1 \\ 1 & 1 & 0 & 0 & 0 & 1 & 0 \end{bmatrix}$$

图 7-27　邻接矩阵

A. 0 2 4 3 1 5 6

B. 0 1 3 6 5 4 2

C. 0 1 3 4 2 5 6

D. 0 3 6 1 5 4 2

14. 已知图的邻接表如图 7-28 所示,则从顶点 0 出发按广度优先搜索遍历的结果是(　　),按深度优先搜索遍历的结果是(　　)。

A. 0 1 3 2　　B. 0 2 3 1　　C. 0 3 2 1　　D. 0 1 2 3

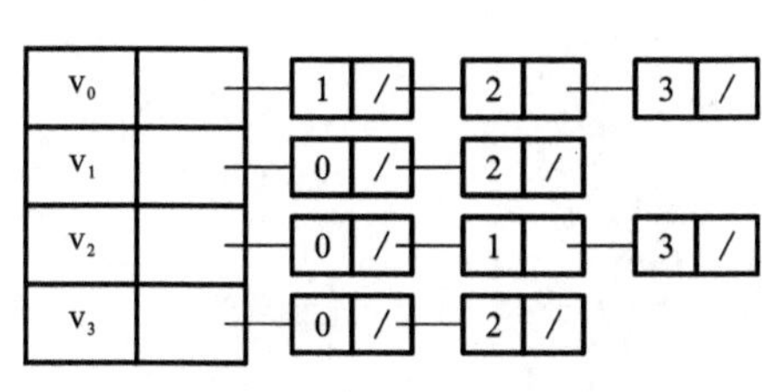

图 7-28　邻接表

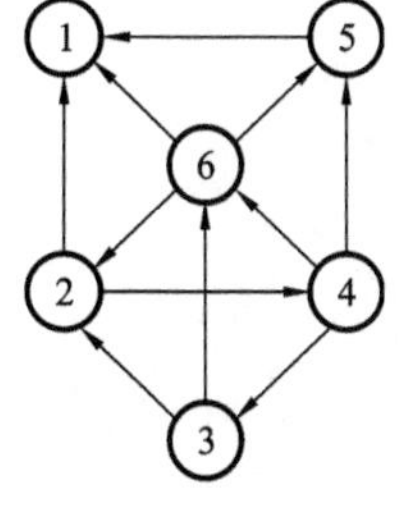

图 7-29　有向图

15. 下面(　　)方法可以判断出一个有向图是否有环。

A. 深度优先搜索遍历　　B. 拓扑排序

C. 求最短路径　　D. 求关键路径

二、应用题

16. 已知如图 7-29 所示的有向图,请给出:

(1) 每个顶点的入度和出度;

(2) 邻接矩阵;

(3) 邻接表;

(4) 逆邻接表。

17. 已知如图 7-30 所示的无向网,请给出:

(1) 邻接矩阵；

(2) 邻接表；

(3) 最小生成树。

18. 已知图的邻接矩阵如图 7-31 所示。试分别画出自顶点 1 出发进行遍历所得的深度优先搜索生成树和广度优先搜索生成树。

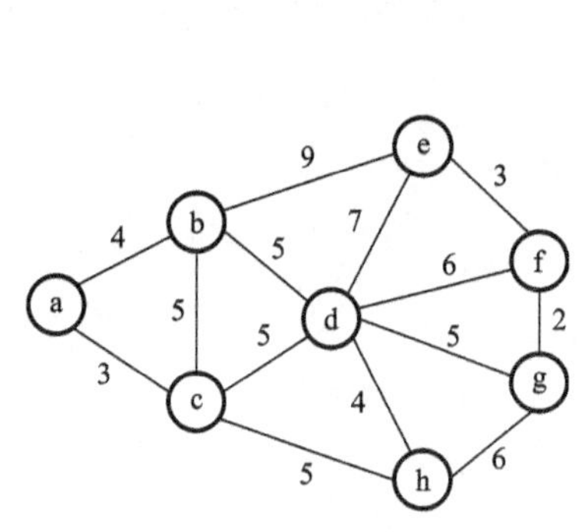

图 7-30 无向网

	1	2	3	4	5	6	7	8	9	10
1	0	0	0	0	0	0	1	0	1	0
2	0	0	1	0	0	0	1	0	0	0
3	0	0	0	1	0	0	0	1	0	0
4	0	0	0	0	1	0	0	0	1	0
5	0	0	0	0	0	1	0	0	0	1
6	1	1	0	0	0	0	0	0	0	0
7	0	0	1	0	0	0	0	0	0	1
8	1	0	0	1	0	0	0	0	1	0
9	0	0	0	0	1	0	1	0	0	1
10	1	0	0	0	0	1	0	0	0	0

图 7-31 邻接矩阵

19. 有向网如图 7-32 所示，试用 Dijkstra 算法求出从顶点 a 到其他各顶点间的最短路径。

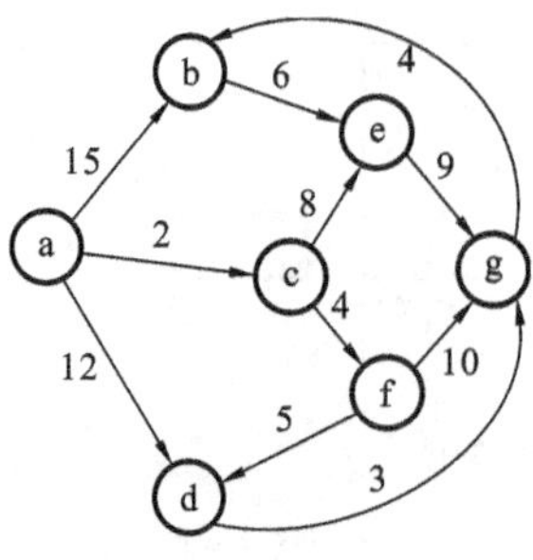

图 7-32 有向网

三、算法设计题

20. 分别以邻接矩阵和邻接表作为存储结构，实现以下基本操作：

(1) 增添一个新顶点 v，InsertVex(G, v)；

(2) 删除顶点 v 及其相关的边，DeleteVex(G, v)；

(3) 增加一条边〈v，w〉，InsertArc(G, v, w)；

(4) 删除一条边〈v，w〉，DeleteArc(G, v, w)。

21. 一个连通图采用邻接表作为存储结构，设计一个算法，实现从顶点 v 出发的深度优先搜索遍历的非递归过程。

22. 设计一个算法，求图 G 中距离顶点 v 的最短路径长度最大的一个顶点，设 v 可达其余各个顶点。

23. 试基于图的深度优先搜索策略写一算法，判别以邻接表方式存储的有向图中是否存在由顶点 v_i 到顶点 v_j 的路径（$i \neq j$）。

24. 采用邻接表存储结构，编写一个算法，判别无向图中任意给定的两个顶点之间是否存在一条长度为 k 的简单路径。

第 8 章　查找的分析与应用

在《英汉词典》中查找某个英文单词的中文解释，在《新华字典》中查找某个汉字的读音、含义，在对数表、平方根表中分别查找某个数的对数、平方根，邮递员送信件要按收件人的地址确定位置等，可以说查找是为了获得某个信息而进行的工作。

计算机、计算机网络让信息查询更快捷、方便和准确。要从计算机、计算机网络中查找特定的信息，就需要在计算机中存储包含该特定信息的表。例如要在计算机中查找英文单词的中文解释，就需要存储类似《英汉词典》这样的信息表，以及对该表执行查找操作。本章讨论的问题就是信息的存储和查找。

查找是许多程序中最消耗时间的一部分。因而一种好的查找方法会大大提高运行的速度。另外，由于计算机的特性，像对数、平方根等是通过函数求解的，所以无须存储相应的信息表。

8.1　查找的基本概念

以学校招生录取登记表为例来讨论计算机中表的概念，如表 8-1 所示。

表 8-1　学校招生录取登记表

学号	姓名	性别	出生日期			来源	成绩	录取专业
			年	月	日			
⋮	⋮	⋮	⋮	⋮	⋮	⋮	⋮	⋮
20080983	赵平安	男	1990	11	05	武汉一中	593	计算机
20080984	蒋雅丽	女	1990	09	12	汉川一中	601	计算机
20080985	郭　剑	男	1990	01	25	华师一附中	598	计算机
⋮	⋮	⋮	⋮	⋮	⋮	⋮	⋮	⋮

1. 数据项

数据项也称项或字段。项是具有独立含义的标志单位，是数据不可分割的最小单位，如表 8-1 中的“学号”、“姓名”、“年”等。项有名和值之分，项名是一个项的标志，用变量定义；而项值是项的一个可能取值，表 8-1 中的“20080983”是项“学号”的一个取值。项有一定的类型，依项的取值类型而定。

2. 组合项

表 8-1 中的“出生日期”就是组合项，它由“年”、“月”、“日”三项组成。

3. 数据元素

数据元素（记录）是由若干项、组合项构成的数据单位，是在某个问题中将其作为整体考虑的基本单位。数据元素有类型和值之分，表 8-1 中表头部分就是数据元素的类型，一个学生对应的一行数据就是一个数据元素的值，表中全体学生即为数据元素的集合。

4. 关键码

关键码是数据元素（记录）中某个项或组合项的值，用它可以标志一个数据元素（记录）。能唯一确定一个数据元素（记录）的关键码，称为主关键码；不能唯一确定一个数据元素（记录）的关键码，称为次关键码。表 8-1 中的“学号”即可看成是主关键码，“姓名”则应视为次关键码，因为可能有同名同姓的学生。

5. 查找表

查找表是由具有同一类型（属性）的数据元素（记录）组成的集合。查找表可分为静态查找表和动态查找表两类。

静态查找表：仅对查找表进行查找操作，而不能改变的表。

动态查找表：对查找表除进行查找操作外，可能还要向表中插入数据元素，或者删除表中的数据元素的表。

6. 查找

按给定的某个值 kx，在查找表中查找关键码为给定值 kx 的数据元素（记录）。

当关键码为主关键码时：由于主关键码唯一，所以查找结果也是唯一的，若找到，则表示查找成功，结束查找过程，并给出找到的数据元素（记录）的信息，或指示该数据元素（记录）的位置。若整个表检测完成后还没有找到，则表示查找失败，此时，查找结果应给出一个“空”记录或“空”指针。

当关键码是次关键码时：查遍表中所有的数据元素（记录），或者可以肯定查找失败时，才能结束查找过程。

7. 数据元素的类型说明

手工绘制表格时，首先需知道有多少数据项，每个数据项应留多大宽度以确定表的结构，即表头的定义；然后根据需要的行数绘制表格。在计算机中，存储的表与手工绘制的表类似，需要定义表的结构，并根据表的大小为表分配存储单元。以表 8-1 为例，使用 C 语言的结构类型描述之，代码如下：

```
/* 出生日期类型定义 */
typedef struct {
        char year[5];          /* 年:用字符型表示,宽度为 4 个字符 */
        char month[3];         /* 月:字符型,宽度为 2 */
        char date[3];          /* 日:字符型,宽度为 2 */
        }BirthDate;
/* 数据元素类型定义 */
typedef struct {
        char        number[7];        /* 学号:字符型,宽度为 6 */
        char        name[9];          /* 姓名:字符型,宽度为 8 */
```

```
    char        sex[3];          /* 性别:字符型,宽度为 2 * /
    BirthDate   birthdate;       /* 出生日期:构造类型,由该类型的宽度确定 * /
    char        comefrom[21];    /* 来源:字符型,宽度为 20 * /
    int         results;         /* 成绩:整型,宽度由程序设计 C 语言工具软件决
                                    定 * /
  }ElemType;
```

以上定义的数据元素类型相当于手工绘制的表头。要存储学生的信息,还需要分配一定的存储单元,即给出表的长度。可以使用数组分配,即顺序存储结构,也可以使用链式存储结构实现动态分配。代码如下:

```
/* 顺序分配 1000 个存储单元,可以存放最多 1000 个学生的信息 * /
   ElemType elem[1000];
```

本章后面讨论的关键码类型和数据元素类型统一说明如下:

```
typedef struct {
     KeyType key;        /* 关键码字段,可以是整型、字符串型、构造类型等 * /
     ……                  /* 其他字段 * /
   } ElemType;
```

8.2 线性表的查找

线性表的查找方法可分为顺序查找法、折半查找法以及分块索引查找法。

8.2.1 顺序查找法

顺序查找法又称线性查找法,是最基本的查找方法之一。其查找方法为:从表的一端开始,向另一端逐个按给定值 kx 与关键码进行比较,若找到,则表示查找成功,并给出数据元素在表中的位置;若整个表检测完后仍未找到与 kx 相同的关键码,则表示查找失败,并给出失败信息。存储结构可以为顺序结构,也可以为链式结构。下面给出顺序结构数据类型的定义,代码如下:

```
//数据元素类型定义
typedef struct{
    int key;            //关键字域
}ElemType;

//顺序表定义
typedef struct{
    ElemType * R;       //表基址
    int length;         //表长
}SSTable;
```

顺序查找法的算法实现代码如下：

```
int Search_Seq(SSTable ST,int key){
    //在顺序表 ST 中顺序查找其关键字等于 key 的数据元素,若找到,则函数值为
    //该元素在表中的位置,否则为 0
    for (int i=ST.length; i> =1;--i)
        if (ST.R[i].key==key) return i;     //从后往前查找
    return 0;
   }// Search_Seq
```

要分析以上代码实现的效率，通常用平均查找长度(average search length，ASL)来衡量。平均查找长度是指为了确定数据元素在表中的位置所进行的关键码比较次数的期望值。

对于一个含 n 个数据元素的表，当查找成功时，有

$$ASL = \sum_{i=1}^{n} P_i \cdot C_i$$

其中：P_i为表中第 i 个数据元素的查找概率，$\sum_{i=1}^{n} P_i = 1$；C_i 为表中当第 i 个数据元素的关键码与给定值 kx 相等时，按算法定位确定关键码的比较次数，显然，不同的查找方法，C_i 可以不同。

就上述算法实现代码而言，对于有 n 个数据元素的表，当给定值 kx 与表中第 i 个元素的关键码相等，即定位第 i 个记录时，需进行 n－i＋1 次关键码比较，即 $C_i = n - i + 1$。因此，当查找成功时，顺序查找法的平均查找长度为

$$ASL = \sum_{i=1}^{n} P_i \cdot (n - i + 1)$$

设每个数据元素的查找概率相等，即 $P_i = \frac{1}{n}$，则等概率情况下有

$$ASL = \sum_{i=1}^{n} \frac{1}{n}(n - i + 1) = \frac{n+1}{2}$$

若查找不成功，则关键码的比较次数为 n＋1 次。

算法中的基本工作就是关键码的比较，因此，查找长度的量级就是查找算法的时间复杂度，时间复杂度为 O(n)。

大多数情况下，表中数据元素的查找概率是不相等的。为了提高查找效率，需依据查找概率越高、比较次数越少，查找概率越低、比较次数越多的原则来存储数据元素。

顺序查找法的缺点是当 n 很大时，平均查找长度较大，效率越低；顺序查找法的优点是对表中数据元素的存储没有要求。另外，线性链表只能进行顺序查找。

8.2.2　折半查找法

折半查找法要求待查找的列表必须是按关键字大小有序排列的顺序表。其基本过程是：将表中间位置记录的关键字与查找关键字进行比较，如果两者相等，则表示查找成

功；否则利用中间位置记录将表分成前、后两个子表，如果中间位置记录的关键字大于查找关键字，则进一步查找前一个子表，否则进一步查找后一个子表。重复以上过程，直到找到满足条件的记录，表明查找成功。或者直到子表不存在，表示查找不成功。具体步骤如下：

(1) low=1；high=length；　　　　　　　//设置初始区间

(2) 当 low>high 时，返回查找失败信息　　//表空，表示查找失败

(3) low≤high，mid=(low+high)/2；　　　//取中点

① 若 kx<tbl.elem[mid].key，high=mid−1；转(2)　　　　//查找在前半区进行

② 若 kx>tbl.elem[mid].key，low=mid+1；转(2)　　　　//查找在后半区进行

③ 若 kx=tbl.elem[mid].key，返回数据元素在表中的位置　//查找成功

【例 8-1】 有序表按关键码排列如下：

7，14，18，21，23，29，31，35，38，42，46，49，52

请在表中查找关键码为 14 和 22 的数据元素。

解 (1) 查找关键码为 14 的过程如下：

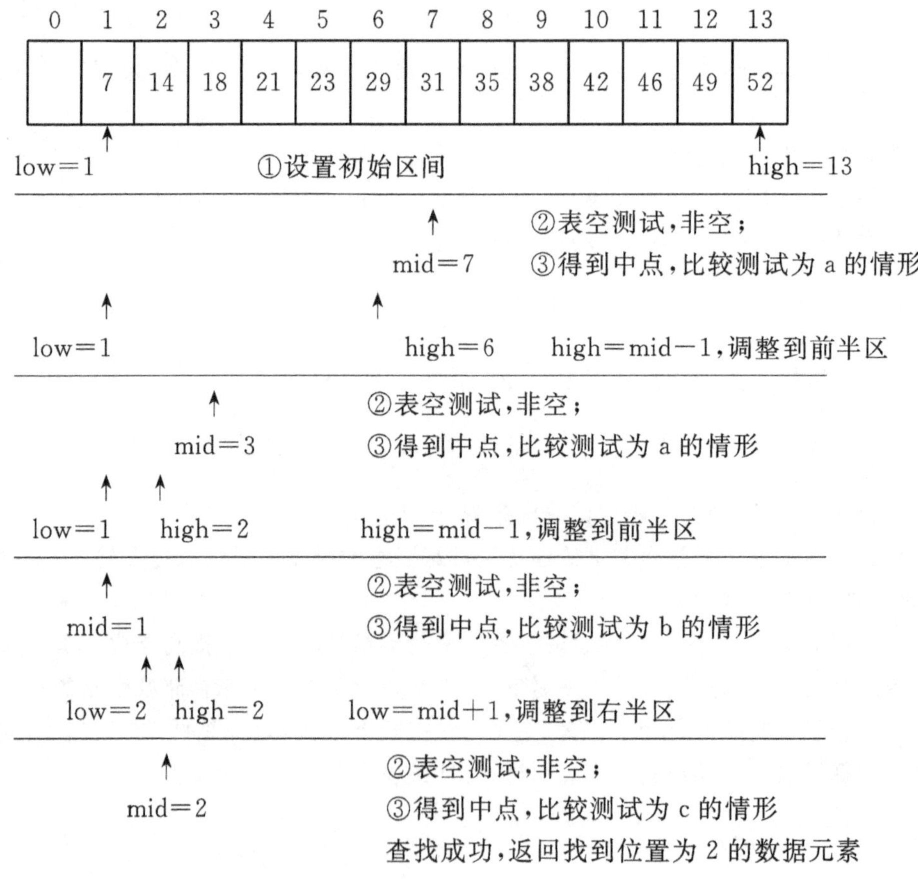

(2)查找关键码为 22 的过程如下：

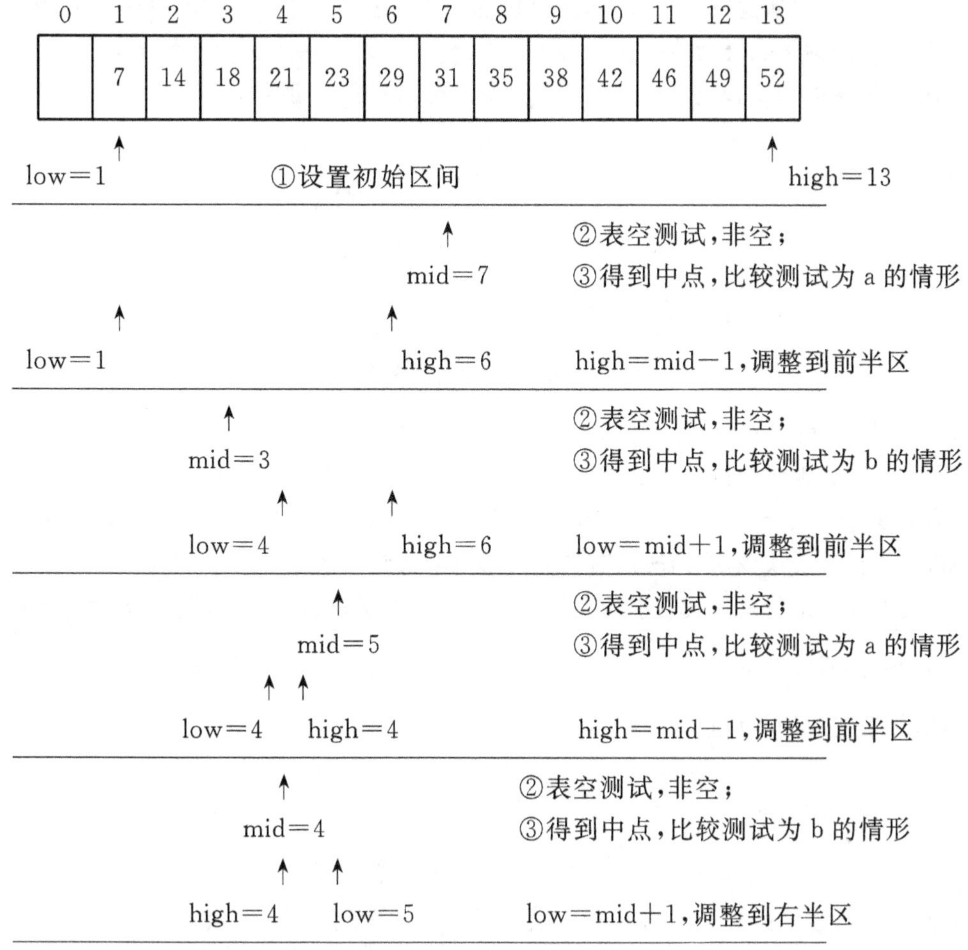

② 表空测试,为空;查找失败,返回查找失败信息为 0

折半查找法的算法实现代码如下:

```
int Search_Bin(SSTable ST,int key){
//在有序表 ST 中折半查找其关键字等于 key 的数据元素,若找到,则函数值为
//该元素在表中的位置,否则为 0
int low=1,high=ST.length;                         //置查找区间初值
    int  mid;
while(low<=high){
     mid=(low+high)/2;
    if (key==ST.R[mid].key)  return mid;          //找到待查元素
    else if (key<ST.R[mid].key)  high=mid-1;
                                                  //继续在前一个子表进行查找
    else  low=mid+1;                              //继续在后一个子表进行查找
}//while
return 0;                                         //表中不存在待查元素
}// Search_Bin
```

从折半查找法的算法过程来看，以表的中点为比较对象，并按中点将表分割为两个子表，对定位到的子表继续执行这种操作。因此，对于表中每个数据元素的查找，可用二叉树来描述，称这个描述查找过程的二叉树为判定树，如图 8-1 所示。

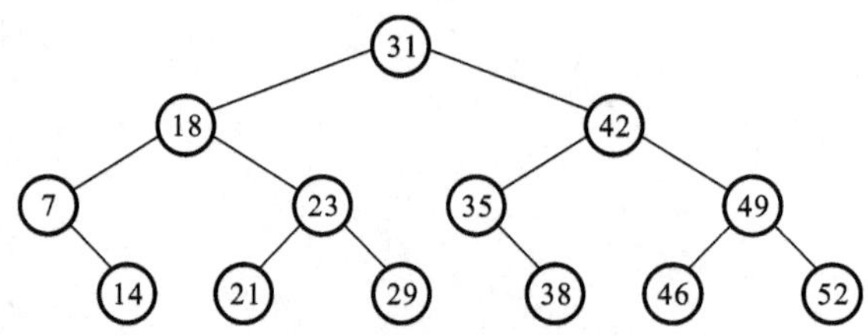

图 8-1　为例 8-1 描述折半查找过程的判定树

从图 8-1 可以看到，查找表中任意一个元素的过程，即是判定树中从根到该元素节点路径上各节点关键码的比较次数，即该元素节点在树中的层次数。对于 n 个节点的判定树，树高为 k，则有 $2^{k-1}-1<n\leqslant 2^k-1$，即 $k-1<\log_2(n+1)\leqslant k$，所以 $k=\log_2(n+1)$。因此，使用折半查找法查找成功时，所进行的关键码比较次数最多为 $\log_2(n+1)$。

接下来讨论折半查找的平均查找长度。为了便于讨论，以树高为 k 的满二叉树（$n=2^k-1$）为例。假设表中每个元素的查找是等概率的，即 $P_i=\dfrac{1}{n}$，则树的第 i 层有 2^{i-1} 个节点，因此，折半查找的平均查找长度为

$$
\begin{aligned}
ASL &= \sum_{i=1}^{n} P_i \cdot C_i = [1\times 2^0 + 2\times 2^1 + \cdots + k\times 2^{k-1}] \\
&= \frac{n+1}{n}\log_2(n+1) - 1 \approx \log_2(n+1) - 1
\end{aligned}
$$

所以，折半查找的时间效率为 $O(\log_2 n)$。

8.2.3　分块索引查找法

分块索引查找法是对顺序查找法的一种改进，它首先将列表分成若干个块（子表）。一般情况下，块的长度均匀，最后一块可以不满。每个块内的元素任意排列，即块内无序，但块间有序。

构建一个索引表。其中每个索引项对应一个块并记录每块的起始位置和每块中的最大关键字（或最小关键字）。索引表按关键字有序排列。

查找时，先使用给定值 kx 在索引表中检测索引项，以确定要进行的查找在查找表中的查找分块（由于索引项按关键码字段有序，所以块间可用折半查找法或顺序查找法），然后再对块内进行顺序查找。

【例 8-2】 关键码集合如下：

88,43,14,31,78,8,62,49,35,71,22,83,18,52

按关键码值 31,62,88 分为三块，构建的查找表及其索引表如图 8-2 所示。

分块索引查找法的基本过程如下。

首先，将待查关键字 K 与索引表中的关键字进行比较，以确定待查记录所在的块。具

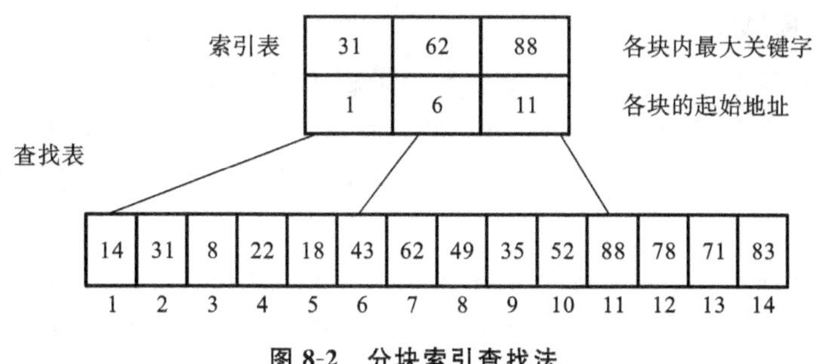

图 8-2　分块索引查找法

体可用顺序查找法或折半查找法进行查找。

其次，进一步用顺序查找法在相应的块内查找关键字为 K 的元素。

例如，在上述顺序表中查找 49。首先，将 49 与索引表中的关键字进行比较，因为 31＜49＜62，所以 49 在第二个块中，进一步在第二个块中顺序查找，最后在 8 号单元中找到 49。

分块索引查找法通过索引表查找和子块内查找两步完成。设有 n 个数据元素的查找表可分为 m 个子块，且每个子块均为 t 个元素，则 $t=\frac{n}{m}$。这样，分块索引查找法的平均查找长度(ASL)为

$$ASL=ASL_{索引表}+ASL_{子表}=\frac{1}{2}(m+1)+\frac{1}{2}\left(\frac{n}{m}+1\right)=\frac{1}{2}\left(m+\frac{n}{m}\right)+1$$

可见，平均查找长度不仅与表的总长度 n 有关，而且与所分的子块个数 m 有关。在表长 n 确定的情况下，当 m 取$\sqrt{n}$时，$ASL=\sqrt{n}+1$ 达到最小值。

8.2.4　线性表查找的性能对比及分析

1. 顺序查找法

从头到尾，一个一个地进行对比，找到相同的就表示成功，找不到就表示失败。顺序查找法的缺点就是查找效率低，适用于线性表的顺序存储结构和链式存储结构。顺序查找法的优点是对表中的数据元素的存储没有要求。对于线性链表，只能进行顺序查找。

平均查找长度＝(n＋1)/2，查找算法的时间复杂度为 O(n)。

2. 折半查找法

在有序表中，取中间元素作为比较对象，若给定值与中间元素的关键码相等，则表示查找成功；若给定值小于中间元素的关键码，则在中间元素的左半区继续查找；若给定值大于中间元素的关键码，则在中间元素的右半区继续查找。不断重复上述查找过程，直到查找成功。

折半查找的时间效率为 $O(\log_2 n)$。

虽然折半查找法的效率高，但是要将表按关键字进行排序。排序本身是一种很费时的运算，所以折半查找法比较适用于顺序存储结构。为了保持表的有序性，在顺序存储结构中插入和删除元素时都必须移动大量的节点。因此，折半查找法适用于那种一经建立就很少改动而又经常需要查找的线性表。

3. 分块索引查找法

分块索引查找法要求将查找表分成若干个子表，并对子表构建索引表，查找表的每个子表由索引表中的索引项确定。查找时，先用给定值 kx 在索引表中检测索引项，以确定查找表中的查找分块(由于索引项按关键码字段有序，也可用折半查找)，然后再对该分块进行顺序查找。

分块索引查找法的优点是在表中插入或删除一个记录时，只要找到该记录的所属块，就在该块中进行插入或删除运算。它的主要代价是增加一个辅助数组的存储控件和将初始表分块排序的运算。它的性能介于顺序查找法和折半查找法之间。

8.3 静态查找法的应用算法

8.3.1 使用折半查找法实现学生信息查询模块的设计

一个简单的学生信息系统包括学号和成绩，可按照成绩从低到高的顺序录入 11 个学生的信息，可利用折半查找法实现学生信息查询的功能。

具体实现代码如下：

```
# include <stdio.h>
# include <stdlib.h>
typedef struct
{
    long id;
    int score;
} stu;
//使用折半查找法查找函数
long binsearch(stu s[], int n, int k)     //k 为要查找的值
{
    int low=1,high=n,mid;
    while (low <=high)
    {
        mid=(low+high)/2;
        if (s[mid].score==k)
            return s[mid].id;
        else if (s[mid].score>k)
            high=mid-1;
        else
            low=mid+1;
    }
    return 0;
}
int main()
{
```

```
    stu s[12];      //为了表达方便,编号可从 1 开始,存储 11 个元素
    int i,score;
    long id;
    printf("请按照成绩递增顺序输入学号和分数:\n");
    for(i=1;i<=11;i++)
        scanf("%ld,%d",&s[i].id,&s[i].score);
    printf("请输入要查找的分数:");
    scanf("% d",&score);
    id=binsearch(s,11,score);
    if (id==0)
        printf("不存在!");
    else
        printf("学号为:%ld",id);
}
```

以上算法代码运行后输入 11 个学生的信息,可按折半查找法查找相应的分数,从而可得到分数对应的学生学号信息输出。

8.3.2　静态树表优化查找算法

前面介绍的顺序查找法、折半查找法和分块索引查找法都是在查找表中各关键字的查找概率相同的条件下进行的。例如查找表中有 n 个关键字,表中的每个关键字的查找概率都是 1/n。在等概率情况下,使用折半查找法的性能最优。而在某些情况下,查找表中各关键字的查找概率是不同的。例如水果店中有很多种水果,对于不同的顾客来说,由于口味不同,各种水果可能被选择的概率是不同的,假设该顾客喜欢吃酸的东西,那么相对于苹果和柠檬来说,选择柠檬的概率更高一些。

在查找表中各关键字的查找概率不相同的情况下,使用折半查找法进行查找,其查找效率并不一定是最优的。例如,某查找表中有 5 个关键字,各关键字被查找到的概率分别为 0.1、0.2、0.1、0.4、0.2(全部关键字被查找到的概率和为 1),则根据折半查找法构建相应的判定树(树中各关键字用概率表示),如图 8-3 所示。

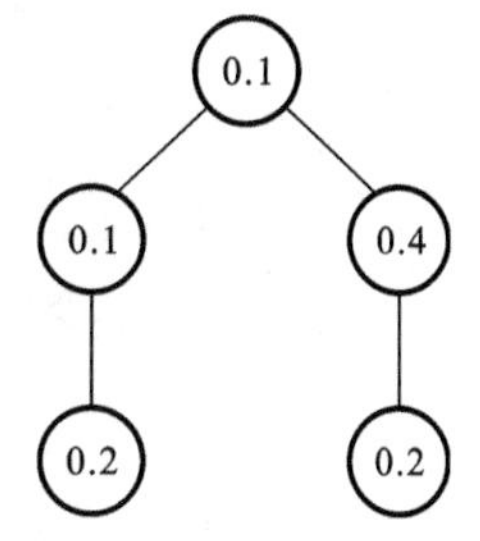

图 8-3　折半查找法构建的判定树

使用折半查找法查找成功时的平均查找长度的计算方式为:

ASL=判定树中各节点的查找概率×所在层次

所以图 8-3 的相应的平均查找长度(ASL)为:

ASL=0.1×1+0.1×2+0.4×2+0.2×3+0.2×3=2.3

由于各关键字被查找到的概率是不相同的,所以,若在查找时遵循被查找的关键字先和概率大的关键字进行比对,则构建的判定树如图 8-4 所示。

由图 8-4 不难算出,其相应的平均查找长度(ASL)为:

ASL=0.4×1+0.2×2+0.2×2+0.1×3+0.1×3=1.8

图 8-4 算出的 ASL 值比图 8-3 的 ASL 值小,查找效率会比前者高,所以在查找表中各关键字的查找概率不同时,要考虑构建一棵查找性能最佳的判定树。若在只考虑查找成功

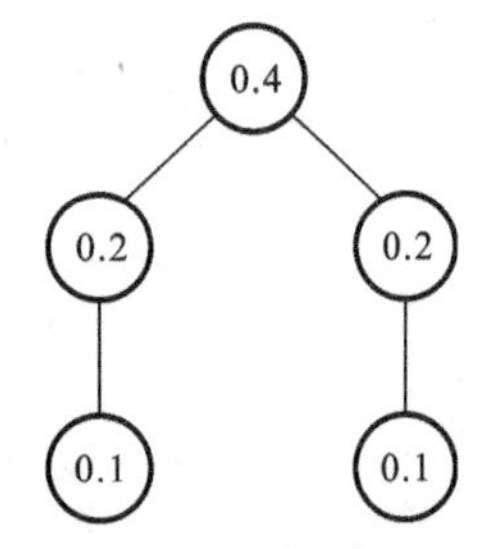

图 8-4　折半查找法构建的新判定树

的情况下，描述查找过程的判定树，其带权路径长度之和(PH)最小时，查找性能最优，称该二叉树为静态最优查找树。

带权路径之和的计算公式为：

PH＝所有节点所在的层次数×每个节点对应的概率值

但是，由于构建最优查找树花费的时间代价较高，有一种方式构建判定树，其查找性能同最优查找树仅相差1%～2%，称这种极度接近最优查找树的二叉树为次优查找树。

1. 次优查找树的构建方法

根据次优查找树的相关特征，在构建时，首先取出查找表中的每个关键字及其对应的权值，采用如下公式计算出每个关键字对应的值：

$$\Delta P_i = \left| \sum_{j=i+1}^{h} w_j - \sum_{j=1}^{i-1} w_j \right|$$

其中：w_j表示每个关键字的权值(被查找到的概率)；h 表示关键字的个数。表中有多少个关键字，就会有多少个 ΔP_i，取其中最小的作为次优查找树的根节点，然后将表中的关键字从第 i 个关键字开始分成两部分，分别作为该根节点的左子树和右子树。同理，左子树和右子树也按如上处理，直到构成一棵次优查找树。

具体代码如下：

```
typedef int KeyType;                                    //定义关键字类型
typedef struct
{
    KeyType key;
} ElemType;                                             //定义元素类型
typedef struct BiTNode
{
    ElemType data;
    struct BiTNode * lchild,* rchild;
} BiTNode,* BiTree;
//定义全局变量
int i;
int min;
int dw;
//构建次优查找树,R 数组为查找表,sw 数组为存储各关键字的概率(权值),low 和 high 表示
sw 数组中权值的范围
void SecondOptimal(BiTree T,ElemType R[],float sw[],int low,int high)
{
    //由有序表 R[low...high]及其累计权值表 sw(其中 sw[0]==0)递归构建次优查找树
    i=low;
    min=abs(sw[high]-sw[low]);
    dw=sw[high]+sw[low-1];
    //选择最小的 ΔPi 值
    for (int j=low+1;j<=high;j++)
```

```
        {
            if (abs(dw-sw[j]-sw[j-1])<min)
            {
                i=j;
                min=abs(dw-sw[j]-sw[j-1]);
            }
        }
        T=(BiTree)malloc(sizeof(BiTNode));
        T->data=R[i];                                    //生成节点(第一次生成根)
        if (i==low)
            T->lchild=NULL;                              //左子树为空
        else
            SecondOptimal(T->lchild,R,sw,low,i-1);       //构建左子树
        if (i==high)
            T->rchild=NULL;                              //右子树为空
        else
            SecondOptimal(T->rchild,R,sw,i+1,high);      //构建右子树
    }
```

2. 具体案例分析

含有 9 个关键字的查找表及其相应权值如图 8-5 所示。

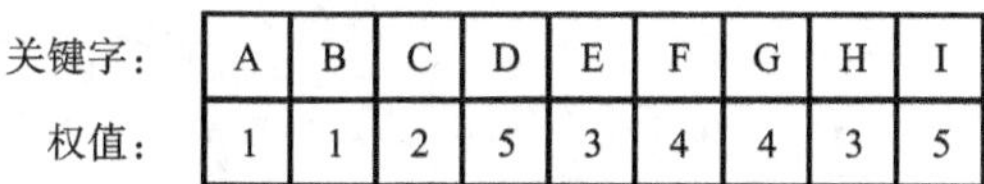

关键字：	A	B	C	D	E	F	G	H	I
权值：	1	1	2	5	3	4	4	3	5

图 8-5　含有 9 个关键字的查找表及其相应权值

构建次优查找树的过程如下。

(1) 求出查找表中所有的 ΔP 值,并找出整棵查找树的根节点,如图 8-6 所示。

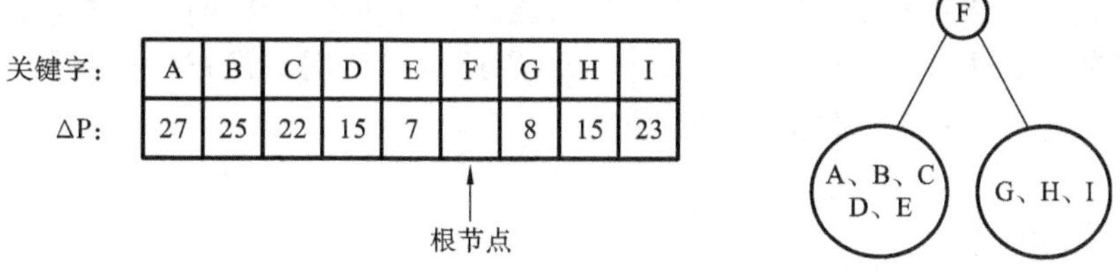

关键字：	A	B	C	D	E	F	G	H	I
ΔP：	27	25	22	15	7		8	15	23

图 8-6　确定次优查找树的根

例如,图 8-5 中关键字 F 的 ΔP 的计算方式为从 G 到 I 的权值和减去从 A 到 E 的权值和,即:

$$\Delta P=4+3+5-1-1-2-5-3=0$$

(2) 由图 8-6 左侧的表格可知,根节点为 F,以 F 为分界线,左侧子表为 F 节点的左子树,右侧子表为 F 节点的右子树(如图 8-6 右侧所示),继续查找左、右子树的根节点,如图 8-7 所示。

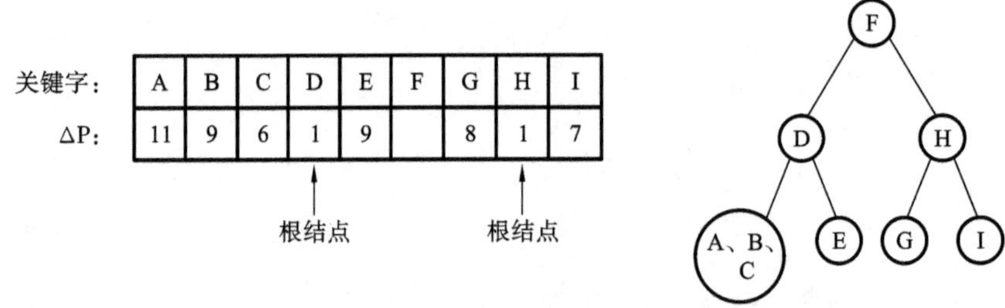

图 8-7 确定次优查找树左子树和右子树的根

(3) 重新计算左、右两个查找子表的 ΔP 值,得知左子树的根节点为 D,右子树的根节点为 H(如图 8-7 右侧所示),以 D、H 两个节点为分界线,继续判断两根节点的左、右子树,如图 8-8 所示。

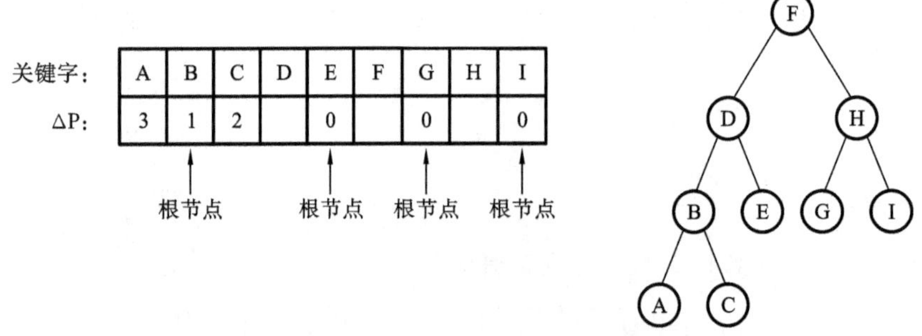

图 8-8 确定次优查找树的左、右子树下层的各级节点

(4) 通过计算,构建的次优查找树如图 8-8 右侧二叉树所示。后面还有用于判断关键字 A 和 C 在树中的位置,两个关键字的权值为 0,可以分别作为节点 B 的左孩子和右孩子。

值得注意的是,在构建次优查找树的过程中,由于只根据各关键字的 P 值进行构建,没有考虑单个关键字的相应权值的大小,所以有时会出现根节点的权值比孩子节点的权值小,此时就需要适当调整两者的位置。由于使用次优查找树和最优查找树的性能差异很小,构建次优查找树的算法时间复杂度为 $O(n\log_2 n)$,因此可以使用次优查找树表示概率不等的查找表对应的静态查找表(又称静态树表)。

8.4 树表的查找

8.4.1 二叉排序树

二叉排序树(binary sort tree)或者是一棵空树(见图 8-9),或者是具有下列性质的二叉树。

(1) 若左子树不空,则左子树上所有节点的值均小于根节点的值;若右子树不空,则右子树上所有节点的值均大于根节点的值。

(2) 左、右子树都是二叉排序树。

由图 8-9 可以看出，对二叉排序树进行中序遍历，便可得到一个按关键码排序的有序序列。

因此，一个无序序列可通过构建一棵二叉排序树而变成一个有序序列。

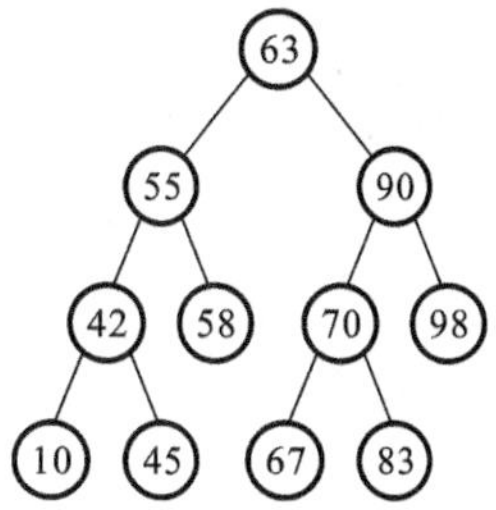

图 8-9　一棵二叉排序树

8.4.2　二叉排序树的查找

由二叉排序树的定义可知，二叉排序树的查找过程如下。

(1) 若查找树为空，则表示查找失败。

(2) 若查找树非空，则给定值 kx 与查找树的根节点关键码进行比较。

(3) 若相等，则表示查找成功，结束查找过程，否则：

① 当给 kx 小于根节点的关键码，将在以左子树为根的子树上继续查找，转(1)；

② 当给 kx 大于根节点的关键码，将在以右子树为根的子树上继续查找，转(1)。

以二叉链表作为二叉排序树的存储结构，则查找算法实现代码如下：

```
typedef struct BSTNode{
    ElemType data;                                  //节点数据域
    BSTNode * lchild,* rchild;                      //左、右孩子指针
}BSTNode,* BSTree;
```

二叉排序树的递归查找算法实现代码如下：

```
BSTree SearchBST(BSTree T,char key) {
    //在根指针 T 所指的二叉排序树中递归地查找某关键字等于 key 的数据元素
    //若查找成功，则返回指向该数据元素节点的指针，否则返回空指针
    if((! T)|| key==T->data.key) return T;          //查找结束
    else if (key< T->data.key) return SearchBST(T->lchild,key);
                                                    //在左子树中继续查找
    else return SearchBST(T->rchild,key);           //在右子树中继续查找
} // SearchBST
```

8.4.3　二叉排序树的插入及构建

下面讨论向二叉排序树中插入一个节点的过程：设待插入节点的关键码为 kx，为了将节点插入二叉排序树中，先要在二叉排序树中进行查找，若查找成功，则按照二叉排序树的定义，当待插入的节点已存在，就不用插入；若查找不成功，则插入之。因此，新插入节点一定是作为叶子节点添加上去的。

【例 8-3】　记录的关键码序列为：63，90，70，55，67，42，98，83，10，45，58，构建一棵二叉排序树的过程如图 8-10 所示。

二叉排序树的插入算法实现代码如下：

```
void InsertBST(BSTree &T,ElemType e) {
    //当二叉排序树 T 中不存在关键字等于 e.key 的数据元素时，则插入该元素
```

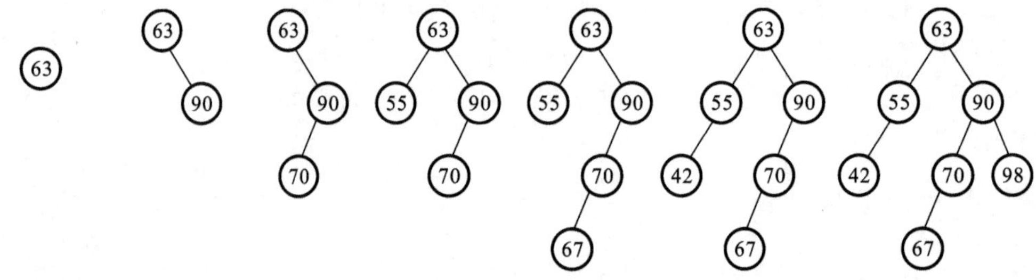

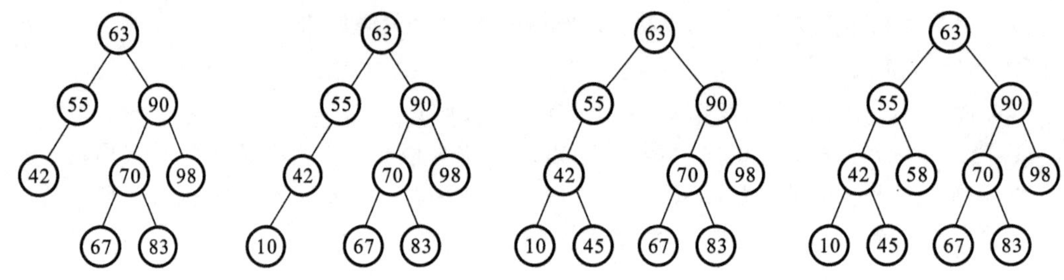

图 8-10　从空树开始构建二叉排序树的过程

```
    if(! T) {                                   //找到插入位置,递归结束
        BSTree S=new BSTNode;                   //生成新节点* S
        S->data=e;                              //新节点* S 的数据域置为 e
        S->lchild=S->rchild=NULL;               //新节点* S 作为叶子节点
        T=S;                                    //把新节点* S 链接到已找到的插入位置
    }
   else if (e.key< T->data.key)
      InsertBST(T->lchild,e);                   //将* S 插入左子树
   else if (e.key> T->data.key)
      InsertBST(T->rchild,e);                   //将* S 插入右子树
}// InsertBST
```

二叉排序树的构建代码如下：

```
void CreateBST(BSTree &T) {
    //依次读入一个关键字为 key 的节点,将此节点插入二叉排序树 T 中
    T=NULL;
  ElemType e;
    cin>>e.key;                 //???
    while(e.key! =ENDFLAG) {    //ENDFLAG 为自定义常量,作为输入结束标志
        InsertBST(T,e);         //将此节点插入二叉排序树 T 中
        cin>>e.key;
    }//while
}//CreatBST
```

8.4.4　二叉排序树的删除

从二叉排序树中删除一个节点后,使其仍能保持二叉排序树的特性。

设待删除节点为 * p(p 为指向待删除节点的指针)，其双亲节点为 * f，下面分 3 种情况进行讨论。

(1) * p 节点为叶子节点，由于删除叶子节点后不影响整棵树的特性，所以，只需将被删节点的双亲节点的相应指针域改为空指针，如图 8-11 所示。

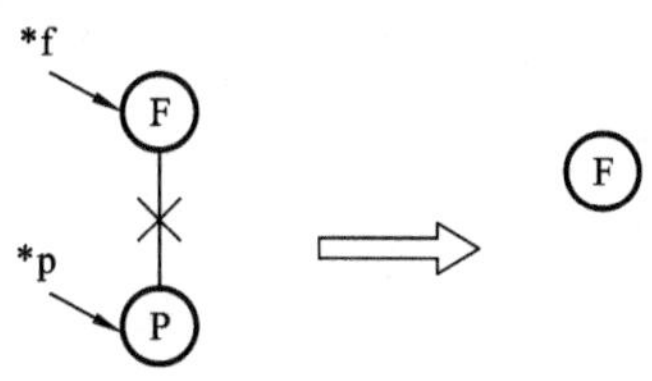

图 8-11　* p 节点为叶子节点

(2) * p 节点只有右子树 p_r 或只有左子树 p_l，此时，只需将 p_r 或 p_l 替换 * f 节点的 * p 子树即可，如图 8-12 所示。

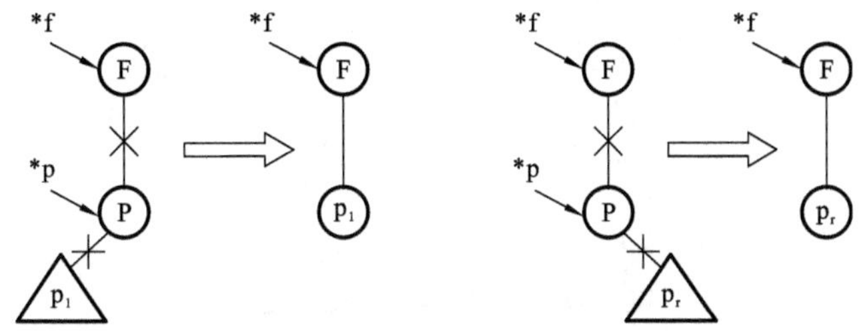

图 8-12　* p 节点只有右子树 p_r 或只有左子树 p_l

(3) * p 节点既有左子树 p_l 又有右子树 p_r，可按中序遍历有序进行调整。

有以下两种调整方法。

① 令 p_l 为 * f 的相应子树，以 p_r 作为 p_l 中序遍历的最后一个节点 p_k 的右子树。图 8-13 所示的就是用 * p 节点的直接前驱 p_r 替换 * p。

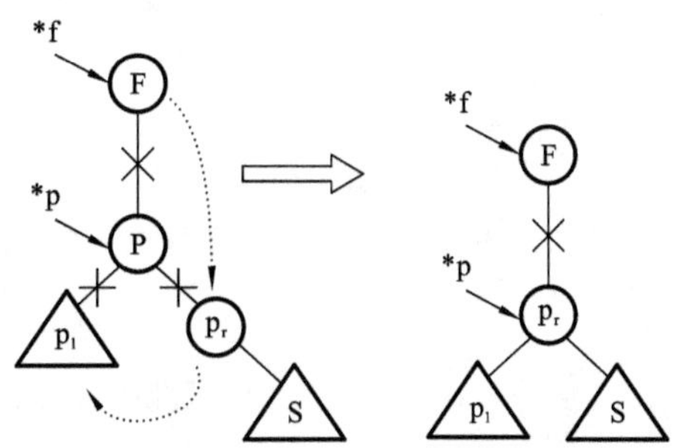

图 8-13　按方法①进行调整的图

② 令 * p 节点的直接前驱 p_r 或直接后继(p_l 子树中序遍历的最后一个节点 p_k)替换 * p 节点，再删除 p_r 或 p_k。图 8-14 所示的就是用 * p 节点的直接前驱 p_r 替换 * p。

二叉排序树算法实现代码如下：

```
void DeleteBST(BSTree &T,char key) {
  //从二叉排序树 T 中删除关键字等于 key 的节点
  BSTree p=T;BSTree f=NULL;              //初始化
  BSTree q;
  BSTree s;
  /* 下面的 while 循环从根开始查找关键字等于 key 的节点* p* /
  while(p){
  if (p->data.key==key) break;          //找到关键字等于 key 的节点* p,结束循环
```

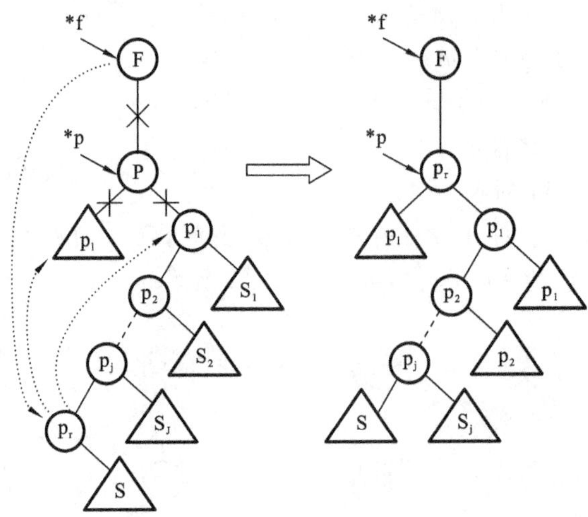

图 8-14　按方法②进行调整的图

```
  f=p;                                  //* f 为* p 的双亲节点
  if (p->data.key> key)  p=p->lchild;   //在* p 的左子树中继续查找
    else p=p->rchild;                   //在* p 的右子树中继续查找
  }//while
if(! p) return;                         //找不到被删节点,则返回
/* 考虑 3 种情况实现 p 所指子树内部的处理:* p 左、右子树均不空,无右子树,无左子树* /
if ((p->lchild)&& (p->rchild)) {        //被删节点* p 的左、右子树均不空
      q=p;
      s=p->lchild;
      while (s->rchild)          //在* p 的左子树中继续查找其前驱节点,即最右下节点
          {q=s; s=s->rchild;}           //向右到尽头
      p->data=s->data;                  //s 指向被删节点的"前驱"
      if(q! =p){
          q->rchild=s->lchild;          //重接* q 的右子树
      }
      else q->lchild=s->lchild;         //重接* q 的左子树
      delete s;
    }//if
  else{
      if(! p->rchild) {                 //被删节点* p 无右子树,只需重接其左子树
          q=p; p=p->lchild;
      }//else if
    else if(! p->lchild) {              //被删节点* p 无左子树,只需重接其右子树
          q=p; p=p->rchild;
    }//else if
  /* 将 p 所指的子树挂接到其双亲节点* f 相应的位置* /
    if(! f) T=p;                        //被删节点为根节点
    else if (q==f->lchild) f->lchild=p; //挂接到* f 的左子树位置
```

```
        else f->rchild=p;                   //挂接到* f 的右子树位置
        delete q;
    }
}//DeleteBST
```

二叉排序树的删除实现代码如下：

```
//中序遍历
void InOrderTraverse(BSTree &T)
{
    if(T)
    {
    InOrderTraverse(T->lchild);
    cout<<T->data.key;
    InOrderTraverse(T->rchild);
    }
}
```

对给定序列构建二叉排序树，若左、右子树均匀分布，则其查找过程类似于有序表的折半查找。若给定序列原本有序，则构建的二叉排序树就蜕化为单链表，其查找的效率同顺序查找法的效率一样。因此，在对均匀的二叉排序树进行插入或删除节点后，应对其进行调整，使其依然保持均匀。

8.4.5　二叉排序树的查找性能分析

在二叉排序树上进行查找，若查找成功，则是从根节点出发走了一条从根节点到待查节点的路径。若查找不成功，则是从根节点出发走了一条从根节点到某个叶子节点的路径。因此，二叉排序树的查找过程与折半查找过程类似，在二叉排序树中查找一条记录时，其比较次数不超过树的深度。但是，对长度为 n 的表而言，无论其排列顺序如何，折半查找对应的判定树是唯一的，而含有 n 个节点的二叉排序树不是唯一的。所以对于含有同样关键字序列的一组节点，节点插入的先后次序不同，所构成的二叉排序树的形态和深度也不同。而二叉排序树的平均查找长度(ASL)与二叉排序树的形态有关，二叉排序树的各分支越均衡，树的深度越浅，其平均查找长度(ASL)越短。例如，图 8-15 为两棵二叉排序树，它们对应同一元素的集合，但排列顺序不同，分别是(45，24，53，12，37，93)和(12，24，37，45，53，93)。假设每个元素的查找概率相等，则它们的平均查找长度分别是：

$$ASL=1/6(1+2+2+3+3+3)=14/6$$

$$ASL=1/6(1+2+3+4+5+6)=21/6$$

由此可见，在二叉排序树上进行查找时，平均查找长度与二叉排序树的形态有关。最坏情况下，二叉排序树是通过将有序表的 n 个节点一次插入生成的，由此得到的二叉排序树蜕化为一棵深度为 n 的单支树，它的平均查找长度和单链表上的顺序查找的相同，也是(n+1)/2。最好情况下，二叉排序树在生成过程中，树的形态比较均匀，最终得到的是一棵形态与二分查找的判定树的形态相似的二叉排序树，此时它的平均查找长度约是 $\log_2 n$。若考虑把 n 个节点按各种可能的次序插入二叉排序树中，则有 n! 棵二叉排序树(其中有的形态相

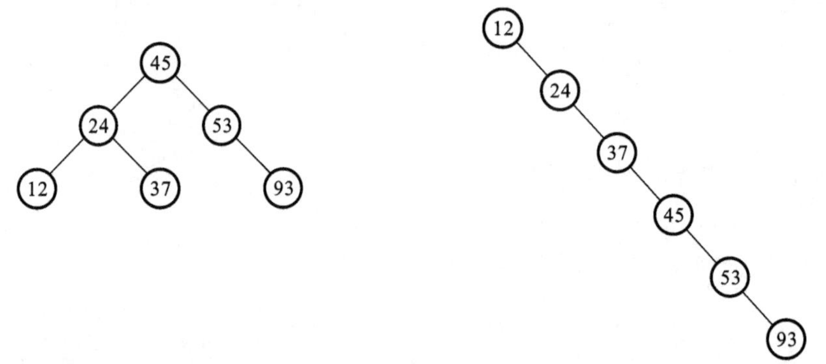

(a) 关键字序列为{45, 24, 53, 12, 37, 93}的二叉排序树

(b) 关键字序列为{12, 24, 37, 45, 53, 93}的单支树

图 8-15 二叉排序树的不同形态

同)。可以证明,均衡这些二叉排序树,得到的平均查找长度仍然是 $O(\log_2 n)$。

就平均性能而言,二叉排序树上查找的平均性能和折半查找的相差不大,并且二叉排序树上的插入节点和删除节点十分方便,无需移动大量节点。因此,对于需要经常做插入、删除、查找运算的表,宜采用二叉排序树结构。由此,我们也常将二叉排序树称为二叉查找树。

8.5 动态查找表的应用算法

由前面章节的内容可知,动态查找表和静态查找表的最大区别在于:在动态查找表中执行查找操作时,若查找成功,则可以对其执行删除操作;如果查找失败,即表中无该关键字,则可以将该关键字插入表中。动态查找要求在查找检索的同时执行插入和删除操作。动态查找表的存储结构可以采用树结构表示,因此通常将动态查找表的各种操作实现建立在二叉排序树(又称二叉查找树)的基础上。

下面的案例就是利用二叉排序树结构来存储一组学生的成绩信息。通过输入的学生信息数据按二叉排序树的规则调用函数 InsertBST 依次创建一棵二叉排序树。建立成功的二叉树在此基础上可依据学生信息中的成绩字段进行中序遍历,以此得到递增的序列;然后进行逆中序遍历(按右子树→根→左子树方式),可得到学生名单信息按成绩由高到低进行排序的结果。也可设置查询功能的函数 SearchBST,根据输入的成绩查询学生的相关信息。查找成功的节点,可通过 Delete_fun 函数实现删除,并保持剩余节点经过调整后仍然在二叉排序树中合适位置的状态。经过以上算法,完整地实现了具有动态查找表的功能。代码如下:

```
# include <iostream>
# include <string.h>
using namespace std;
static int a,b;
typedef struct node
{
    int grade;
```

```
    char name[10];
    int no;                         //学号
    struct node * lchild,* rchild;
} BSTNode;                          //代表二叉排序树的节点定义
typedef BSTNode * BSTree;           //定义二叉排序树
static BSTNode * t;                 //定义一个临时节点

BSTNode * SearchBST(BSTree T,int no) //查找算法
{
    if (T->lchild !=NULL)
        SearchBST(T->lchild,no);    //根据学号向左子树搜索
    if (T->no==no)                  //学号相等,表示查找成功,并获得当前的 T 节点
        t=T;
    if (T->rchild !=NULL && T->grade ! =a && T->rchild==NULL && T->rchild->
no==no)
        t=T->rchild;
    if (T->rchild !=NULL && T->rchild->lchild ! =NULL)
        SearchBST(T->rchild,no);    //根据学号向右子树搜索
    if (T->rchild !=NULL && T->grade==b)
    {
        a=T->rchild->grade;
        SearchBST(T->rchild,no);
    }
    return t;
}

void InsertBST(BSTree * T,int grade,char name[],int no)
{ //此函数用来逐一插入节点来构建二叉排序树
    BSTNode * p, * q;
    if ((* T)==NULL)
    {
        (* T)=new BSTNode;                  //构建一个新节点
        (* T)->grade=grade;
        strcpy((* T)->name, name);
        (* T)->no=no;                       //创建由学号,姓名,成绩构成的学生信息表
        (* T)->lchild=(* T)->rchild=NULL;  //将被插入的新节点设置成叶节点标志
    }
    else
    {
        p=(* T);
        while (p)
        {
            q=p;
            if (grade <  (p->grade))
//判断条件,若 grade 成绩的值小于当前节点,则向左子树前进搜索
                p=q->lchild;
```

```
            else if (grade >  (p->grade))
            //判断条件,若 grade 成绩的值大于当前节点,则向右子树前进搜索
                p=q->rchild;
        }
        p=new BSTNode;
        p->grade=grade;
        strcpy(p->name,name);
        p->no=no;
        p->lchild=p->rchild=NULL;
        if (q->grade >  grade)
            q->lchild=p;
        else
            q->rchild=p;
    }
}

BSTree CreateBST(void)
{
    BSTree T=NULL;
    int grade,no;
    char name[10];
    cin>>no;
    cin >>name;
    cin>>grade;
    b=a=grade;
    while (grade)
    {
        InsertBST(&T,grade,name,no);    //调用 InserBST 函数向二叉排序树插入节点
        cin>>no;
        cin>>name;
        cin>>grade;
    }
    return T;
}

void AscBinTree(BSTree T)
{//AscBinTree 函数用于按顺序输出二叉排序树(以中序遍历方式输出即可得到递增的有序序列)
    if (T !=NULL)
    {
        AscBinTree(T->lchild);              //递归遍历左子树
        cout<<T->no<<"\t"<<T->name<<"\t"<<T->grade<<endl;//输出根(双亲)节点
        AscBinTree(T->rchild);              //向右子树递归遍历
    }
}

void DescBinTree(BSTree T)                  //降序排列
```

```
{ //DescBinTree 函数用于按顺序输出二叉排序树(以逆中序遍历方式输出得到递减的序列)
    if (T !=NULL)
    {
        DescBinTree(T->rchild);           //递归遍历右子树
        cout<<T->no<<"\t"<<T->name<<"\t"<<T->grade<<endl;//输出根(双亲)节点
        DescBinTree(T->lchild);           //递归遍历左子树
    }
}

void Delete_fun(BSTNode * p)
{
    BSTNode * q, * s;
    if (! p->rchild)
    { //若右子树空,则只需重接它的左子树
        q=p;
        p=p->lchild;
        delete q;
    }
    else if (! p->lchild)
    { //只需重接它的右子树
        q=p;
        p=p->rchild;
  delete q;
    }
    else
    { //左、右子树均不空
        q=p;
        s=p->lchild;
        while (s->rchild)                  //查找左子树上最大的节点
        {
            q=s;
            s=s->rchild;
        }
        p->grade=s->grade;                 //s 指向被删节点的"后继"
        p->no=s->no;
        strcpy(p->name, s->name);
        if (q !=p)
            q->rchild=s->lchild;           //重接* q 的右子树
        else
            q->lchild=s->lchild;           //重接* q 的左子树
        delete s;
    }
}
```

```
int main()
{
    BSTree T;
    BSTNode * p;
    int no, choice;
cout<<"请输入学生信息(输入 0 为结束标志):\n";
    cout<<"学号\t 姓名\t 成绩\n";
    T=CreateBST();                //调用构建二叉排序函数
    cout<<"按成绩构建二叉排序树,存储学生数据成功!\n\n";
    cout<<"选择升序—1,降序—0\n";
    cin>>choice;
    if (choice==1)
    {
        cout<<"\n 按成绩由低到高排序:";
        cout<<"\n 学号\t 姓名\t 成绩\n";
AscBinTree(T);                    //调用递增排序函数
    }
    if (choice==0)
    {
        cout<<"\n 按成绩由低到高排序:";
        cout<<"\n 学号\t 姓名\t 成绩\n";
  DescBinTree(T);                 //调用递减排序函数
    }
    printf("\n");
    cout<<"请输入所要查询学生的学号:";
    cin>>no;
    p=SearchBST(T,no);            //调用查询函数
    if (p==NULL)
        cout<<"没有找到"<<no<<"! \n";
    else
    {
        cout<<"\n 学号\t 姓名\t 成绩\n";
        cout<<p->no<<"\t"<<p->name<<"\t"<<p->grade<<endl;
        cout<<"\n\n 将查找成功学生的信息删除\n";
  Delete_fun(p);
        cout<<"删除后学生成绩按从高到低顺序排列:\n";
        DescBinTree(T);
        cout<<endl;
    }
    return 0;
}
```

运行效果截图如图 8-16 所示。

```
请 输 入 学 生 信 息 （ 输 入 0为 结 束 标 志 ）：
学 号                 姓 名                 成 绩
2019021               赵 俊 哲              87
2019024               欧 阳 瀚              92.5
2019025               樊 闯                 81
0                     0                     0
按 成 绩 构 建 二 叉 排 序 树 ， 存 储 学 生 数 据 成 功 ！

选 择 升 序 -1， 降 序 -0
0

按 成 绩 由 低 到 高 排 序 ：
学 号                 姓 名                 成 绩
2019024               欧 阳 瀚              92.5
2019021               赵 俊 哲              87
2019025               樊 闯                 81

请 输 入 所 要 查 询 学 生 的 学 号 ：2019021

学 号                 姓 名                 成 绩
2019021               赵 俊 哲              87


将 查 找 成 功 学 生 的 信 息 删 除
删 除 后 学 生 按 从 高 到 低 顺 序 排 列 ：
2019024               欧 阳 瀚              92.5
2019025               樊 闯                 81
```

图 8-16　动态查找表应用算法案例运行效果图

8.6　散列技术

8.6.1　哈希表的概念

前面讨论的查找方法，由于数据元素的存储位置与关键码之间不存在确定的关系，因此，执行查找操作时，需要对关键码进行一系列的查找比较，即“查找算法”是建立在比较的基础上的，查找效率由比较一次缩小的查找范围决定。理想情况是依据关键码直接得到其对应的数据元素位置，即要求关键码与数据元素间存在一一对应关系，通过这种关系，能很快地由关键码得到对应的数据元素位置。

【例 8-4】　11 个元素的关键码分别为 18，27，1，20，22，6，10，13，41，15，25。选取关键码与元素位置间的函数为 f(key)=key mod 11

通过这个函数对 11 个元素构建查找表，如下：

0	1	2	3	4	5	6	7	8	9	10
22	1	13	25	15	27	6	18	41	20	10

查找时，对于给定值 kx，依然通过这个函数计算出地址，再将 kx 与该地址单元中的元素的关键码进行比较，若相等，则表示查找成功。

哈希表与哈希方法：选取某个函数，依据这个函数按关键码来计算元素的存储位置，查找时，通过这个函数计算出给定值 kx 的地址，再将 kx 与地址单元中的元素关键码进行比较，以确定查找是否成功，这就是哈希方法（杂凑法）。哈希方法中使用的转换函数称为哈希函数(杂凑函数)。按这种思想构建的表称为哈希表(杂凑表)。

对于 n 个数据元素的集合,总能找到关键码与存放地址一一对应的函数。若最大关键码为 m,则可以分配 m 个数据元素存放在单元中,选取函数 f(key)=key 即可,但这样会造成存储空间的浪费,甚至不可能分配这么大的存储空间。通常关键码的集合比哈希地址的集合大得多,因此经过哈希函数变换后,可能将不同的关键码映射到同一个哈希地址上,这种现象称为冲突(collision)。映射到同一哈希地址上的关键码称为同义词。可以说,冲突不可能避免,只能尽可能减少。所以,哈希方法需要解决以下两个问题。

(1) 构建好的哈希函数,即所选函数尽可能简单,以便提升转换速度;所选函数对关键码计算出的地址,应在哈希地址集合中均匀分布,以减少空间浪费。

(2) 制定解决冲突的方案。

8.6.2 哈希表的创建方式

创建哈希表要使用哈希函数,构建哈希函数的原则是:① 函数本身便于计算;② 计算出来的地址分布要均匀,即对任一关键字 k,f(k)对应不同地址的概率相等,目的是尽可能减少冲突。

1. 常用的哈希函数

(1) 直接定址法。其选取的函数为:

Hash(key)=a · key+b (a、b 为常数)

即取关键码的某个线性函数值为哈希地址。这类函数是一一对应的函数,不会产生冲突,但要求地址集合与关键码集合的大小相同。因此,这类函数不适合较大的关键码集合。

【例 8-5】 关键码集合为{100,300,500,700,800,900},选取哈希函数为 Hash(key)=key/100,则存放如下所示:

0	1	2	3	4	5	6	7	8	9
	100		300		500		700	800	900

(2) 除留余数法。其选取的函数为:

Hash(key)=key mod p (p 是一个整数)

即取关键码除以 p 的余数作为哈希地址。使用除留余数法,选取合适的 p 很重要,若哈希表的表长为 m,则要求 p≤m,且接近 m 或等于 m。p 一般选取质数,也可以是不包含小于 20 的质因子的合数。

(3) 剩余取整法。其选取的函数为:

$\text{Hash(key)}=\lfloor B*(A*\text{key mod }1)\rfloor$ (A、B 均为常数,且 0<A<1,B 为整数)

即以关键码 key 乘以 A,取其小数部分(A * key mod 1 就是取 A * key 的小数部分),之后再用整数 B 乘以这个值,取结果的整数部分作为哈希地址。

该方法中的 B 取什么值并不重要,但 A 的选择很重要,最好的选择依赖于关键码集合的特征。一般取 $A=\frac{1}{2}(\sqrt{5}-1)=0.6180339$ 较为理想。

(4) 数字分析法。设关键码集合中每个关键码均由 m 位组成,每位上可能有 r 种不同的符号。

【例 8-6】 若关键码是 4 位十进制数，则每位上可能有 10 个不同的数符 0～9，所以 r＝10。

【例 8-7】 若关键码是仅由英文字母组成的字符串，不考虑大小写，则每位上可能有 26 种不同的字母，所以 r＝26。

数字分析法根据 r 种不同的符号，以及在各位上的分布情况，选取某几位组成哈希地址。所选的位是各种符号在该位上出现的频率大致相同。

【例 8-8】 有一组关键码如下：

①	②	③	④	⑤	⑥	⑦
3	4	7	0	5	2	4
3	4	9	1	4	8	7
3	4	8	2	6	9	6
3	4	8	5	2	7	0
3	4	8	6	3	0	5
3	4	9	8	0	5	8
3	4	7	9	6	7	1
3	4	7	3	9	1	9

第 1、2 位均是“3 和 4”，第 3 位也只有“7、8、9”，因此，这几位不能用，余下 4 位分布较均匀，可作为哈希地址选用。若哈希地址是 2 位，则可取这 4 位中的任意 2 位组合成哈希地址，也可以取其中 2 位与其它他 2 位叠加求和后，取低 2 位作为哈希地址。

(5) 平方取中法。即将关键码平方后，根据哈希表大小取中间的若干位作为哈希地址。

(6) 折叠法(folding)。折叠法是将关键码自左向右分成位数相等的几部分(最后一部分的位数可以短些)，然后将这几部分叠加求和，并根据哈希表的表长取后几位作为哈希地址。其中叠加方法有以下两种。

① 移位叠加法：指将各部分的最后一位对齐相加。

② 间界叠加法：指从一端向另一端沿分割界来回折送，最后一位对齐相加。

【例 8-9】 设关键码为 key＝05326248725，哈希表的表长为 3 位数，则可将关键码分割为每 3 位一部分。

关键码分割为如下 4 组：253 463 587 05

采用移位叠加法和间界叠加法计算哈希地址，如下：

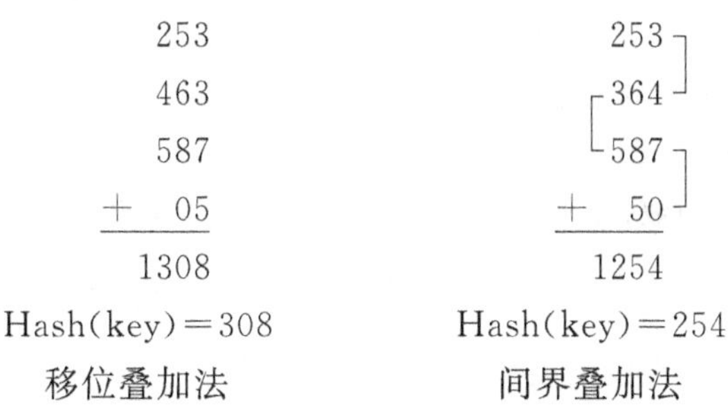

对于位数很多的关键码，且每一位上的符号分布较均匀时，可采用折叠法求得哈希地址。

2. 处理冲突的方法

通过构建性能良好的哈希函数，可以减少冲突，但一般不可能完全避免冲突，因此解决冲突是哈希方法的另一个关键问题。创建哈希表和查找哈希表都会遇到冲突，下面详细介绍解决冲突的方法。

1）开放定址法

所谓开放定址法，即是由关键码得到的哈希地址一旦产生冲突，也就是说，该地址已经存放了数据元素，就去寻找下一个空的哈希地址，只要哈希表足够大，空的哈希地址就能找到，并将数据元素存入哈希地址中。

寻找空哈希地址的方法有很多，下面介绍 3 种。

(1) 线性探测法。其选取的函数为：

$H_i = (Hash(key) + d_i) \bmod m \quad (1 \leqslant i < m)$

其中：Hash(key)为哈希函数；m 为哈希表长度；d_i为增量序列 1，2，…，m－1，且 $d_i = i$。

【例 8-10】 关键码集合为{47，7，29，11，16，92，22，8，3}，哈希表表长为 11，Hash(key)＝key mod 11，使用线性探测法处理冲突，建表如下：

0	1	2	3	4	5	6	7	8	9	10
11	22		47	92	16	3	7	29	8	
	△					▲		△	△	

表中各关键码描述如下。

47、7、11、16、92 均是由哈希函数得到的没有冲突的哈希地址，是可以直接存入的。

Hash(29)＝7，哈希地址上有冲突，需寻找下一个空的哈希地址：由 $H_1 = (Hash(29) + 1) \bmod 11 = 8$，哈希地址 8 为空，将 29 存入。同样，22、8 在哈希地址上有冲突，也是由 H_1 找到空的哈希地址。

而 Hash(3)＝3，哈希地址上有冲突，由：

$H_1 = (Hash(3) + 1) \bmod 11 = 4$　　仍然有冲突；

$H_2 = (Hash(3) + 2) \bmod 11 = 5$　　仍然有冲突；

$H_3 = (Hash(3) + 3) \bmod 11 = 6$　　找到空的哈希地址，存入。

线性探测法可使第 i 个哈希地址的同义词存入第 i＋1 个哈希地址，这样本应存入第 i＋1 个哈希地址的元素变成了第 i＋2 个哈希地址的同义词，等等。因此，可能出现很多元素在相邻的哈希地址上“堆积”起来的情况，大大降低了查找效率。为此，可采用二次探测法或双哈希函数探测法，以改善“堆积”问题。

(2) 二次探测法。其选取的函数为：

$H_i = (Hash(key) \pm d_i) \bmod m$

其中：Hash(key)为哈希函数；m 为哈希表长度，m 要求是某个 4k＋3 的质数(k 是整数)；d_i 为增量序列 $1^2, -1^2, 2^2, -2^2, \cdots, q^2, -q^2$，且 $q \leqslant \frac{1}{2}(m-1)$。

再以例 8-10 采用二次探测法处理冲突，建表如下：

0	1	2	3	4	5	6	7	8	9	10
11	22	3	47	92	16		7	29	8	
	△	▲						△	△	

对关键码寻找空的哈希地址，发现只有 3 这个关键码与例 8-10 不同。

Hash(3)＝3，哈希地址上有冲突，由：

$H_1=(\text{Hash}(3)+1^2) \bmod 11=4$　　仍然有冲突；

$H_2=(\text{Hash}(3)-1^2) \bmod 11=2$　　找到空的哈希地址，存入。

(3) 伪随机探测再散列。其选取的函数为：

d_i＝伪随机数序列

具体实现时，应构建一个伪随机数发生器(如 i＝(i＋p) % m)，并给定一个随机数作为起点。例如，已知哈希表长度 m＝11，哈希函数为 H(key)＝key % 11，则 H(47)＝3，H(26)＝4，H(60)＝5，假设下一个关键字为 69，则 H(69)＝3，与 47 冲突。如果用线性探测法处理冲突，下一个哈希地址为 H1＝(3＋1)% 11＝4，仍然冲突，再找下一个哈希地址为 H2＝(3＋2)% 11＝5，还是冲突，继续找下一个哈希地址为 H3＝(3＋3)% 11＝6，此时不再冲突，将 69 填入 6 号单元，参图 8-17(a)。如果用二次探测法处理冲突，下一个哈希地址为 $H1=(3+1^2)\% 11=4$，仍然冲突，再找下一个哈希地址为 $H2=(3-1^2)\% 11=2$，此时不再冲突，将 69 填入 2 号单元，参图 8-17(b)。如果用伪随机探测再散列处理冲突，且伪随机数序列为 2,5,9,……，则下一个哈希地址为 H1＝(3＋2)% 11＝5，仍然冲突，再找下一个哈希地址为 H2＝(3＋5)% 11＝8，此时不再冲突，将 69 填入 8 号单元，参图 8-17(c)。

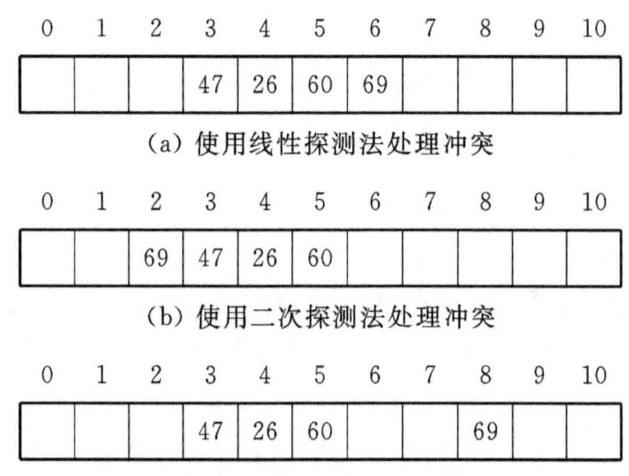

0	1	2	3	4	5	6	7	8	9	10
			47	26	60	69				

(a) 使用线性探测法处理冲突

0	1	2	3	4	5	6	7	8	9	10
		69	47	26	60					

(b) 使用二次探测法处理冲突

0	1	2	3	4	5	6	7	8	9	10
			47	26	60			69		

(c) 使用伪随机探测再散列处理冲突

图 8-17　使用开放地址法处理冲突

从上述例子可以看出，线性探测法容易产生“二次聚集”，即在处理同义词的冲突时又会导致非同义词的冲突。例如，当表中 i,i＋1,i＋2 三个单元已满时，下一个哈希地址为 i 或 i＋1 或 i＋2 或 i＋3 的元素，都将填入 i＋3 这个单元，而这 4 个元素并非同义词。线性探测法的优点是：只要哈希表不满，就一定能找到一个不冲突的哈希地址，而二次探测法和伪随机探测再散列则不一定。

2) 链地址法

设哈希函数得到的哈希地址域在区间[0,m－1]上，每个哈希地址作为一个指针指向一个链，即分配指针数组 ElemType * eptr[m]；构建 m 个空链表，由哈希函数将关键码转换后，映射到同一哈希地址 i 的同义词均加入 * eptr[i]指向的链表中。

【例 8-11】　已知一组关键字(32,40,36,53,16,46,71,27,42,24,49,64)，哈希表长度

为 13,哈希函数为 H(key)=key % 13,则使用链地址法处理冲突的结果如图 8-18 所示。

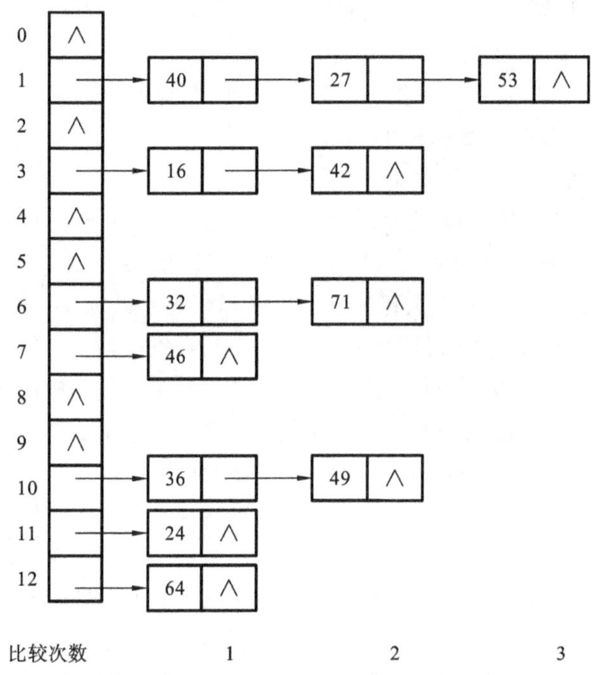

图 8-18 链地址法处理冲突时的哈希表

例 8-11 的平均查找长度为:

ASL=(1×7+2×4+3×1)=1.5

3) 构建一个公共溢出表

假设哈希函数产生的哈希地址集合为[0,m-1],则可以分配两个表:一个基本表 ElemType base_tbl[m],每个单元只能存放一个元素;一个溢出表 ElemType over_tbl[k],只要关键码对应的哈希地址在基本表上产生冲突,这样的元素就会存入该表中。查找时,对于给定值 kx,可通过哈希函数计算出哈希地址 i,先与基本表的 base_tbl[i]单元进行比较,若相等,则表示查找成功;否则,再到溢出表中进行查找。

8.6.3 哈希表的查找及其性能分析

1. 哈希表的查找

哈希表的查找过程与哈希表的创建过程是一致的。当查找关键字为 K 的元素时,首先计算 p_0=hash(K)。如果单元 p_0 为空,则所查找的元素不存在;如果单元 p_0 中的元素的关键字为 K,则能找到所查元素;否则重复以下解决冲突的过程:根据解决冲突的方法,找出下一个哈希地址 p_i,如果单元 p_i 为空,则所查找的元素不存在;如果单元 p_i 中的元素的关键字为 K,则能找到所查元素。

下面以采用线性探测法处理冲突为例,给出哈希表的查找算法,代码如下:

```
int H(int key)
{
```

```
        int result;
        result=key% 13;
        return result;
    }

    int SearchHash(HashTable HT[],int key){
    //在哈希表 HT 中查找关键字为 key 的元素,若查找成功,则返回哈希表的单元标号,否则返回-1
        int H0=H(key);              //根据哈希函数 H(key)计算哈希地址
        int Hi;
        if (HT[H0].key==NULLKEY) return-1;          //若单元 H0 为空,表示所查元素不存在
        else if (HT[H0].key==key) return H0;
                                            //若单元 H0 中元素的关键字为 key,表示查找成功
        else{
        for(int i=1;i<m;++ i){
            Hi=(H0+ i)% m;          //按照线性探测法计算下一个哈希地址 Hi
            if (HT[Hi].key==NULLKEY) return-1;    //若单元 Hi 为空,表示所查元素不存在
            else if (HT[Hi].key==key) return Hi;
                                            //若单元 Hi 中元素的关键字为 key,表示查找成功
        }//for
        return-1;
        }//else
    }//SearchHash
```

2. 哈希表的查找性能分析

由于冲突的存在,哈希法仍需进行关键字比较,因此,需用平均查找长度来评价哈希法的查找性能。哈希法中影响关键字比较次数的因素有 3 个:哈希函数、处理冲突的方法以及哈希表的装填因子。哈希表的装填因子 α 的定义如下:

$$\alpha=\text{哈希表中的元素个数}/\text{哈希表的长度}$$

α 是哈希表装满程度的标志因子。由于表长是定值,α 与"哈希表中的元素个数"成正比,所以,α 越大,填入哈希表中的元素越多,产生冲突的可能性就越大;α 越小,填入哈希表中的元素越少,产生冲突的可能性就越小。哈希表的平均查找长度是装填因子 α 的函数,只是处理冲突的方法不同其函数也不同。下面给出几种处理冲突的方法的平均查找长度,如图 8-19 所示。

处理冲突的方法	平均查找长度	
	查找成功时	查找不成功时
线性探测法	$S_{nl}\approx\frac{1}{2}\left(1+\frac{1}{1-\alpha}\right)$	$U_{nl}\approx\frac{1}{2}\left(1+\frac{1}{(1-\alpha)^2}\right)$
二次探测法与双哈希法	$S_{nr}\approx-\frac{1}{\alpha}\ln(1-\alpha)$	$U_{nr}\approx\frac{1}{1-\alpha}$
链地址法	$S_{nc}\approx1+\frac{\alpha}{2}$	$U_{nc}\approx\alpha+e^{-\alpha}$

图 8-19　几种处理冲突的方法的平均查找长度

哈希法的存取速度快，也较节省空间，比较适合静态查找和动态查找。但由于哈希法的存取是随机的，所以不适合顺序查找。

8.7 小结

本章介绍了关键字、主关键字、次关键字的含义；静态查找与动态查找的含义及区别；平均查找长度(ASL)的概念及其计算方法；查找的分类，即分为在顺序表上的查找、在树表上的查找、在哈希表上的查找3类；线性表上的查找的分类，即分为顺序查找法、折半查找法和分块索引查找法3类。

本章也介绍了二叉排序树查找。二叉排序树，简言之，就是"左小右大"，它的中序遍历结果是一个递增的有序序列。要掌握二叉排序树的查找、插入、删除算法。

哈希一词是外来词，译自"hash"一词，意为散列或杂凑的意思。哈希表查找的基本思想是：根据当前待查找数据的特征，记录关键字为自变量，设计一个函数，这个函数对关键字进行转换后，其结果即为待查的地址。基于哈希表的查找，需要注意哈希函数的设计，冲突解决方法的选择及冲突处理过程的描述。

习题8

一、选择题

1. 对n个元素的表进行顺序查找时，若查找每个元素的概率相同，则平均查找长度为(　　)。

A. (n−1)/2　　B. n/2　　C. (n+1)/2　　D. n

2. 适合折半查找的表的存储方式及元素排列的要求是(　　)。

A. 链接方式存储，元素无序　　B. 链接方式存储，元素有序

C. 顺序方式存储，元素无序　　D. 顺序方式存储，元素有序

3. 当在一个有序的顺序表上查找一个数据时，既可采用折半查找法，也可采用顺序查找法，但前者的查找速度比后者的(　　)。

A. 必定快　　B. 不一定

C. 在大部分情况下要快　　D. 取决于表是递增还是递减

4. 折半查找有序表为(4,6,10,12,20,30,50,70,88,100)。若查找表中的元素58，则将元素58依次与表中的(　　)比较大小，查找结果为失败。

A. 20,70,30,50　　B. 30,88,70,50　　C. 20,50　　D. 30,88,50

5. 对22个记录的有序表进行折半查找，当查找失败时，至少需要比较(　　)次关键字。

A. 3　　B. 4　　C. 5　　D. 6

6. 折半搜索与二叉排序树的时间性能(　　)。

A. 相同　　B. 完全不同

C. 有时不相同　　D. 数量级都是$O(\log_2 n)$

7. 分别以下列序列构建二叉排序树，与其他3个序列所构建的结果不同的是(　　)。

A. (100,80,90,60,120,110,130)

B. (100,120,110,130,80,60,90)

C. (100,60,80,90,120,110,130)

D. (100,80,60,90,120,130,110)

8. 下面关于哈希查找的说法,正确的是(　　)。

A. 哈希函数构建的越复杂越好,因为这样随机性好,冲突小

B. 除留余数法是所有哈希函数中最好的方法

C. 不存在特别好的或坏的哈希函数,要视情况而定

D. 哈希表的平均查找长度有时也与记录总数有关

9. 下面关于哈希查找的说法,不正确的是(　　)。

A. 采用链地址法处理冲突时,查找一个元素的时间是相同的

B. 采用链地址法处理冲突时,若插入规定总是在链首,则插入任意一个元素的时间是相同的

C. 采用链地址法处理冲突,不会引起二次聚集现象

D. 采用链地址法处理冲突,适合表长不确定的情况

10. 设哈希表的表长为14,哈希函数是H(key)=key%11,表中已有数据的关键字为15,38,61,84共4个,现要将关键字为49的元素加入表中,使用二次探测法解决冲突,则放入的位置是(　　)。

A. 8　　B. 3　　C. 5　　D. 9

11. 采用线性探测法处理冲突,可能要探测多个位置,在查找成功的情况下,所探测的这些位置上的关键字(　　)。

A. 不一定都是同义词　　B. 一定都是同义词

C. 一定都不是同义词　　D. 都相同

二、应用题

12. 假定对有序表(3,4,5,7,24,30,42,54,63,72,87,95)进行折半查找,试回答下列问题:

(1) 画出描述折半查找过程的判定树。

(2) 若查找元素54,需依次与哪些元素比较?

(3) 若查找元素90,需依次与哪些元素比较?

(4) 假定每个元素的查找概率相等,求查找成功时的平均查找长度。

13. 已知如下所示长度为12的表(Jan,Feb,Mar,Apr,May,June,July,Aug,Sep,Oct,Nov,Dec)

(1) 试按表中元素的顺序依次插入一棵初始为空的二叉排序树,画出插入完成后的二叉排序树,并求其在等概率下查找成功时的平均查找长度。

(2) 若对表中元素进行排序构成有序表,求在等概率下对此有序表按照折半查找法查找成功时的平均查找长度。

14. 设有一组关键字(9,01,23,14,55,20,84,27),采用哈希函数H(key)=key %7 ,表长为10,用开放地址法的二次探测法处理冲突。要求:对该关键字序列构建哈希表,并计算

查找成功的平均查找长度。

15. 设哈希表的地址范围为 0～17,哈希函数为 H(key)=key%16。使用线性探测法处理冲突,输入关键字序列(10,24,32,17,31,30,46,47,40,63,49),构建哈希表,试回答下列问题。

(1) 画出哈希表的示意图。

(2) 若查找关键字 63,需要依次与哪些关键字进行比较?

(3) 若查找关键字 60,需要依次与哪些关键字进行比较?

(4) 假定每个关键字的查找概率相等,求查找成功时的平均查找长度。

16. 设有一组关键字(9,01,23,14,55,20,84,27),采用哈希函数 H(key)=key %7,哈希表表长为 10,使用开放地址法的二次探测法处理冲突。要求:对该关键字序列构建哈希表,并计算查找成功时的平均查找长度。

17. 设哈希函数 H(K)=3 K mod 11,哈希地址空间为 0～10,对于关键字序列(32,13,49,24,38,21,4,12),按下述两种解决冲突的方法构建哈希表,并求等概率下查找成功时的平均查找长度 ASL_{succ} 和查找失败时的平均查找长度 ASL_{unsucc}。

(1) 线性探测法。

(2) 链地址法。

第 9 章　排　　序

通过第 8 章的学习可以发现，在查找方式中以折半查找的性能最优，查找元素的速度最快。但此时要求表必须是有序状态才可以进行折半查找。因此，排序操作也是很多软件实现进一步功能的基本操作之一。在很多系统软件或网站中也会用到排序，例如，信息查询系统中经常会有按某个检索字段进行增/减序的排列记录，购物网站中允许让消费者进行价格的排序，从而让用户更快速地锁定到中意的商品。由此可见，排序是很多软件的重要功能组成部分。本章将对计算机学科中的内部排序算法操作展开介绍。

9.1　排序的基本概念

排序(sorting)操作就是将一个数据元素的任意序列重新排列成一个按关键字排序的有序的序列。其中包含待排列数据对象的有限集合，称为数据表。

在数据结构中，排序分为内部排序与外部排序两种。其中，内部排序是指在排序期间数据对象全部存放在内存的排序方式；外部排序是指在排序期间全部对象个数太多，不能同时存放在内存，必须根据排序过程的要求，不断在内、外存之间移动的排序方式。

在内部排序中，依比较和交换移动元素的方式不同，可以将排序分为插入排序、交换排序、选择排序、归并排序等几大类。

衡量一种排序算法性能的主要指标有 3 类：排序的时间开销、排序所占用的临时辅助存储单元的数量以及排序的稳定性。其中，排序的时间开销主要根据某种算法在执行过程中数据之间的比较次数与数据之间的移动次数来衡量，因为某一类排序的耗时开销主要是比较两个关键字的大小和将记录从一个位置移动到另一个位置所带来的操作时间开销，因此，可以将比较次数和移动次数这两个基本操作看成是衡量排序算法时间性能优劣的重要标志。一般来说，相对简单的排序方式其时间复杂度通常为 $O(n^2)$，而先进的排序方式其时间复杂度为 $O(n\log_2 n)$。此外，排序方式的稳定性也是衡量排序性能的指标之一：如果在待排序对象序列中有两个对象 r[i]和 r[j]，它们的排序码值 k[i]==k[j](为了区分两者，通常将待排的原始序列中靠后一个相同值加上方框)，且在排序之前，对象r[i]排在 r[j]前面。如果在排序之后，对象 r[i]仍在对象 r[j]的前面，则称这个排序是稳定的，否则称这个排序是不稳定的。例如待排序对象序列如下：

$$49,34,65,98,76,13,\boxed{49},21$$

若使用直接插入排序，则得到的序列如下：

$$13,21,34,49,\boxed{49},65,76,98$$

若使用选择排序，则得到的序列如下：

$$13,21,34,\boxed{49},49,65,76,98$$

以上排序说明直接插入排序是一种稳定的排序方式，选择排序是一种不稳定的排序方式。

一般来说，如果某种排序算法在实施过程中存在相邻元素之间的对比和交换，则此排序方式是稳定的，而在不相邻元素之间进行对比和交换的排序则是不稳定的排序方式。此外，为了描述方便，本章内容不做特别声明时，待排序记录最终都被整理成从小到大递增的序列。

假设包含待排序记录的数据表采用顺序存储结构，且关键字类型为整数类型，其结构类型定义如下：

```
# define SIZE 100
typedef int Type;
typedef struct
{
    TypeR[SIZE];       //待排序记录的集合,记录的存储区间为 1——length
                       //0 号存储单元作为交换数据时的临时存储区
    int length;        //实际待排序的区间长度
}SqList;
```

9.2 插入排序

插入排序的基本思想是：每一步排序都将一个待排序的对象按其排序码值的大小插入前面已经排好序的一组对象的适当位置上，直到对象全部插入为止。其中比较常用的插入排序方式有直接插入排序、折半插入排序和希尔排序。

9.2.1 直接插入排序

直接插入排序类似于玩扑克牌时在手中整理牌面的动作，通常我们会将某张牌按其大小插入另一张牌的前面或后面，这个动作实际上就是直接调整序列的基本操作方式。在直接插入排序过程中，第 1 趟直接选定第 1 个位序的元素作为有序区中唯一存在的元素，然后将第 2 个元素取出来与之对比，根据码值的大小来决定插入在第 1 个关键字的前面或后面。第 2 趟取第 3 个原始位序的关键字，与有序区的前 2 个元素进行对比，根据其值的大小找到合适的插入位置。第 N－1 趟取出第 N 个原始位序上的关键字，与有序区的前 N－1 个元素进行对比，然后插入合适的位置上，最终完成所有 N 个元素的有序化整理过程。

具体操作步骤如下所示：

待排序元素序列：　49,34,65,98,76,13,49,21

第 1 次排序：　[34,49] 65,98,76,13,49,21

第 2 次排序：　[34,49,65] 98,76,13,49,21

第 3 次排序：　[34,49,65,98]76,13,49,21

第 4 次排序：　[34,49,65,76,98]13,49,21

第 5 次排序：　[13,34,49,65,76,98] 49,21

第 6 次排序：　[13,34,49,49,65,76,98],21

第 7 次排序：　[13,21,34,49,49,65,76,98]

对于有 n 个数据元素的待排序序列，插入操作要进行 n−1 次，该算法适用于 n 较小的情况，时间复杂度为 $O(n^2)$。

假设在排序过程中，记录序列 R[1..n]的状态如图 9-1 所示。

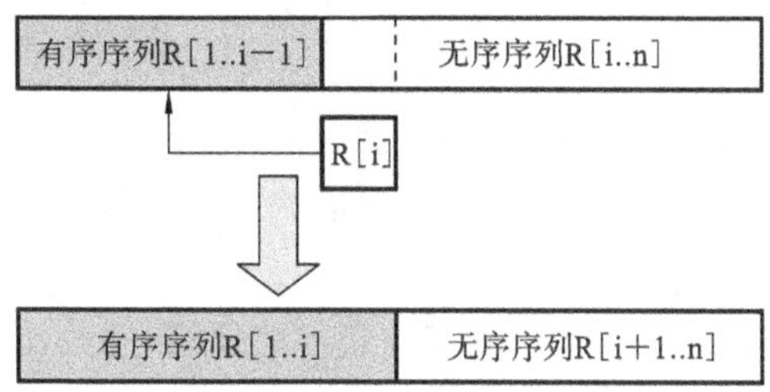

图 9-1　序列 R[1..n]的状态

通过此排序过程可以发现，一趟直接插入排序的基本思想为：将记录 R[i]插入有序子序列 R[1..i−1]中，使记录的有序序列从 R[1..i−1]变为 R[1..i]。

完成这个“插入”需分以下 3 步进行。

第 1 步：查找 R[i]的插入位置 j。

第 2 步：将 R[j..i−1]中的记录后移一个位置。

第 3 步：将 R[i]复制到 R[j]的位置上。

交换后的插入过程如图 9-2 所示。

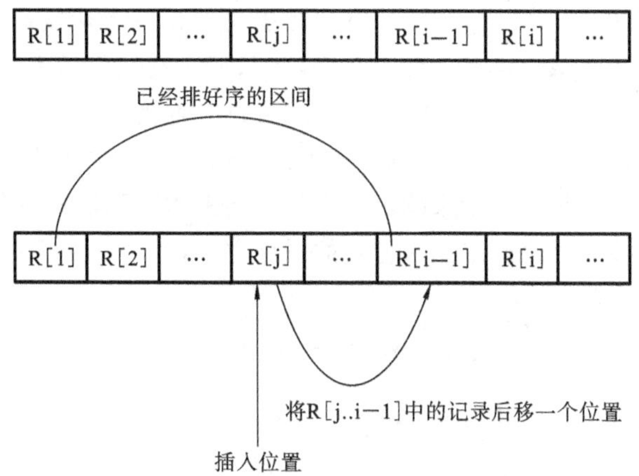

图 9-2　直接插入排序交换移动元素 R[i]的过程

由操作过程可以得到直接插入排序的算法，代码如下：

```
void InsertSort(SqList &L)
{
//按非递减顺序对表进行排序,从后向前顺序比较
  int i,j;
  for (i=2;i<=L.length;++i)
  {
     L.R[0]=L.R[i];
```

```
            for (j=i-1;(L.R[0]<L.R[j]);--j)
            L.R[j+1]=L.R[j];
        L.R[j+1]=L.R[0];
    }
}
```

由以上算法可以分析出直接插入排序的性能。

假设关键字记录有 n 个，则其排序的时间性能有比较次数和移动次数。

(1) 比较次数。

① 最小比较次数：$C_{min}=n-1$（如果是基本正序的序列，则只比较一趟）

② 最大比较次数：$C_{max}==(n+2)(n-1)/2$（如果是逆序，则每趟都要进行 n－1 次比较，总的比较次数会较多）

(2) 移动次数。

① 最小移动次数：$M_{min}=0$

② 最大移动次数：$M_{max}==(n+4)(n-1)/2$

9.2.2 折半插入排序

直接插入排序算法比较简单，也容易实现，但平均情况下其比较元素次数过多，导致整个排序算法的时间复杂度过大。如果每次在有序区通过查找、对比来确定新插入元素的位置而能够采用更快的查找方式，那么可以有效减少总的比较元素操作所带来的时间开销。既然每个要插入之前的记录已经按关键字有序排列，那么在查找插入位置时就没有必要逐个比较关键字，可以通过折半查找来实现。因此，可以对直接插入排序进行改进。由于前一组元素插入后所形成的元素区间是有序区，如果采用顺序表作为数据表的存储区间，那么可以在已形成的有序区通过折半查找来确定无序区取出来的新元素要在有序区插入的具体位置。这种通过折半查找策略来确定插入位置的排序方法，称为折半插入排序。

具体操作步骤如下所示：

待排序元素序列：　49,34,65,98,76,13,49,21

第 1 次排序：　[34,49] 65,

第 2 次排序：　[34,49,65] 98,

第 3 次排序：　[34,49,65,98]76,

第 4 次排序：　[34,49,65,76,98]13,

第 5 次排序：　[13,34,49,65,76,98] 49,

第 6 次排序：　[13,34,49,49,65,76,98],21

第 7 次排序：　[13,21,34,49,49,65,76,98]

由以上具体操作过程可以得到折半插入排序的算法，代码如下：

```
void InsertBinSort(SqList &L)
```

```
{
//按非递减顺序对表进行排序,从后向前顺序比较
  int  i,j;
  for (i=2;i<=L.length;+ + i)
  {
     L.R[0]=L.R[i];
         for (j=i-1;( L.R[0] <  L.R[j] );--j)
         L.R[j+ 1]=L.R[j];
     L.R[j+ 1]=L.R[0];
  }
}
```

折半插入排序虽然可以减少总的比较元素的次数，但是其移动元素的时间开销依然没有改变。故总的排序时间复杂度依然是 $O(n^2)$。

9.2.3 希尔排序

通过直接插入排序的性能分析可以发现，如果关键字记录的个数很少，即当待排序记录的个数 n 很小时，直接插入排序的效率较高；当待排序序列的关键字基本有序时，直接插入排序的效率也较高。从这两点出发可对直接插入排序进行改进，先将整个待排序记录的序列分割成若干个子序列，并分别进行直接插入排序，待整个序列中的记录基本有序时，再对全体记录进行一次直接插入排序。例如初始关键字为 n 个记录的集合，第 1 轮排序时将位置间隔为 $Gap_1=n/2$ 的元素分在一组，各组之内的元素按直接插入排序对比关键字的值。第 2 轮将位置间隔为上一轮 Gap 值一半的元素分在一组，即 $Gap_2=Gap_1/2=n/4$，在组内实施直接插入排序。按照 Gap 的迭代规律，最终当 Gap 等于 1 时，完成最后一轮直接插入排序，此时所有的关键字已经基本有序，只需要较少的时间开销即可完成直接插入排序而使所有的关键字有序。

待排序元素序列：34，49，76，65，98，21，[49]，13

第 1 轮

排序分组（$Gap_1=8/2=4$）：

第 1 轮排序结果：34，21，[49]，13，98，49，76，65

第 2 轮

排序分组（$Gap_2=2$）：

第 2 轮排序结果：34，13，[49]，21，76，49，98，65

第 3 轮

排序分组（$Gap_3=1$）：

第 3 轮排序结果：13，21，34，[49]，49，65，76，98

由以上排序过程可以看到，希尔排序的方式是先进行“宏观”调整，随着分组的间隔越来越近，这种“宏观”调整的趋势是，维持较大元素尽量通过每一轮次的调整插入集合序列右

边,较小元素则被调整到集合左边。最后一次时 Gap=1,将每个元素分在一组进行"微观"调整,由于前面的调整已经基本有序,因此最后一轮采用直接插入法仅需要较少的时间复杂度就可以完成整体排序。由于每一轮间隔增量的取值为上一轮间隔增量的一半,因此希尔排序也称为缩小增量排序。

由操作过程,可以得到希尔排序的算法,代码如下:

```
void ShellSort(SqList &L)
{
//按非递减顺序对表进行排序
int i,j,gap;
    gap=L.length/2;                    //初始的间隔增量为表长的一半,Gap1=N/2
    while(gap> 0)                      //循环结束时 gap 的值为 1
    {
    for(i=gap+1;i<=L.length;i++)       //对每组进行直接插入排序
        if(L.R[i]<L.R[i-gap])
        {
            L.R[0]=L.R[i];
        for(j=i-gap;j> 0 && L.R[0]<L.R[j];j=j-gap)
            L.R[j+gap]=L.R[j];
          L.R[j+gap]=L.R[0];
        }
        gap=gap/2;                     //每一轮间隔增量的取值为上一轮间隔增量的一半
    }
}
```

由以上算法可以分析出希尔排序的性能如下:希尔排序按增量分组后,每组记录的个数较少,就单次的对比和交换移动而言,时间开销较少。到最后一轮时,看似依然是整个序列长度的关键字进行对比和交换移动,但由于关键字经历前面的轮次已经基本有序,因此其时间开销依然较少。假设关键字记录有 n 个,其时间性能最好情况下可以达到 $O(n\log_2 n)$。但由于间隔分组的存在,不是在相邻的元素之间进行比较和交换移动,原始序列中相同值的元素在排序完后有可能与其初始的前后位置相反,因此希尔排序不是一种稳定的排序方法。

9.3 交换排序

交换排序是以"交换"调整方式为主而得到每一轮排序过程中最小或最大的记录元素,从而使整个待排记录完全有序的排序方法。根据交换方式的不同,其主要的排序算法有冒泡排序和快速排序。

9.3.1 冒泡排序

冒泡法排序是交换排序中较简单直观的一种排序方式。其基本思想是两两比较待排序对象的排序码,如果发生逆序(即排列顺序与排序后的次序正好相反),则交换之,直到所有对象都排好序为止。假设待排序对象序列中的对象个数为 n,按照这种交换对比方式,第 i

趟冒泡排序将会从序列的位序1到n－i＋1依次比较相邻两个记录的关键字，如果发生逆序，则交换之，其结果是这n－i＋1个记录中关键字最大的记录将被交换到第n－i＋1的位置上。在排序过程中，因为排序交换记录的趋势是将较小值的记录前移(上移)，较大值的记录后移(下移)。类似于水中的气泡，小的气泡浮上来，大的气泡沉下去，因此将这种比较形象的排序方法称为冒泡排序。对于有n个记录的原始序列，冒泡排序将最多进行n－1趟排序就可以得到完全有序的序列。

具体操作步骤如下所示。

待排序元素序列:49,34,65,98,76,13,49,21

第1趟对比交换过程:

第1次:(49,34)需交换

第2次:34,(49,65)无需交换

第3次:34,49,(65,98)无需交换

第4次:34,49,65,(98,76)需交换

第5次:34,49,65,76,(98,13)需交换

第6次:34,49,65,76,13,(98,49)需交换

第7次:34,49,65,76,13,49,(98,21)需交换

第1趟排序结果:34,49,65,76,13,49,21,(98)

第2趟排序结果:34,49,65,13,49, 21,(76,98)

第3趟排序结果:34,49,13,49,21,(65,76,98)

第4趟排序结果:34,13,49,21,(49,65,76,98)

第5趟排序结果:13,34,21,(49,49,65,76,98)

第6趟排序结果:13,21,(34,49,49,65,76,98)

第7趟排序结果:13,(21,34,49,49,65,76,98)

由以上排序过程可以看出在第1趟时，第1个关键字与第2个关键字进行比较，前者比后者大则交换；第2个关键字与第3个关键字比较，大则交换，重复进行，关键字最大的记录在第1趟结束后将交换到最后一个位置上；在第2趟对前n－1个记录进行同样的操作，最终整个序列中关键字次大的记录交换到第n－1个位置上，依此类推，直到完成排序。

含有8个初始待排序元素的序列经过7趟冒泡排序，即可得到完全有序的序列。由以上的操作过程可以推导出冒泡排序的算法，代码如下：

```
void BubbleSort(SqList &L)
{ //将L中的整数重新排列成从小到大的有序序列
    int i,j;
    Type temp;
for(i=1;i<=L.length-1;++i)
{
```

```
        for(j=1;j<L.length-i;++j)
            if(L.R[j]>L.R[j+1])
            {
            emp=L.R[j];
            L.R[j]=L.R[j+1];
            L.R[j+1]=temp;
            }
        }
    }
```

为了减少对比的次数，可以将以上算法进行改进，增加一个用来判断关键字是否已经有过对比交换的变量 flag，其初始值置为 1，改进算法代码如下：

```
void BubbleSort(Sqlist &L)
{
    int i=1,j;
    int flag=1;
    while (i<L.length && flag)
    {
        flag=0;                         //标志置为 0,假定未交换
        for (j=1;j<=L.length-i;j++)
            if (L.R[j]>L.R[j+1])
            { //逆序
            temp=L.R[j];
                L.R[j]=L.R[j+1];
                L.R[j+1]=temp;          //交换
        flag=1;                         //标志置为 1,有交换
            }
        i++;
    }
}
```

冒泡排序实现起来比较简单，面对基本有序的序列只需要少数的对比和交换移动次数就可以完成排序过程。例如面对正序的序列时，只需要进行一趟对比，不需要移动元素，即可完成有序化，而这一趟的时间开销主要是 n 个元素相互之间的 n－1 次对比。如果是逆序序列，则最多要进行 n(n－1)/2 次对比和交换移动，平均情况下排序时间复杂度为 $O(n^2)$。由排序算法的过程可以看出，其实现交换移动只需要一个辅助空间变量 temp，因此其空间复杂度为 O(1)。并且，冒泡排序对比交换移动元素的方式是在位置相邻的关键字之间展开的，因此，这是一种稳定的排序方法。

9.3.2 快速排序

快速排序法源于对冒泡排序法的改进，在冒泡排序中，如果关键字的值较小，在一趟排序的交换移动过程中最多向前移动一个位置，如果有一种交换方式能在每次比较后将较小值的关键字向前交换移动较远的距离，将较大值的关键字向后交换移动较远的距离，则总的交换移动次数会减少，有序化过程会较快，整体排序性能会提升。其基本思想是，任取待排

序对象序列中的某个对象(例如取第1个对象)作为基准参照量(也称枢轴),按照该关键字值的大小,将整个待排记录序列划分为左、右两个子序列,即左侧子序列中所有记录的关键字值都小于或等于基准对象的值,右侧子序列中所有记录的关键字值都大于基准对象的值。基准对象则排在这两个子序列的中间位置(这也是该对象最终应存放的位置)。然后分别对左、右两个子序列重复实行上述方法,直到所有的对象都排在相应位置上为止。

从以上排序过程的描述可以看出,一趟排序会将待排记录序列分成两部分,使其中一部分记录的关键字均比另一部分的小,再分别对这两部分进行递归的快速排序,以达到整个序列有序。

进行一趟快速排序的具体做法如下:附设两个游标变量 low 和 high,其初值分别指向待排序关键字序列中的第1个记录和最后一个记录,设枢轴记录的关键字为 pivotkey(通常选取待排记录中第一个位置上的值为这一轮基准参照量),首先从游标 high 所指位置起向前搜索,找到第一个小于基准值 pivotkey 的记录与基准记录交换,然后从游标 low 所指位置起向后搜索,找到第1个大于基准值 pivotkey 的记录与基准记录交换,重复这两步直至 low 和 high 的位置值相遇且相等为止。实际上,排序过程中不用每次交换枢轴记录和游标所指记录,当一趟排序算法结束时(即 low=high)的位置即是枢轴记录的最后位置。因此,可以先将枢轴记录保存在 R[0]位置上,排序过程中只作 R[low]或 R[high]记录的移动,待一趟排序结束后再将枢轴记录移至其最终正确位置上,如图9-3所示。

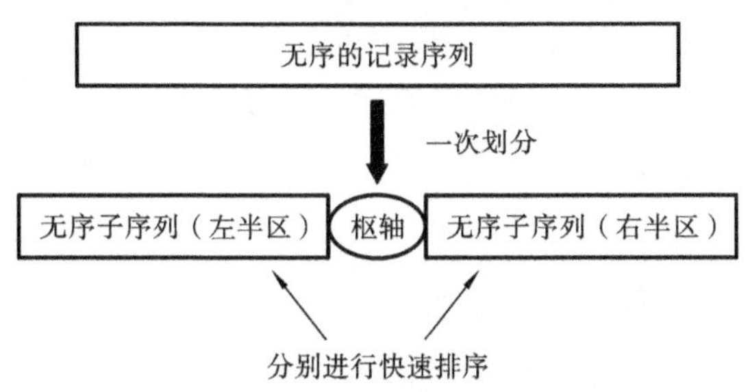

图9-3　快速排序一次划分后的状态

具体操作步骤如下。

待排序元素序列:49,34,65,98,76,13,[49],21

枢轴:㊾　　↑ low　　↑ high

从后向前找比数轴记录值小(≤pivotkey)的元素 ←

第1次从右向左扫描:㊾,34,65,98,76,13,[49],21

↑ low　　↑ high

交换:

R[0]=㊾

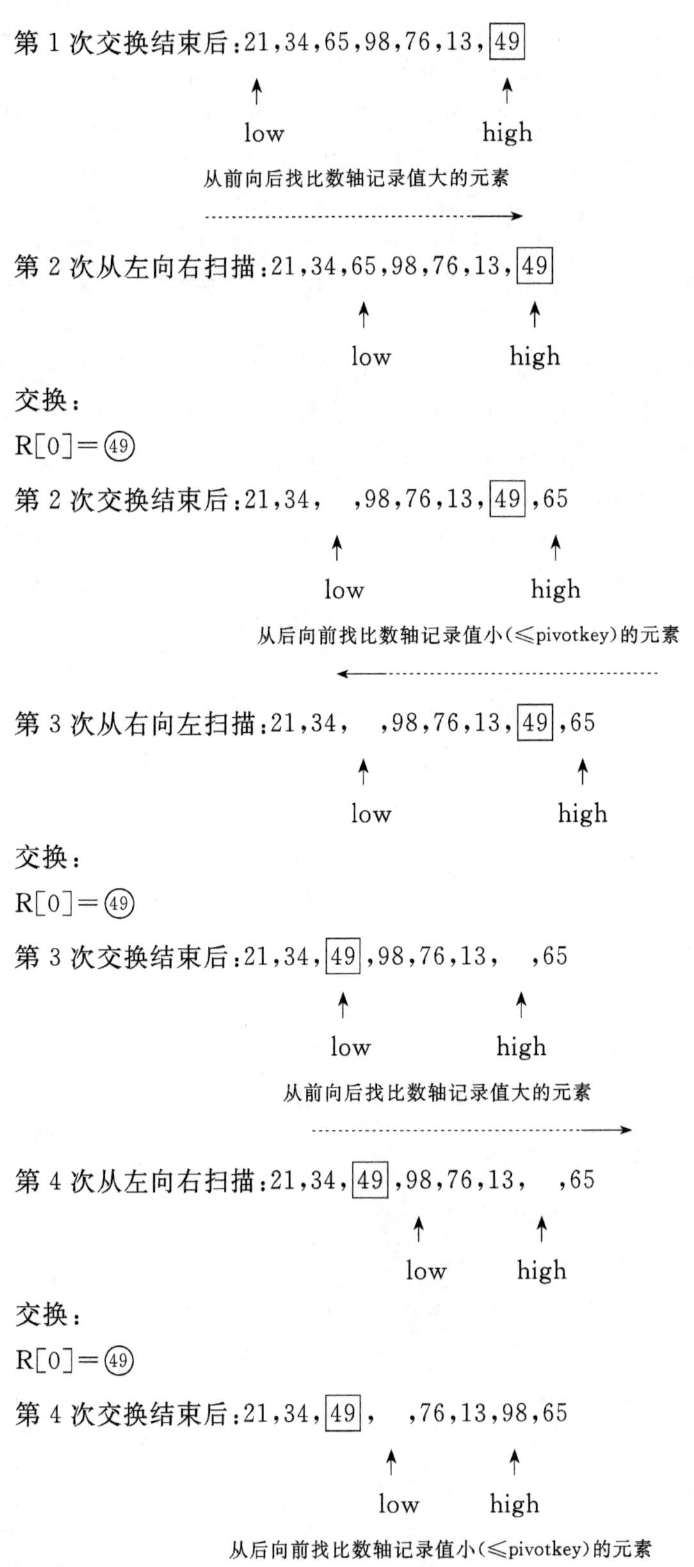
第 1 次交换结束后:21,34,65,98,76,13,49
low
high
从前向后找比数轴记录值大的元素
第 2 次从左向右扫描:21,34,65,98,76,13,49
low
high
交换:
R[0]=49
第 2 次交换结束后:21,34, ,98,76,13,49,65
low
high
从后向前找比数轴记录值小(≤pivotkey)的元素
第 3 次从右向左扫描:21,34, ,98,76,13,49,65
low
high
交换:
R[0]=49
第 3 次交换结束后:21,34,49,98,76,13, ,65
low
high
从前向后找比数轴记录值大的元素
第 4 次从左向右扫描:21,34,49,98,76,13, ,65
low
high
交换:
R[0]=49
第 4 次交换结束后:21,34,49, ,76,13,98,65
low
high
从后向前找比数轴记录值小(≤pivotkey)的元素

第 5 次从右向左扫描:21,34,[49], ,76,13,98,65

↑ ↑
low high

交换:

R[0]=(49)

第 5 次交换结束后:21,34,[49],13,76, ,98,65

↑ ↑
low high

从前向后找比数轴记录值大的元素

第 6 次从左向右扫描:21,34,[49],13,76, ,98,65

↑ ↑
low high

交换:

R[0]=(49)

第 6 次交换结束后:21,34,[49],13, ,76,98,65

↑ ↑
low high

第 6 次从左向右扫描: 从后向前找比数轴记录值小(≤pivotkey)的元素

low 和 high 相遇相等时,完成第 1 趟划分。

第 1 趟划分结束后的序列情况:21,34,[49],13,(49),76,98,65

↑ ↑
low high

接下来再递归式地对枢轴所划分出的左半区元素进行快速排序:

[21,34,[49],13]

右半区元素也进行递归式的快速排序:

[76,98,65]

即可完成所有元素的全部排序处理。

最终得到的有序关键字序列如下:

13,21,34,[49],49,65,76,98

根据以上快速排序操作过程,可以得到完成一次划分的算法,代码如下:

```
int Partition (SqList &L,int low,int high)
{ Type pivotkey;
//一趟快速排序(游标所指关键字和枢轴不进行交换,仅用来记录位置)的算法
```

```
    L.R[0]=L.R[low];            //将子表的第 1 个记录作为基准对象
    pivotkey=L.R[low];          //基准对象关键字
    while (low<high)
      {
        while (low<high && L.R[high]>pivotkey) --high;
        L.R[low]=L.R[high];   //小于基准对象的移到区间的左侧
        while (low< high && L.R[low]<=pivotkey)  ++low;
        L.R[high]=L.R[low];   //大于基准对象的移到区间的右侧
    }
    L.R[low]=L.R[0];            //或者 L.R[high]=L.R[0];
    return low;                 //或者:return high;,因为此时 low 和 high 的值相等
}
```

以上的一次划分操作可以作为基本操作，通过调用，可完成整体快速排序算法操作QuickSort：

```
void QuickSort(SqList &L,int low,int high)
{ int pivotloc;
//对顺序表 L 中的子序列 L.r[low..high]进行快速排序
    if (low< high)
        { //长度大于 1
    pivotloc=Partition(L,low,high); //L.R[low..high]区间由 pivotloc 分开
    QuickSort(L,low,pivotloc-1);     //对左半区子表递归排序,pivotloc 是枢轴位置
    QuickSort(L,pivotloc+ 1,high);  //对右半区子表递归排序
        }
}
```

第 1 次调用 QuickSort 函数时，待排序记录序列的上、下界 low 和 high 分别取值为 1 和 L. length。

快速排序被证明是内部排序方式中平均情况下最快的一种排序方法。由以上算法也可以看出，假设关键字的个数为 n，假设每次划分点的位置居中，则其递归的深度恰好是一棵二叉树的形态，而由二叉树的性质可以知道 n 个节点构成的二叉树深度不超过 $\log_2 n$，因此快速排序的平均时间复杂度是 $O(n\log_2 n)$。此外，选定的枢轴值也将影响到快速排序的综合性能，如果选定的枢轴值是整个序列中的最大值或最小值，则在一趟划分结束时，将会导致枢轴偏向一端，而由其划分区间中剩下的关键字几乎是接近原始表长的序列组成，这会导致下一轮递归的深度过深，而弱化快速排序的优势。通过进一步分析可以发现，如果面临基本有序的序列，无论是正序还是反序，按以上算法枢轴都将偏向一端，因此快速排序在面对基本有序的待排序列时，其“快速”的特性将会退化。为了避免偶然的情况下枢轴的值选取不当，在进行快速排序时，枢轴最好选择待排序列中的表头、表尾和表中间 3 个位置元素值中居中的那一个。

在排序过程中，所需要的辅助空间可由 R[0]单元提供，因此其空间复杂度是 O(1)；由以上排序过程可以看出，快速排序在对比交换元素的时候，并不是在相邻的元素之间展开的交换移动，所以它并不是一种稳定的排序方法。

9.4　选择排序

选择排序的基本思想是，每一趟从后面的待排序记录中选出关键字值最小的记录作为当前有序区中某一位序的记录，直到所有有序区构造完毕。例如选择第 i(i=1,…,n−1)趟进行排序时，将在后面 n−i+1 个待排序记录中选出最小的记录作为有序序列中的第 i 个记录。对于由 n 个关键字构成的待排序记录，只需要选择 n−1 趟，待排序记录最终仅剩下 1 个记录时(必然是整个序列中最大的值)，则不用再进行选择即可得到整个有序序列。选择排序主要分为直接选择排序和堆排序。

9.4.1　直接选择排序

直接选择排序的操作方式是先从 1～n 个元素中选出关键字最小的记录交换到第 1 个位置上。然后从 2～n 个元素中选出关键字次小的记录交换到第 2 个位置上，依此类推，直到第 n−1 趟从第 n−1 个和第 n 个元素中选出最小的一个放到第 n−1 个位置上，剩下的第 n 个位置上的元素必然是整个序列中最大的那个元素。最终可以得到完整排序的关键字序列，如图 9-4 所示。

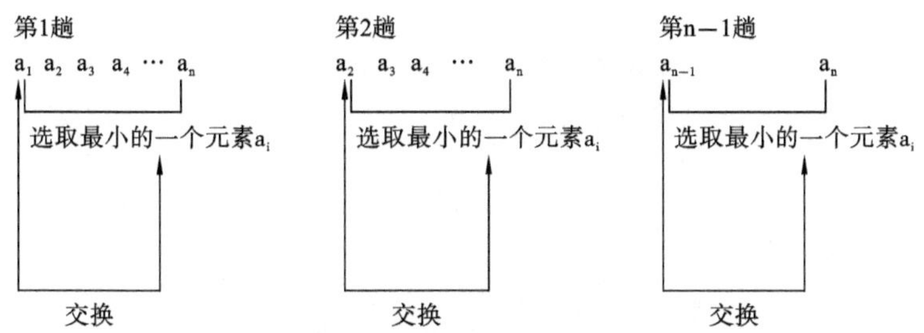

图 9-4　直接选择排序的过程

以具体数据为例，直接选择排序的操作步骤如下：

待排序元素序列：49,34,65,98,76,13,49,21

第 1 趟选择：49,34,65,98,76,13,49,21(最小者为 13,交换[49,13])

互换

第 2 趟选择：[13],34,65,98,76, 49,49,21　(最小者为 21,交换[34,21])

互换

第 3 趟选择：[13, 21],65,98,76, 49,49, 34　(最小者为 34,交换[65,34])

互换

第 4 趟选择：[13, 21, 34],98,76, 49,49, 65　(最小者为 49,交换[98,49])

互换

第 5 趟选择：[13, 21, 34,49],76, 49, 98, 65　(最小者为 49,交换[76,49])

互换

第 6 趟选择：[13，21，34，49，49]，76，98，65 （最小者为 65，交换[76,65]）

互换

第 7 趟选择：[13，21，34，49，49，65]，98，76 （最小者为 76，交换[98,76]）

互换

第 7 趟选择结束后：[13，21，34，49，49，65，76]，98

（无序区仅剩下唯一的元素 98）

从而得到完全有序的序列：13，21，34，49，49，65，76，98

为了完成以上直接选择排序的过程，可以设置变量 i 用来记录比较的趟数，也可以代表当前无序区的第 1 个元素的固定位置下标，设置变量 j 用来记录当前无序区中查找对比过的关键字的下标，设置变量 k 用来记录从当前无序区中选择到的最小关键字值的下标，交换将发生在无序区的 R[k]和 R[i]之间。由此，可以得到直接选择排序的算法，代码如下：

```
voidSelectSort(SqList &L)
{ inti,j,k;
    Type temp;
    for (i=1;i<=L.length-1;i++)
    {
        k=i; //记录当前无序区的第 1 个元素的固定位置下标
        for(j=i+ 1;j<=L.length;j++)
            if(L.R[j]< L.R[k])
                k=j;//当前无序区最小关键字的下标
        if(k! =i)
    {
        temp=L.R[i];
        L.R[i]=L.R[k];
        L.R[k]=temp;
        }//对换到第 i 个位置
    }
}
```

由以上直接选择排序的算法可知，对于有 n 个元素的原始序列，一般情况下，其平均排序的时间复杂度为 $O(n^2)$。基于基本有序的正序序列，虽然排序时可以减少交换元素的次数时间开销，但其比较元素的时间开销并未减少；基于面对逆序的序列，其元素之间的每一趟都要执行对比和交换，总的交换移动次数为 3(n－1)。由以上算法的过程可以算出，在循环进行的情况下，其总的比较次数为 n(n－1)/2 次，因此，直接选择排序的时间复杂度为 $O(n^2)$。通过以上排序时间性能的分析可以发现，直接选择法适用于待排序元素较少的情况。

由算法本身也可以看出，直接选择排序只需要一个辅助存储空间 temp 来完成排序过程。此外，在进行直接选择排序时，选择出来的元素并不是在相邻的位置进行交换移动，所以它也不是一种稳定的排序方法。

9.4.2 堆排序

堆排序是另一种基于选择的排序方式，它主要利用堆结构来完成数据的有序化处理。堆是一种完全二叉树，其节点由待排序的关键字构成。假设有一组关键字集合，按完全二叉树的顺序存储方式存放在一个一维数组中，对它们从根开始，自顶向下，同一层自左向右从1开始连续编号，若满足：

$k_i \leqslant k_{2i}$ && $k_i \leqslant k_{2i+1}$ 或 $k_i \geqslant k_{2i}$ && $k_i \geqslant k_{2i+1}$，

则称该关键字集合构成一个堆。其中前者称为小根堆(见图 9-5)，堆顶的值为所有关键字节点中的最小值；后者称为大根堆(见图 9-6)，堆顶的值为所有关键字节点中的最大值。

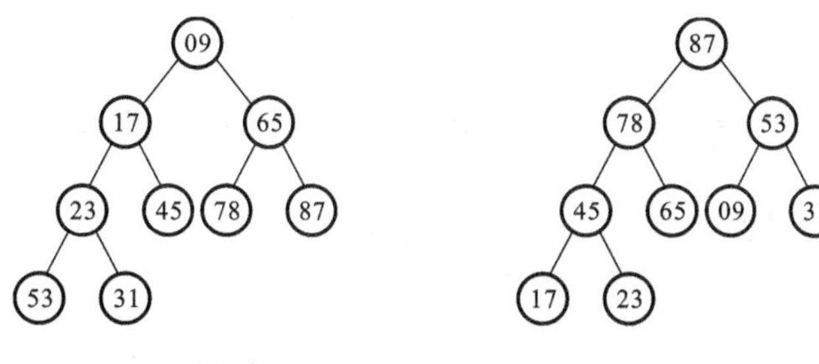

图 9-5　小根堆　　**图 9-6　大根堆**

其中，小根堆用来实现从小到大的递增序列的排序，大根堆用来实现从大到小的递减序列的排列。

堆排序就是利用以上的堆结构及其相关操作实现的一种选择排序方式。因此，要实现堆排序，有两个关键问题需要解决：①如何根据输入的关键字序列建堆？②堆建立好之后，如何通过调整堆中的元素得到有序的序列？

以得到从小到大递增的排序序列为例，建立小根堆的过程描述如下。将一组无序关键字按照从上到下、同一层自左向右输入构成一棵完全二叉树，如图 9-7 所示。

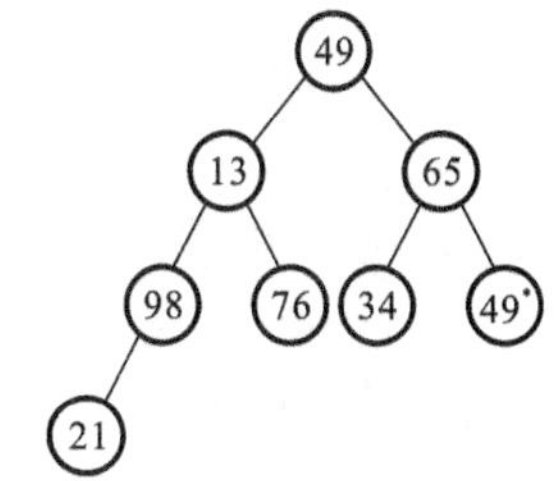

图 9-7　由待排序元素序列构成的完全二叉树

待排序元素序列：49,13,65,98,76,34,[49],21

从根开始，编号为1，自顶向下，同一层自左向右开始连续编号，则调整过程从最后一个非终端节点即第$\lfloor n/2 \rfloor$个元素开始，调整原则为：将双亲、左孩子、右孩子3者之间值最小的元素交换到堆顶进行局部调整，同时换到新位置的元素和它当前的左、右孩子之间大小值的关系是否符合 $k_i \leqslant k_{2i}$ && $k_i \leqslant k_{2i+1}$，从该元素开始自下向上逐步调整为小根堆。具体操作过程如图 9-8 所示。

基于小根堆的局部调整算法如下：

```
void HeapAdjust(SqList L,int k,int t)
{/* 对 L.R[k]—L.R[t],除 R[k]外均满足堆的定义,
    即只对 R[k]进行局部调整,
    使以其为根的完全二叉树成为一个小根堆* /
    int i,j;
```

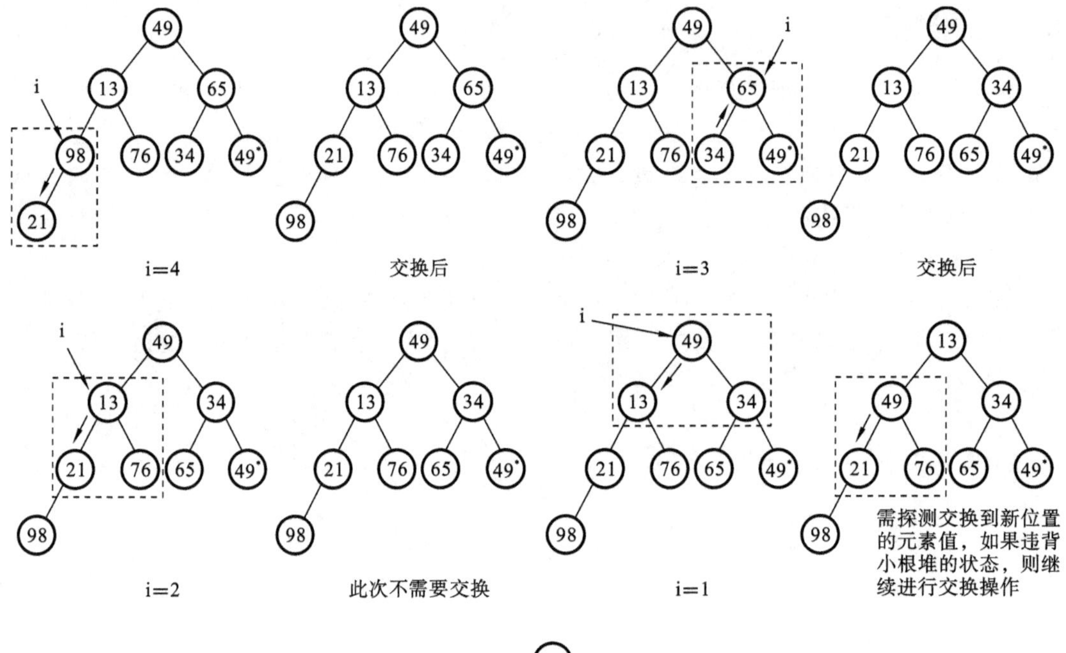

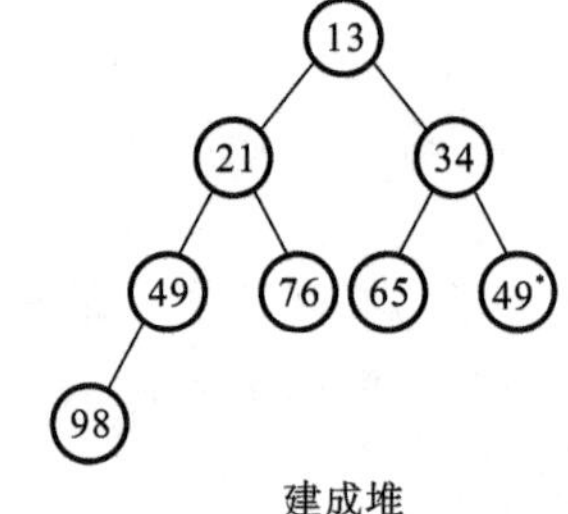

图 9-8　根据关键字建立小根堆的过程

```
    L.R[0]=L.R[k];                          //进行对比的关键字 R[k]先寄存在 R[0]中
    i=k;
    for(j=2* i;j<=t;j=2* j)
    {
        if(j< t&&L.R[j]> L.R[j+ 1])
            j=j+ 1;   //右孩子节点的关键字小,则沿右孩子向下调整
        if(L.R[0]< L.R[j])
            break;/* 当 R[0]小于 R[j]的关键字值,即已满足堆的定义,故不再向下调整* /
            L.R[i]=L.R[j];/* 将关键字小的孩子节点 R[j]调整至双亲节点 R[i]* /
            i=j;   //定位孩子节点继续向下调整
    }
    L.R[i]=L.R[0];/* 找到满足小根堆定义的 R[0]的放置位置 i,将 R[k]调整至此* /
}
```

当堆建立完成后，下面就是利用堆结构来进行排序了。由 n 个关键字记录构成的堆，需要经历 n－1 趟排序，可以得到完全有序的序列输出。排序的过程是从堆顶元素的输出开始，第 1 趟先将序号为 1 的根节点输出，这个节点必然是所有关键字序列中值最小的那一

个，接着将最下层最后一个编号的节点置换到堆顶的位置，此时将这 n－1 个节点自上而下重新调整建堆。第 2 趟建堆成功后，再次将堆顶元素输出，并继续沿着堆结构将最后一个编号的节点置换到此时的堆顶，重新调整这 n－2 个元素继续建堆。依此类推，在第 n－1 趟时，此时建成的堆中仅剩 2 个元素，输出堆顶元素后，剩下的关键字节点仅 1 个，此节点无需调整，可以直接认定为是整个序列中最后一个最大的元素，提取该元素后，整个堆排序过程结束，原始顺序表中的关键字已经全部有序。

综上所述，其排序-调整的过程为：输出堆顶元素后用堆中最后一个元素替代，再自上而下调整。局部调整时，堆顶元素与其左右孩子进行比较，若大于其左右孩子的值，则与左右孩子中较小的那个关键字交换，直至叶子节点。其排序算法如下：

```
void HeapSort(SqList L,int n)
{//对 R[0]~ R[n]这 n 个记录进行堆排序
    int i;
    for(i=n/2;i> 0;i--)
        HeapAdjust(L,i,n);     /* 将完全二叉树中的节点
        按 R[n/2],R[n/2-1],…,R[1]的顺序建立初始小根堆* /
    for(i=n;i> 1;i--)
    {
        L.R[0]=L.R[1];  //利用 R[0]作为临时存储单元,将堆顶的 R[1]与堆底的 R[i]交换
        L.R[1]=L.R[i];
        L.R[i]=L.R[0];
        HeapAdjust(L,1,i-1);  //利用递归将未排序的前 i- 1 个节点重新调整为堆
    }
}
```

堆排序算法的时间消耗主要是在建堆和排序操作上。假设待排序列的关键字有 n 个，而调整建堆过程是从第$\lfloor n/2 \rfloor$个节点开始的，因为每趟排序筛选调整记录的次数不会超过完全二叉树的深度，即 $\log_2 n$，而 n 个关键字只需要 n－1 趟排序即可得到最终有序的序列，因此，其排序的时间复杂度为 $O(n\log_2 n)$，而且堆排序的方式在面临最坏情况下时，其时间复杂度仍可维持在 $n\log_2 n$ 级别上，这一点相对于快速排序而言是其优势。从以上算法也可以看出，堆排序实现时只需要一个辅助空间，因此其空间复杂度为 O(1)。从排序时调整交换元素的过程可以看出，堆排序在发生交换时，并不是在原始序列中位置相邻的关键字节点之间展开的，因此，它不是一种稳定的排序方法。

9.5　归并排序

归并排序的算法思想源于合并两个线性表的算法。假设原始待排序序列有 n 个关键字记录，归并的思想是初始情况下先将这 n 个记录看成 n 个独立的子表，每个子表内只含有一个元素，按从小到大的顺序两两合并，将这 n 个记录合并成$\lceil n/2 \rceil$个子序列；第 2 趟时，再从左到右两两组合，将这$\lceil n/2 \rceil$个子表合并成$\lceil n/4 \rceil$个子序列；第 3 趟合并后，可以得到$\lceil n/8 \rceil$个子序列；依此类推，按照这种迭代的合并趋势，倒数第 2 趟时，将会在两个子表中间展开合

并,最终可以合并得到一张有序表,即可生成有序序列。以下面这组关键字为例,进行归并排序的过程如下:

待排序元素序列:[49][13][65][98][76][34][49] [21]

第 1 趟归并后:[13 49] [65 98] [34 76] [21 49]

第 2 趟归并后:[13 49 65 98] [21 34 49 76]

第 3 趟归并后:[13 21 34 49 49 65 76 98]

由以上归并关键字的操作过程可以发现,其基本算法是在合并两个有序表的基础上反复迭代而得到的。因此,实现归并排序的算法可分解为两个基本算法:①合并两个有序序列的算法。②利用①的算法实现归并所有子序列。在实现这种归并排序的过程中,需要借助较多的临时辅助存储单元,具体操作过程由合并两个表的 Merge 算法以及递归调用 Merge 算法的 MergeSort 构成,代码如下:

```
void Merge(SqList L,SqList L1,int s,int m,int t)
{/* 将有序表 L.R[s]—L.R[m]及 L.R[m+ 1]—L.R[t]
合并为一个有序表 L1.R[s]—L1.R[t]* /
    int i,j,k;
    i=s;
    j=m+ 1;
    k=s;
    while(i<=m&&j<=t)
    { //将两个子表的记录按关键字大小归并到 L1 表中,并使 L1 表有序
        if(L.R[i]<=L.R[j])
            L1.R[k+ + ]=L.R[i+ + ];
        else
            L1.R[k+ + ]=L.R[j+ + ];
        }
        while(i<=m)//将第一个表中未合并完的关键字归并到有序表 L1 中
            L1.R[k+ + ]=L.R[i+ + ];
        while(j<=t)//将第二个表中未合并完的关键字归并到有序表 L1 中
            L1.R[k+ + ]=L.R[j+ + ];
}
void MergeSort(SqList L,SqList L1,int s,int t)
{ //将无序表 L.R[s]—L.R[t]归并为一个有序表 L1.R[s]—L1.R[t]
    int m;
    SqList L2;
    if(s==t)
        L1.R[s]=L.R[s];
    else
    {
        m=(s+ t)/2;//查询无序表 L.R[s]—L.R[t]的中间位置
        MergeSort(L,L2,s,m);
```

```
        //递归调用将无序表的前半个子表 L.R[s]—L.R[m]归并为有序表 L2.R[s]—L2.R[m]
        MergeSort(L,L2,m+ 1,t);
        //递归调用将无序表的后半个子表 L.R[m+ 1]—L.R[t]归并为有序表 L2.R[m+ 1]—
    L2.R[t]
        Merge(L2,L1,s,m,t);
        /* 进行一趟将有序表 L2.R[s]—L2.R[m]和 L2.R[m+ 1]—L2.R[t]合并到有序表 L1.
           R[s]—L1.R[t]中* /
    }
}
```

进行一趟归并操作是将 L. R[1]—L. R[n]中相邻的有序序列进行两两归并，其结果放到 L1. R[1]—L1. R[n]中，完成这个操作的时间为 O(n)。而 n 个待排序记录每趟按两两合并的方式完成整个归并排序需要进行 $\log_2 n$ 趟，因此，其排序总的时间复杂度是 $O(n\log_2 n)$。归并排序在执行过程中，需要占用与原始记录序列同级别数量的存储空间来完成合并过程，因此，归并排序的空间复杂度为 O(n)。另外，由归并排序的对比元素及交换移动的过程可以发现，它是一种稳定的排序方法。

9.6 基数排序

基数排序源自多关键字排序的思想。以扑克牌为例，假设对 52 张扑克牌的牌面按花色(♦<♣<♥<♠)和牌面值(2,3,4,5,…,Q,K,A)进行排序，若花色的“地位”高于“牌面值”，则可以得到以下序列：♦2<♦3<…<♦A<♣2<♣3<…<♣A<♥2<♥3<…<♥A<♠2<♠3<…<♠A。

按照这种类似于扑克牌分解牌面的做法，可以将关键字序列由最低位(个位)到最高位(十位、百位或者千位等)进行分解，先只根据某一特定基数位(最低位或最高位)上的关键字进行排列，不考虑其他位上的关键字，再根据下一相邻基数位上的关键字进行相应的对比排列，依此类推，每一轮都只根据当前基数位上的关键字进行排序，该序列中位数最多的关键字有多少位，排序就进行多少趟，最终整理出来的就是完全有序的序列了。因此，这种排序方法不是按照关键字整体的值来进行对比交换排序，而是按照分解关键字每一位上的值进行的排序，也称多关键字排序。根据初始情况下选择的基数位不同，具体的实施方式有以下两种。

最高位优先法：先对最高位关键字 k1(如扑克牌中的花色的地位)排序，将序列分成若干子序列，每个子序列有相同的 k1 值；然后让每个子序列对次关键字 k2(如扑克牌中的面值的地位)排序，又分成若干更小的子序列；依次重复，直到每个子序列完成对最低位关键字 kd 排序；最后将所有子序列依次连接在一起即可成为一个有序序列。

最低位优先法：从最低位关键字 kd 起进行排序，然后对相邻的高一位关键字排序，依次重复，直至完成对最高位关键字 k1 排序，便成为一个有序序列。

无论是采用最高位优先法还是最低位优先法，其中，在每一趟中将某个位的关键字 kn 分成的子序列是 10 个，即代表相应的基数位上取值是 0,1,2,3,4,5,6,7,8,9 这 10 个数中的某一个。将某个位上对应的关键字分到这 10 个子序列的过程称为分配。而每一趟分配完成后,需要按低值(0)到高值(9)从这 10 个子序列中的每个子序列的表头到表尾将分配的元素进行收集,这个过程称为收集。由此可知,待排序记录关键字的最高位数达到多少位,分配和收集就需要进行多少趟。

以关键字序列 278,109,63,930,589,184,505,269,8,83 为例。因为其中包含的关键字达到了百位,所以需要进行 3 趟分配和 3 趟收集才能完成基数排序的有序化处理。为了完成排序,需要建立 10 个线性表,代表相应的基数位上的取值是 0,1,2,3,4,5,6,7,8,9。其中表头用 f[0]表示,表尾用 e[0]表示,每趟收集的时候,从表头开始按顺序收集元素。下一轮的分配顺序按照上一轮收集结束时的元素顺序进行。具体操作如下:

初始待排序序列:278,109,63,930,589,184,505,269,8,83

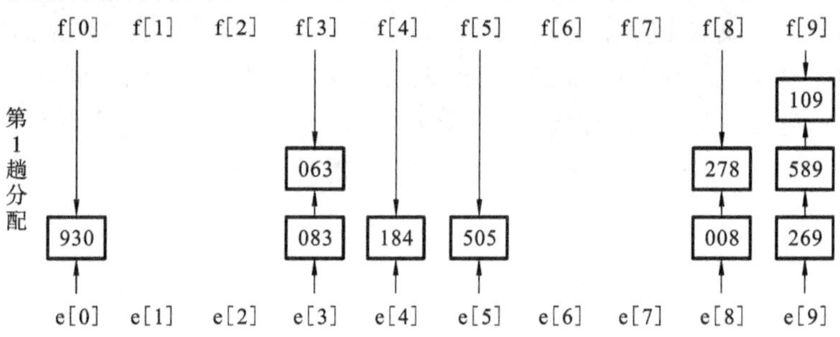

第 1 趟收集:930,63,83,184,505,278,8,109,589,269

以第 1 趟收集的结果为依据展开第 2 趟分配:

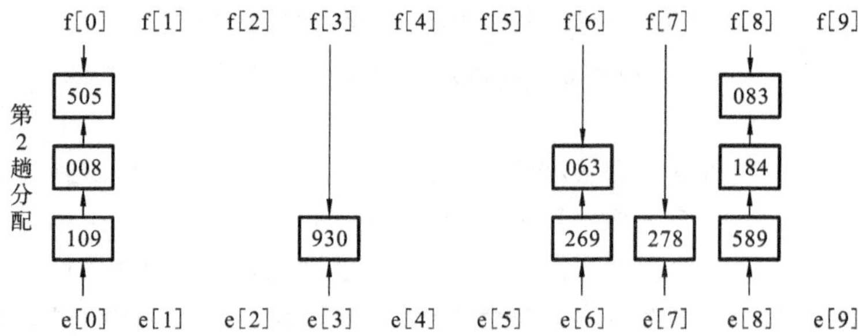

第 2 趟收集:505,8,109,930,63,269,278,83,184,589

以第 2 趟收集的结果为依据展开第 3 趟分配:

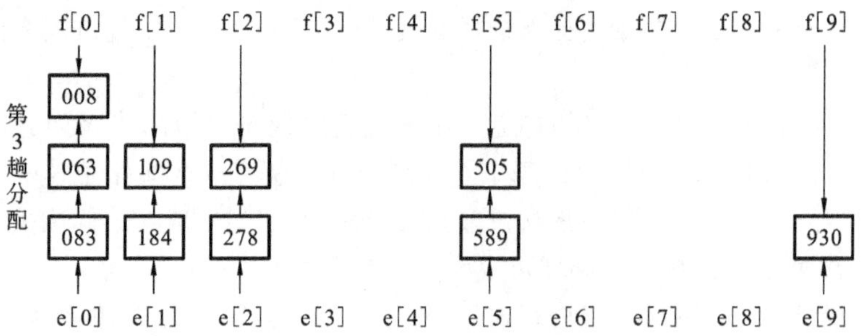

第 3 趟收集:8,63,83,109,184,269,278,505,589,930

最终的排序结果即为第 3 趟分配后收集的序列。至此,整个关键字序列完全有序。

基数排序算法在实现时,需要借助一个辅助的数据结构,即用来存放每个位上相同数值的顺序表,其定义方式如下:

```
# define MAX_NUM_OF_KEY 8        //构成关键字的组成部分的最大个数
# define RADIX 10                //基数,例如关键字是数字,如果由 0~ 9 组成,基数就是
                                   10;如果关键字是字符串(由英文字母组成),基数就是 26
# define MAX_SPACE 10000
//静态链表的节点结构
typedef struct{
    int data;                    //存储的关键字
    int keys[MAX_NUM_OF_KEY]; //存储关键字的数组(此时是一位一位地存储在数组中)
    int next;                    //作为指针使用,用于静态链表,所以每个节点中存储着下
                                   一个节点所在数组中的位置下标
}SLCell;
```

实现基数排序过程的算法如下(采用最低位优先方式进行):

```
# include <stdio.h>
# include <stdlib.h>
# define MAX_NUM_OF_KEY 8        //构成关键字的组成部分的最大个数
# define RADIX 10                //基数,例如关键字是数字,如果由 0~ 9 组成,基数就是
                                   10;如果关键字是字符串(由字母组成),基数就是 26
# define MAX_SPACE 10000
//静态链表的节点结构
typedef struct{
    int data;                    //存储的关键字
    int keys[MAX_NUM_OF_KEY]; //存储关键字的数组(此时是一位一位地存储在数组中)
    int next;                    //作为指针使用,用于静态链表,所以每个节点中存储着下
一个节点所在数组中的位置下标
}SLCell;
//静态链表结构
typedef struct{
    SLCell r[MAX_SPACE];         //静态链表的可利用空间,其中 r[0]为头节点
    int keynum;                  //当前所有关键字中最大关键字所包含的位数,例如最大关
                                   键字是百,说明所有 keynum=3
    int recnum;                  //静态链表的当前长度
} SLList;

typedef int ArrType[RADIX];   //指针数组,用于记录各子序列的首尾位置
//排序的分配算法,i 表示按照分配的位次(是个位、十位还是百位),f 表示各子序列中第一个记
录和最后一个记录的位置
void Distribute(SLCell * r,int i,ArrType f,ArrType e){
    //初始化指针数组
    for (int j=0; j<RADIX; j++) {
        f[j]=0;
    }
    //遍历各个关键字
    for (int p=r[0].next; p; p=r[p].next) {
```

```
        int j=r[p].keys[i]; //取出每个关键字的第 i 位,由于采用的是最低位优先法,所
                              以,第 1 位指的就是每个关键字的个位
        if (! f[j]) { //如果只想该位数字的指针不存在,则说明这是第一个关键字,直接记
                       录该关键字的位置即可
            f[j]=p;
        }else{ //如果存在,说明之前已经有同该关键字相同位的记录,所以需要将其进行连
                 接,将最后一个相同的关键字的 next 指针指向该关键字所在的位置,同时
                 最后移动尾指针的位置
            r[e[j]].next=p;
        }
        e[j]=p;                 //移动尾指针的位置
    }
}
//基数排序的收集算法,即重新设置链表中各节点的尾指针
void Collect(SLCell * r,int i,ArrType f,ArrType e){
    int j;
    //从 0 开始遍历,查找头指针不为空的情况,为空,表明该位没有该类型的关键字
    for (j=0;! f[j];j++);
    r[0].next=f[j];//重新设置头节点
    int t=e[j];//找到尾指针的位置
    while (j<RADIX) {
        for (j++;j<RADIX;j++) {
            if (f[j]) {
                r[t].next=f[j];  //重新连接下一个位次的首个关键字
                t=e[j];  //t 代表下一个位次的尾指针所在的位置
            }
        }
    }
    r[t].next=0;//0 表示链表结束
}
void RadixSort(SLList * L){
    ArrType f,e;
    //根据记录中所包含的关键字的最大位数一位一位地进行分配与收集
    for (int i=0; i<L->keynum; i++) {
        //秉着先分配后收集的顺序
        Distribute(L->r, i, f, e);
        Collect(L->r, i, f, e);
    }
}
//创建静态链表
void creatList(SLList *  L){
    int key,i=1,j;
    scanf("% d",&key);
    while (key! =-1) {
```

```
        L-> r[i].data=key;
        for (j=0; j<=L->keynum; j++) {
            L->r[i].keys[j]=key%10;
            key/=10;
        }
        L->r[i-1].next=i;
        i++;
        scanf("%d",&key);
    }
    L->recnum=i-1;
    L->r[L->recnum].next=0;
}
//输出静态链表
void print(SLList* L){
    for (int p=L->r[0].next; p; p=L->r[p].next) {
        printf("%d ",L->r[p].data);
    }
    printf("\n");
}
int main(int argc, const char *  argv[]) {
    SLList * L=(SLList* )malloc(sizeof(SLList));
    L->keynum=3;
    L->recnum=0;
    printf("请输入待排序列(以-1结束):\n");
    creatList(L);              //创建静态链表
    printf("排序前:");
    print(L);

    RadixSort(L);              //对静态链表中的记录进行基数排序

    printf("排序后:");
    print(L);
    return 0;
}
```

以上代码的运行结果如下：

请输入待排序列(以－1结束)：

50

123

543

187

49

30

0

2

11

100

－1

排序前:50 123 543 187 49 30 0 2 11 100

排序后:0 2 11 30 49 50 100 123 187 543

由上述算法过程可知,基数排序的时间复杂度与关键字的位数(d)相关,假设基数的范围是 c1～ct,待排序关键字序列的个数为 n,则每一趟分配和收集的时间为 O(n＋ct－c1＋1),由于分配和收集一共要进行 d 趟,因此其总的时间复杂度为 O(d(n＋ct－c1＋1))。而基数排序的过程决定了它必然会占用过多的辅助空间(10 组顺序表)才能完成排序方法,所以它的空间复杂度相比前面几种排序方法,需要更多的辅助空间。此外,基数排序的操作过程也决定了它是一种稳定的排序方法。

9.7 内部排序方法的比较和选择

内部排序方法的时间性能、所需辅助空间及稳定性对比如表 9-1 所示。

表 9-1 内部排序方法的时间性能、所需辅助空间及稳定性对比

排序法	最坏所需时间	平均时间	稳定性	所需辅助空间
直接插入排序	$O(n^2)$	$O(n^2)$	Yes	O(1)
希尔排序	$O(n^2)$	$O(n\log_2 n)$	No	O(1)
冒泡排序	$O(n^2)$	$O(n^2)$	Yes	O(1)
快速排序	$O(n^2)$	$O(n\log_2 n)$	No	$O(\log_2 n)$
选择排序	$O(n^2)$	$O(n^2)$	No	O(1)
堆排序	$O(n\log_2 n)$	$O(n\log_2 n)$	No	O(1)
归并排序	$O(n\log_2 n)$	$O(n\log_2 n)$	Yes	O(n)
基数排序		O(d(n＋r))	Yes	O(r)

9.8 排序的应用算法

前面的案例中采用的是顺序结构实现的排序,链式结构也可以存储关键字来实现排序,以下即是在链式结构上实现的排序算法:

```
# include < iostream>
# include < malloc.h>
# define LENsizeof(struct student)
using namespace std;
```

```
struct student
{
    long num;
    float math;
    float eng;
    float C;
    float sum;        //代表总分信息
    struct student * next;
};

int n;                //记录链表长度
float sum[128];       //总分

struct student * Create()
{
    struct student * head,* p1,* p2;
    p1=p2=(struct student * )malloc(LEN);
    head=NULL;
    cout<<"输入学号,数学,英语,C语言成绩:";
    cin >>p1->num
        >>p1->math
        >>p1->eng
        >>p1->C;
    p1->sum=0;//初始化第1个节点,总分先设置为0
    while(p1->num! =0)
    {
        n=n+ 1;
        if (head==NULL)
        {
            head=p1;
        }
        else
        {
            p2->next=p1;
        }
        p2=p1;
        p1=(struct student * )malloc(LEN);
        cout<<"输入学号,数学,英语,C语言成绩:";
        cin >>p1->num
            >>p1->math
            >>p1->eng
            >>p1->C;
        p1->sum=0;//初始化时总分先设置为0
    }
```

```
    p2->next=NULL;
    return head;
}

void Sum(struct student * head)
{
    struct student * p;
    p=head;
    int i=0,j;
    while(p! =NULL)
    {
        p->sum=p->math+ p->eng+ p->C;
        p=p->next;
        i+ + ;
    }
    p=head;
    cout<<endl;
    for (j=0;j< n;j++)
    {
        cout<<p->num<<"学号的总分为:"<<p->sum <<endl;
        p=p->next;
    }
    cout<<endl;
}

/*
void Sort(float * sum)
{
    int m,k;
    float t;
    for (m=0;m< n;m++)
    {
        for (k=0;k< n- m-1;k++)
        {
            if (sum[k]< sum[k+ 1])
            {
                t=sum[k];
                sum[k]=sum[k+ 1];
                sum[k+ 1]=t;
            }
        }
    }
    for (m=0;m< n;m++)
    {
```

```
        cout<<sum[m]<<ends;
    }
    cout<<endl;
}*/

student * Sort(student * head)
{
    if(head==NULL)
       return NULL;
    student * p=head;
    student * pre=p;
    bool flag=false;

    while(pre->next! =NULL)
    {
        float t=pre->sum;
        p=p->next;
        while(p)
        {
            if(t<=(p->sum))
            {
                p=p->next;
                continue;
            }
            else
            {
                float t_change;
                t_change=p->sum;
                p->sum=pre->sum;
                pre->sum=t_change;     //交换节点中的总分项

                t_change=p->num;
                p->num=pre->num;
                pre->num=t_change;     //交换节点中的学号项

                t_change=p->math;
                p->math=pre->math;
                pre->math=t_change;    //交换节点中的数学成绩项

                  t_change=p->eng;
                p->eng=pre->eng;
                pre->eng=t_change;     //交换节点中的英语成绩项

                t_change=p->C;
```

```
                p->C=pre->C;
                pre->C=t_change;        //交换节点中的 C 语言成绩项

                p=p->next;
                flag=true;
            }
            if(flag==false)
                return head;
        }
        pre=pre->next;
        p=pre;
        }
        return head;
}

int main(void)
{
        struct student * head;
        head=Create();
        Sum(head);
        cout<<"排序后:"<<endl;
        head=Sort(head);

        student*p=head;
        while(p)
        {
            cout
            <<p->num<<"\t"<<p->math<<"\t"<<p->eng<<"\t"<<p->C<<"\t"<<p->
           sum<<endl;
            p=p->next;
        }
        return 0;
}
```

9.9 小结

内部排序可分为插入排序、交换排序、选择排序、归并排序和基数排序几大类。其中插入排序可分为直接插入排序、折半插入排序和希尔排序,交换排序可分为冒泡排序和快速排序,选择排序可以分为直接选择排序和堆排序。

从算法的平均时间复杂度来看,快速排序的效率最高,为 $O(n\log_2 n)$;从算法的最坏时间复杂度来看,堆排序和归并排序的效率最高,为 $O(n\log_2 n)$。从算法的空间复杂度来看,以所用辅助空间的多少进行衡量,开销最大的是归并排序,其空间复杂度为 $O(n)$;开销最小的是堆排序、直接插入排序、冒泡排序和直接选择排序，其空间复杂度为 O(1)。就算法的稳定性而言，直接插入排序、冒泡排序、直接选择排序、基数排序均是稳定的排序方法，而希尔排序、快速排序和堆排序等都是不稳定的排序方法。

习题 9

一、选择题

1. 用直接插入排序法对下面 4 个表进行(由小到大)排序，比较次数最少的是(　　)。

A. (94,32,40,90,80,46,21,69)　　B. (21,32,46,40,80,69,90,94)

C. (32,40,21,46,69,94,90,80)　　D. (90,69,80,46,21,32,94,40)

2. 用折半插入排序法进行排序，被排序的表(或序列)应采用的数据结构是(　　)。

A. 单链表　　B. 数组　　C. 双向链表　　D. 散列表

3. 在快速排序过程中，每次被划分的表(或子表)分成左、右两个子表，考虑这两个子表，下列结论一定正确的是(　　)。

A. 左、右两个子表都已各自排好序

B. 左边子表中的元素都不大于右边子表中的元素

C. 左边子表的长度小于右边子表的长度

D. 左、右两个子表中元素的平均值相等

4. 对 n 个记录进行堆排序，最坏情况下的执行时间为(　　)。

A. $O(\log_2 n)$　　B. $O(n)$　　C. $O(n\log_2 n)$　　D. $O(n^2)$

5. 设有关键码序列(16,9,4,25,15,2,13,18,17,5,8,24)，要按关键码值递增的次序排序，采用初始增量为 6 的希尔排序法，一趟扫描后的结果为(　　)。

A. (15,2,4,18,16,5,8,24,17,9,13,25)　　B. (2,9,4,25,15,16,13,18,17,5,8,24)

C. (9,4,16,15,2,13,18,17,5,8,24,25)　　D. (9,16,4,25,2,15,13,18,5,17,8,24)

6. 设待排序关键码序列为(25,18,9,33,67,82,53,95,12,70)，要按关键码值递增的顺序排序，采取以第 1 个关键码为分界元素的快速排序法，第 1 趟排序完成后关键码 33 被放到了第几个位置(　　)。

A. 3　　B. 5　　C. 7　　D. 9

7. 在排序过程中，比较次数与序列的初始位置无关的排序方法是(　　)

A. 直接插入排序和快速排序　　B. 快速排序和归并排序

C. 直接选择排序和归并排序　　D. 直接插入排序和归并排序

8. 对于 shell 排序来说，给定的一组排序数值为 49,38,65,97,76,13,27,49,55,04，则第 2 趟排序后的结果为(　　)

A. 04,13,27,49,49,38,55,65,76,95　　B. 04,13,27,38,49,49,55,65,76,97

C. 13,04,49,38,27,49,55,65,97,76　　D. 13,27,49,55,04,49,38,65,97,76

9. 一组记录的关键码为一个字母序列(Q,D,E,X,A,P,N,B,Y,M,C,W)，按归并排序进行一趟归并后，该序列的结果是(　　)。

A. DFQXABNPCMWY　　B. DFQAPXBNYCMW

C. DQFXAPNBYMCW　　D. QFXAPBNMYCW

10. 以下关键字序列用快速排序法进行排序，速度最慢的是(　　)。

A. {23,27,7,19,11,25,32}　　B. {23,11,19,32,27,35,7}

C. {7,11,19,23,25,27,32}　　D. {27,25,32,19,23,7,11}

11. 快速排序法在(　　)情况下最不利于发挥其长处。

A. 被排序的数据量太大　　B. 被排序的数据中含有多个相同值

C. 排序数据已基本有序　　D. 被排序数据的数目为奇数

12. 当初始序列已经按键值有序时，用直接插入法进行排序，需要比较的次数为(　　)。

A. n^2　　B. $n\log_2 n$　　C. $\log_2 n$　　D. $n-1$

13. 内部排序的方法有许多种，(　　)方法是从未排序序列中依次取出元素，与已排序序列中的元素进行比较，将其放入已排序序列的正确位置上；(　　)方法是从未排序序列中挑选元素，并将其依次放入已排序序列的一端；(　　)方法是对序列中的元素通过适当的位置交换将有关元素一次性地放置在其最终位置上。

A. 归并排序　　B. 插入排序　　C. 快速排序　　D. 选择排序

14. 有 10 万个无序且互不相等的正整数序列，采用顺序列存储方式组织，希望能最快地找出前 10 个最大的正整数，采用(　　)方法较好。

A. 快速排序　　B. shell 排序　　C. 选择排序　　D. 归并排序

15. 在文件局部有序或文件长度较小的情况下，最佳的排序方法是(　　)。

A. 直接插入排序　　B. 冒泡排序　　C. 简单选择排序　　D. 都不对

16. 若用某种排序(分类)方法对线性表(25,48,21,47,15,27,68,35,20)进行排序，节点序列的变化情况如下：

(1) 25　84　21　47　15　27　68　35　20

(2) 20　15　21　25　47　27　68　35　84

(3) 15　20　21　25　35　27　47　68　84

(4) 15　20　21　25　27　35　47　68　84

那么，所采用的排序方法是(　　)。

A. 选择排序　　B. 希尔排序　　C. 归并排序　　D. 快速排序

17. 已知一个单链表中有 3000 个节点，每个节点存放一个整数，(　　)可用于解决这 3000 个整数的排序问题且不需要对算法进行大的变动。

A. 直接插入排序　　B. 简单选择排序　　C. 快速排序　　D. 堆排序

18. 一组记录的排序码为(46,79,56,38,40,84)，则利用快速排序的方法，以第 1 个记录为基准得到的一次划分结果为(　　)。

A. 38,40,46,56,79,84　　B. 40,38,46,79,56,84

C. 40,38,46,56,79,84　　D. 40,38,46,84,56,79

19. 一组记录的排序码为(25,48,16,35,79,82,23,40,36,72)，其中含有 5 个长度为 2 的有序表，按归并排序对该序列进行一趟归并后的结果为(　　)。

A. 16,25,35,48,23,40,79,82,36,72

B. 16,25,35,48,79,82,23,36,40,72

C. 16,25,48,35,79,82,23,36,40,72

D. 16,25,35,48,79,23,36,40,72,82

20. 一个序列中有若干个元素,若只想得到其中第I个元素之前的部分排序,最好采用(　　)。

A. 快速排序　　B. 堆排序　　C. 插入排序　　D. shell 排序

21. 下列关键码序列中(　　)是一个堆。

A. {15,30,22,93,52,71}　　B. {15,71,30,22,93,52}

C. {15,52,22,93,30,71}　　D. {93,30,52,22,15,71}

二、填空题

22. 对n个元素进行冒泡排序时,最少的比较次数是(　　　　)。

23. 在堆排序和快速排序这两种排序方式中,若原始记录接近正序或反序,则选用(　　　　);若原始记录无序,则选用(　　　　)。

24. 在插入排序和选择排序中,若初始数据基本正序或反序,则选用(　　　　);若数据基本反序,则选用(　　　　)。

25. 在插入排序、希尔排序、选择排序、快速排序、堆排序、归并排序和基数排序中,排序不稳定的有(　　　　　　　　　　)。

26. 在堆排序、快速排序和归并排序中,若只从存储空间考虑,则应首先选取(　　　　)方法,其次选取(　　　　)方法;最后选取(　　　　)方法;若只从排序结果的稳定性考虑,则应选取(　　　　)方法;若只从最坏情况下排序最快并且要节省内存考虑,则应选取(　　　　)方法。

27. 已知关键字序列{51,28,86,70,90,7,30},

(1) 采用冒泡排序,前3趟排序的结果依次为(　　　　)、(　　　　)、(　　　　)。

(2) 采用归并排序,前3趟排序的结果依次为(　　　　)、(　　　　)、(　　　　)。

28. 设有9个元素的关键字序列为{26,5,71,1,61,11,59,15,48},按堆排序思想选出当前序列的最大值71和61之后,剩余7个元素的关键字构成的堆是(　　　　)。

29. 对一组记录(54,38,96,23,15,2,60,45,83)进行直接插入排序,当把第7个记录60插入有序表时,为寻找位置,需比较(　　　　)次。

30. 在利用快速排序法对一组记录(54,38,96,23,15,2,60,45,83)进行快速排序时,递归调用而使用的栈所能达到的最大深度为(　　　　),共需递归调用的次数为(　　　　),其中第2次递归调用是对(　　　　)一组记录进行快速排序。

31. 在插入排序、希尔排序、选择排序、快速排序、堆排序、归并排序和基数排序中,平均比较次数最少的排序是(　　　　),需要内存容量最多的是(　　　　)。

32. 快速排序的非递归算法实现,除了可以借助栈结构解决外,(　　　　)还可以用来解决这个问题。

33. 分别采用堆排序、快速排序、插入排序和归并排序算法对初始状态为递增序列的表按递增顺序排序,最省时间的是(　　　　),最费时间的是(　　　　)。

34. 对一个由n个整数组成的序列,借助排序过程找出其中的最大值,希望比较次数和移动次数最少，在归并排序、直接插入排序和直接选择排序中，(　　　　)方法最合适。

三、综合题

35. 已知下列各种初始状态(长度为 n)的元素，试问当利用直接插入法进行排序时，至少需要进行多少次比较(要求排序后的文件按关键字从小到大的顺序排列)？

(1) 关键字从小到大有序。

(2) 关键字从大到小有序。

(3) 奇数关键字顺序有序，偶数关键字顺序有序。

(4) 前半部分元素按关键字有序，后半部分元素按关键字的顺序逆序。

36. 已知奇偶转换排序如下：N 个数采用顺序存储方式存储到一维数组 a[N]中，第 1 趟对所有奇数的 i，将 a[i]和 a[i+1]进行比较，第 2 趟对所有偶数的 i，将 a[i]和 a[i+1]进行比较，每次比较时，若 a[i]>a[i+1]，则将二者交换，以后重复上述过程，直至整个数组有序，试编写实现该算法的函数。